KB159752

말레이시아 홀리데이

말레이시아 홀리데이

2017년 8월 4일 개정 1판 1쇄 펴냄
2019년 9월 2일 개정 2판 1쇄 펴냄

지은이	양인선
발행인	김산환
책임편집	양승주
디자인	윤지영·기조숙
마케팅	정용범
지도	글터
펴낸곳	꿈의지도
인쇄	두성 P&L
종이	월드페이퍼

주소	경기도 파주시 경의로 1100, 604호
전화	070-7733-9597
팩스	031-947-1530
홈페이지	www.dreammap.co.kr
출판등록	2009년 10월 12일 제82호

979-11-89469-56-6-14980
979-11-86581-33-9-14980(세트)

MALAYSIA

말레이시아 홀리데이

글 · 사진 양인선

꿈의지도

프롤로그

2013년 6월 같은 달에 두 번이나 말레이시아를 여행할 기회가 생겼다. 그 여행은 쿠알라룸푸르, 코타키나발루, 그리고 말라카로 이어졌다. 이 뜻하지 않은 여행은 말레이시아에 대한 나의 고정관념을 싹 바꾸어 놓았다. 이전까지 말레이시아는 '동남아 나라들 중 한 곳'일 뿐이었다. 하지만 두 번의 여행을 통해서 나에게 말레이시아는 '동남아에서 유일한 한 곳'이 되어버렸다. 그곳에는 생각도 못했던 화려한 도시와 아름다운 자연이 있었다. 무역항으로 번성하던 대항해시대의 화려한 나날들이 골목마다 스며 있는, 세계문화유산에 빛나는 도시들이 숨겨진 보석처럼 자리하고 있었다. 산과 바다, 자연의 축복을 받은 코타키나발루의 아름다움은 두말할 필요도 없다. 이전까지 알지 못했던 말레이시아를 만나고 보니 욕심이 생겼다. 이 아름다운 나라를 샅샅이 파헤쳐 가이드북을 만들고 싶다는 욕심.

그 후 100일간의 사전조사와 100일간의 여행, 그리고 100일간의 원고 작업을 통해 〈말레이시아 홀리데이〉를 펴내게 되었다. 꼬박 1년이 걸린 작업이었다. 언제나 그렇지만 가이드북을 쓰고 지속적으로 업데이트하는 일은 힘에 겹다. 밤과 밤을 이어가며 계속되는 원고 마감은 '내가 또 왜 이 짓을 한다고 했을까' 하는 자괴감에 빠지게 만든다. 그래도 그 마감의 고통을 이겨낼 수 있었던 것은 말레이시아에서 느꼈던 행복한 추억 때문이었다. 그곳에서 보냈던 시간들을 떠올리면 새삼스럽게도 없던 힘이 불끈불끈 솟았다. 세상에서 가장 온화한 미소가 있고, 누구나 그 미소에 물드는 나라, 그곳이 말레이시아다.

말레이시아 홀리데이를 쓰는 내내 '어떻게 하면 내가 보고 느낀 말레이시아를 독자들에게 잘 전달할 수 있을까' 하는 생각뿐이었다. 말레이시아는 양파와도 같은 나라라서 까면 깔수록 새로운 것이 나왔다. 백과사전과 같은 책이 아니고서야 책 한 권으로 말레이시아의 모든 것을 다 담아낼 수는 없다. 한국인들에게 이미 여행으로 유명한 다른 동남아 국가에 비하면 말레이시아는 여행 정보가 현저히 부족하다. 그래서 현지인들을 통해 정보를 얻다 보니 자료를 조사하고 확인하는 작업도 만만치 않았다.

책이 출간된 후 한국 생활을 잠시 정리했다. 그리고 말레이시아에 약 5년간 거주하며 말레이시아의 구석구석을 계속 여행했다. 말레이시아에서의 오랜 생활을 바탕으로, 다른 곳에서 쉽게 찾아볼 수 있는 뻔한 정보보다는 꼭 소개하고 싶은 알찬 정보로 책을 지속적으로 업데이트하고 있다. 꼭 필요하고 정확한 정보만 담아내고 싶은 욕심에 여행을 일처럼 다닌다는 불편함이 있지만, 말레이시아의 새로운 것을 알아간다는 기쁨도 함께하고 있다.

이 책이 일상을 떠나 새로운 세계를 경험하려는 여행자들에게 한 알의 밀알이 되기를 소망한다.

양인선 드림

〈말레이시아 홀리데이〉100배 활용법

말레이시아 여행 가이드로 〈말레이시아 홀리데이〉를 선택하셨군요. '굿 초이스'입니다.
말레이시아에서 뭘 보고, 뭘 먹고, 뭘 하고, 어디서 자야 할지 더 이상 고민하지 마세요.
친절하고 꼼꼼한 가이드북 〈말레이시아 홀리데이〉와 함께라면 당신의 말레이시아 여행이 완벽해집니다.

─ 01 ─
말레이시아를 꿈꾸다
❶ STEP 01 》 PREVIEW 를 먼저 펼쳐보세요.
여행을 위한 워밍업. 말레이시아에서 놓치
면 안 될 재미와 매력을 소개합니다. 당신이
말레이시아에 왔다면 꼭 봐야 할 것, 해야 할
것, 먹어야 할 것을 알려줍니다. 놓쳐서는 안
될 핵심요소들을 사진으로 정리했어요.

─ 02 ─
여행 스타일 정하기
❷ STEP 02 》 PLANNING 을 보면서 여행 스타
일을 정해 보세요. 말레이시아는 어떤 곳인
지, 각 도시들은 어떤 매력을 품고 있는지
알려 드립니다. 자연과 함께할지 문화를 경
험할지 힐링과 액티비티를 목적으로 할지에
따라 여행 스타일이 놀랍게 달라질 거예요.

─ 03 ─
여행 플랜 짜기
❸ STEP 02 》 PLANNING 을 보면서 여행 계획
을 정해 보세요. 쇼핑하고 식도락을 즐기는
3박 4일 여행부터, 연인과 함께 쇼핑하고
휴양하는 6박 7일, 친구과 함께하는 배낭여
행 5박 6일, 가족과 함께하는 5박 7일 휴양
여행까지 다양한 여행 플랜을 제안합니다.

─ 04 ─
지역별 일정 짜기
여행 스타일과 목적지를 정했다면 이제 지
역별로 묶어 효율적으로 동선을 그려 봅시
다. **❹ 말레이시아 지역편** 에 모아 놓은 말
레이시아의 지역별 여행지와 쇼핑할 곳, 레
스토랑을 보면 이동 경로를 짜는 것이 수월
해집니다.

05

교통편 및 여행 정보

도시마다 다양한 매력을 품고 있는 말레이시아에는 교통편뿐만 아니라 여행자가 꼭 알아야 할 다양한 정보들이 가득합니다. **⑤ 말레이시아 지역편** 에서는 각 도시의 여행 포인트 및 도시별로 여행지를 찾아가는 방법과 각 도시 내에서 이동하는 교통수단 등에 대해 꼼꼼하게 알려줍니다.

⑤

06

숙소 정하기

말레이시아에서 지낼 숙소를 고를 차례! **⑥ 말레이시아 지역편** 을 보면서 묵고 싶은 숙소들을 찜해 놓으세요. 여행 루트와 스타일에 맞는 숙박 시설이 무엇인지 찾아보세요. 말레이시아에는 특급 리조트부터 도심 중저가 호텔까지 다양한 형태의 숙소가 있습니다.

⑥

07

D-day 미션 클리어

여행 일정까지 완성했다면 책 마지막의 **⑦ 여행 준비 컨설팅** 을 보면서 혹시 빠뜨린 것은 없는지 확인해 보세요. 여행 40일 전부터 출발 당일까지 날짜별로 챙겨야 할 것들이 리스트 업 되어 있습니다.

⑦

08

홀리데이와 최고의 여행 즐기기

이제 모든 여행 준비가 끝났으니 〈말레이시아 홀리데이〉가 필요 없어진 걸까요? 여행에서 돌아올 때까지 내려놓아서는 안 돼요. 여행 일정이 틀어지거나, 계획하지 않은 모험을 즐기고 싶다면 언제라도 〈말레이시아 홀리데이〉를 펼쳐야 하니까요. 〈말레이시아 홀리데이〉는 당신의 여행을 끝까지 책임집니다.

일러두기

이 책에 실린 모든 정보는 2019년 8월까지 수집한 정보를 기준으로 했으며, 이후 변동될 가능성이 있습니다. 특히 교통편의 운행 정보와 요금, 관광지의 운영 시간 및 입장료, 식당의 메뉴 가격 등은 현지 사정에 따라 수시로 변동될 수 있습니다. 여행 전 홈페이지를 통해 검색하거나 현지에서 다시 한 번 확인하시길 바라며, 변경된 내용이 있다면 편집부로 연락해 주시기 바랍니다.

홀리데이 편집부 070-7733-9597

CONTENTS

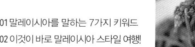

MALAYSIA BY AREA
말레이시아 지역별 가이드

CONTENTS

Step 01 말레이시아를 꿈꾸다

PREVIEW

01 말레이시아 MUST SEE
02 말레이시아 MUST DO
03 말레이시아 MUST EAT

PREVIEW 01

말레이시아 MUST SEE

1 이곳에 와야 하는 이유, 이것만으로도 충분하지 않은가! 페트로나스 트윈 타워

2 랑카위의 상징적인 존재 거대한 독수리 상

3 상쾌한 바람에 마음까지 정화되는 페낭 힐

아직은 미지의 나라 말레이시아.
흔히 생각하는 동남아처럼 함부로 상상하지 마시라! 목이 꺾어져라
올려다봐야 하는 화려한 고층 빌딩부터 사람의 손때 묻지 않은 자연경관까지,
다양한 모습이 공존하는 말레이시아는 전 세계 여행자를 유혹한다.

4 사랑하는 사람과 꼭 같이 하고픈 코타키나발루 선셋

5 매료될 수밖에 없는 이슬람 아트 뮤지엄(쿠알라룸푸르)

6 쿠알라룸푸르에서 만나는 또 다른 세계, 인디아 거리

7 힌두교 최고 성지, 바투동굴(쿠알라룸푸르)

8 그 웅장함에 넋을 놓다, 키나발루산

9 초현실적인 아름다움, 말라카의 리버 크루즈

10 눈을 뗄 수 없이 화려한 켁록시 사원(페낭)

PREVIEW **02**

말레이시아
MUST DO

온종일 걸어도 행복해,
쇼핑을 즐기는 당신.
시간아~ 멈추어라,
휴양을 즐기는 당신.
구석구석 돌아보고 싶어,
호기심 많은 당신.
여행자의 다양한 취향을
200% 만족시키는 말레이시아!
돌아가는 길이 아쉽지 않도록
부지런히 놀아보자.

1 열대어와 수영하며 바닷속 구경(코타키나발루, 랑카위)!

2 휴양지의 한적한 해변 나무그늘 아래 쉬기
(코타키나발루, 랑카위)

3 동화 속 주인공이 된 듯한 반딧불이투어에 참가하기
(쿠알라룸푸르, 코타키나발루)

4 바다에서 즐기는 자쿠지. 씨자쿠지 체험하기(랑카위)

5 말라카에서 리버 크루즈 타고 시원한 강바람 맞아보기

6 이것이 바로 스피~드! 제트스키 타고 섬투어(랑카위)

7 빠라바라밤! 랑카위에서 오토바이 타고 섬 일주하기

8 트라이쇼 타고 조지 타운 한 바퀴 돌아보기(페낭)

9 세상에서 제일 아찔한 랑카위 케이블카 타보기

10 지름신 강림 주의! 거대한 쇼핑몰에서 쇼핑하기(쿠알라룸푸르)

출출할 땐 이게 최고!
카야잼 토스트

말레이시아 사람들의 든든한
아침식사 **나시 르막**

PREVIEW **03**

말레이시아 **MUST EAT**

말레이시아의 음식은 항상 호기심 천국이다.
말레이식, 중국식, 인도식 등 먹어도 먹어도 끝없는 새로움이 있다.
다양한 로컬 푸드를 경험해보는 것은 말레이시아에서는
절대 빼놓을 수 없는 즐거움이다.

셋이 먹다 둘이 죽어도 몰라!
시푸드 요리

먹을수록 중독되는 인디아 음식
로티 차나이

오로지 말라카에서만
맛볼 수 있는 **치킨 라이스 볼**

한국에선 샤부샤부!
말레이시아에선 **스팀 보트**

여행 중 즐기는 깊고
달콤한 시간 **화이트 커피**

야시장에서 내 입맛에 딱 맞는
간식 골라 먹기

굽는 냄새부터 달라!
말레이시아의 꼬치구이 **사태**

저렴하고 푸짐하게 즐기는 한 끼
나시 짬뿌르

Step 02 말레이시아를 그리다

PLANNING

PLANNING 01

말레이시아를 말하는 **7가지 키워드**

여행은 아는 만큼 보인다고 했던가. 말레이시아의 역사와 문화 그런 어려운 것들을 말하는 게 아니다. 말레이시아에서 여행자들의 눈을 피해 갈 수 없는 몇 가지가 있다. 쿠알라룸푸르의 휘황찬란한 쇼핑몰이나 건널목에 서 있으면 들려오는 여러 나라의 언어들, 알록달록한 히잡을 두른 거리의 무슬림 등 눈이 있다면 못 보고 지나갈 수 없는 것들. 그것들을 알아야 말레이시아 여행이 재미있다.

1. 쇼핑도시 쿠알라룸푸르

말레이시아의 쿠알라룸푸르가 쇼핑도시라고? 아직 말레이시아를 접하지 않은 사람들은 대부분 고개를 갸웃거린다. '내 생각에 말레이시아는….'이라고 말하고 싶겠지만 그건 편견이다. 2013년 CNN에서 발행하는 잡지 〈트래블〉에서 선정한 세계의 쇼핑 여행도시에서 쿠알라룸푸르는 뉴욕, 도쿄, 런던에 이어 당당히 4위를 차지했다. 참고로 홍콩은 6위, 서울은 12위다. 당연히 쿠알라룸푸르를 가는 쇼퍼홀릭들은 긴장을 해야 할 것! 일 년 내내 열리는 축제와 세일 기간으로 여태 느껴보지 못했던 쇼핑의 카타르시스를 맛보게 될 테니까.

2. 세계의 음식 탐험

미식가들의 천국 말레이시아! 누군가가 말레이시아에서 맛있는 음식을 추천해주세요!라고 묻는다면 그것처럼 곤란한 질문이 없다. 말레이시아는 다문화 국가라 음식도 다채롭다. 말레이시아 로컬요리에서 중국 요리, 인도 요리, 중국과 말레이 음식 문화가 융화되어 탄생한 노냐 요리, 그리고 말레이시아의 젊은이들에게 사랑받는 서구 요리까지 끝없는 요리의 세계가 펼쳐진다. 음식에는 다양한 민족과 인종의 문화가 고스란히 녹아 있다. 여기에 일 년 내내 수확하는 과일과 채소, 그리고 해산물까지 더해져 육해공을 넘나들며 취향껏 음식을 골라 먹을 수 있다. 아침 마다 '오늘은 무얼 먹을까' 행복한 고민에 빠지게 만드는 레스토랑이 가득한 곳! 게다가 가격까지 저렴하니 어찌 사랑하지 않을 수 있을까.

3. 세계 여행의 허브도시

말레이시아 여행의 즐거움 중 하나는 간단하고 쉽게, 그리고 저렴하게 또 다른 해외여행을 즐길 수 있다는 것이다. 단돈 1만 원이면 태국이나 싱가포르로 가는 기차나 버스, 혹은 페리 등 원하는 교통수단을 골라서 탈 수 있다. 말레이시아 저가 항공인 에어아시아로는 인도, 네팔을 포함한 대부분의 아시아는 물론 호주까지도 저렴하게 여행할 수가 있다. 특히 프로모션을 할 때는 네팔이나 호주행 비행기 표가 20만 원도 채 되지 않는다. 일정이 자유롭고 시간이 넉넉한 여행자라면 말레이시아 여행과 함께 국경을 넘나들며 여러 나라를 저렴하게 여행하는 행복을 만끽할 수 있다.

4. 말레이시아의 국교는 이슬람이다

말레이시아에 처음 가면 히잡을 쓴 여인이 선글라스와 명품 가방으로 잔뜩 멋을 부리거나 스포츠카를 운전하고 있는 모습에 적잖이 당황하는 경우가 있다. 또 경비원이 박물관 앞에서 히잡을 쓰고 유니폼을 입은 채 경비를 서는 모습도 낯설게 보일 것이다. 그러나 놀라지 말자. 말레이시아는 이슬람이 국교다. 말레이시아에서는 눈을 돌리는 곳곳에 히잡을 두른 무슬림을 볼 수 있다. 하지만 말레이시아의 이슬람교는 중동이나 다른 이슬람 국가들과는 많이 다르다. 규율의 강제성이 거의 없고, 종교의 자유도 많이 보장된다. 그래서 말레이시아는 여느 이슬람 국교들과 비교해 옷차림새나 패션에서도 자유로운 분위기가 느껴진다. 한국 여행자에게는 조금 생소하겠지만 말레이시아 여행 중에 쉽게 접할 수 있는 이슬람 건물과 문화는 접할수록 독특한 느낌으로 다가온다. 물론 맥주가 비싸고, 돼지고기 요리를 쉽게 찾을 수 없다는 아쉬움이 있지만 말레이시아만의 독특한 문화를 즐기며 여행하려면 그 정도쯤은 감수해야 한다.

5. 프렌들리 말레이시아!

청정한 종교라 불리는 이슬람이 국교라서 그런 것일까? 말레이시아 사람들은 여간해서는 목소리를 높이지 않는다. 항상 웃는 모습이다. 거리나 음식점에서도 가족끼리 도란도란 평화롭게 이야기를 나누는 모습을 흔히 볼 수 있다. 느릿느릿 여유가 넘치고, 호의적인 성향을 가졌다. 그래서 여행을 하며 만나는 말레이시아 사람들은 항상 친절하고 따뜻하다. 가끔 그들의 이런 여유에 성격 급한 여행자들은 복장이 터진다(?)고 하기도 하지만, 지내다 보면 상대를 배려하고 친절한 모습이 정말 매력적인 곳이다. 그래서 말레이시아의 여행은 늘 편안하고 정겹다. 혹시 여행을 하다 조금 지루해졌다면 옆에 앉은 말레이시아 사람에게 인사를 건네보자. 살라맛 빠기(굿모닝)!

6. 지역마다 다른 풍경과 문화

말레이시아는 지역마다 풍경과 문화가 뚜렷하게 차이가 난다. 이는 450년간 포르투갈, 네덜란드, 영국, 일본의 식민지가 되면서 그들이 남기고 간 상처, 혹은 흔적들이 말레이시아 전역에 산재하기 때문이다. 그 덕분에 말레이시아는 서양에서 전래된 문화와 이슬람 문화가 접목이 되고, 최근에는 현대식 환경까지 어우러져 다양한 풍경을 자아내게 됐다. 여기에 대자연이 만들어낸 그림 같은 풍경이 더해져 오래 머물러도 항상 새롭다. 색다른 여행을 찾는 여행자들의 장기 여행지로 200% 만족도를 보장한다.

7. 다양한 아시아 문화의 공존

말레이시아는 다양한 민족이 공존하는 '인종 전시장' 같은 곳이다. 말레이시아의 인종은 원주민 격인 말레이인이 55%, 중국 화교계 30%, 그리고 인도계 외 소수민족 15%로 구성되어 있다. 영국 식민지 시절 말레이시아의 자원을 개발하기 위해 중국 남부와 인도에서 노동자들을 대거 유입하며 이루어진 민족 구성이다. 이들 대부분은 자신들의 문화와 언어를 지금껏 지켜오고 있고, 서로 '다름'을 인정하며 조화롭게 살아가고 있다. 여행을 하다 만나게 되는 중국과 인도, 그리고 말레이시아. 이 모든 것이 공존하는 곳이 말레이시아다.

PLANNING 02
이것이 바로 말레이시아 스타일 여행!

때묻지 않은 자연과 함께! 에코투어

삶의 여유와 낭만, 그리고 자연의 풍요로움이 있는 말레이시아는 여행자에게 일상에서의 일탈을 부추긴다. 오로지 때묻지 않은 대자연이 주는 아름다움으로 승부한다! 화려하거나 번잡하지 않고, 휴양지에서의 식상한 휴식을 거부하는 사람들에게는 전혀 새로운 여행이 된다.

- 청정지역에서만 볼 수 있는 반딧불이 찾아가기! (코타키나발루, 230p / 쿠알라룸푸르, 092p)
- 투명한 물빛 아래 열대어가 가득한 툰구 압둘 라만 해상공원에서 스노클링하기 (코타키나발루, 226p)
- 동남아 최초의 유네스코 선정 생태공원 킬림 생태공원 파크 돌아보기 (랑카위, 282p)
- 원시림에 숨겨진 자연의 신비로움. 말레이시아의 민낯을 만나는 시간 (쿠칭, 202p)

다양한 말레이시아의 문화를 경험하자! **컬처투어**

문화와 역사에 대한 호기심 가득한 여행자라면, 힘들게 낸 휴가를 휴양지에서 멍 때리고 있을 수 없다고 생각하는 부지런한 여행자라면, 몸 건강한 청춘이라면 말레이시아의 역사를 따라 여행해볼 것! 독특하고, 아름답고, 강렬한 색의 말레이시아를 찾아 떠나자.

- 고대 말레이시아 원주민이 살고 있는 코타키나발루의 마리 마리 컬처 빌리지 찾아가기 (234p)
- 거리의 모든 것이 문화유산인 말라카 일일투어 (161p)
- 말레이시아 이슬람의 상징 쿠알라룸푸르의 국립모스크 (088p)
- 시공간을 초월한 문화와 예술의 도시 조지 타운 도보여행 (344p)

완벽한 힐링! **릴랙스투어**

힘들고 지칠 때면 누구나 꿈꾸는 힐링여행. 두 눈을 감고 미지의 공간을 떠올리면 눈앞에 그려지는 평화로운 해변. 파라솔 아래 누워 잔잔한 파도소리를 듣거나 꿈만 같은 선셋 풍경 속으로 들어가 보자. 천국에 닿은 기분이 바로 이런 것이다.

- 하늘 아래 천국, 꿈에서나 그리던 바다를 만나는 시간 (쁘렌띠안, 194p)
- 로맨틱과 릴랙스의 절정 선셋 크루즈 (랑카위, 284p)
- 물빛까지 석양을 닮은 리조트에서의 휴양 (코타키나발루, 262p)

즐겨라! 오늘이 마지막인 것처럼! **액티비티투어**

휴양만 하다 보면 오히려 기분이 다운된다. 축 늘어진 몸에 생기를 불어 넣고 싶다면 심장이 쫄깃해지도록 즐거운 액티비티투어가 해답이다. 자연이 주는 즐거움은 풍경과 휴양만이 아니니까. 그 안에서 즐기는 짜릿한 액티비티는 여행의 한 페이지를 색다르게 장식해줄 것이다.

- 재미와 감동, 짜릿함이 한자리에! 키울루강 래프팅 (코타키나발루, 231p)
- 낚시, 수영, 하이킹을 모두 원하는 당신은 욕심쟁이~ 우후훗! 호핑투어 (랑카위, 287p)
- 동남아의 최고봉! 최고의 절경을 누려보자. 키나발루산 트레킹 (코타키나발루, 237p)

PLANNING 03
말레이시아 **지역별 여행 포인트**

말레이시아는 생각보다 넓다. 또 지역마다 다른 색깔과 다른 매력을 가지고 있다. 말레이시아 일주 배낭여행이 아니라 자신의 여행 취향에 맞게 지역을 선택해 여행하는 것이 좋다. 대표적인 여행지는 쿠알라룸푸르, 코타키나발루, 랑카위, 페낭, 말라카 등이다. 이곳들은 저마다 내세울 만한 여행의 포인트를 가지고 있다.

> **Tip** 말레이시아 여행 일정짜기 노하우
>
> • **여행의 목적을 확실히 정하자!**
> 휴양? 쇼핑? 체험? 말레이시아로 여행을 가기 위한 목적에 따라 지역이 달라진다. 물론 세 가지를 모두 충족시킬 수 있다면 더없이 좋은 여행이 되겠지만, 돌아가야 할 시간은 정해져 있고, 하고 싶은 건 많은 것이 모든 여행자들의 현실. 어느 쪽에 비중을 더 많이 두느냐는 선택이다. 쇼핑이 목적이라면 쿠알라룸푸르를, 휴양이 목적이라면 랑카위나 쁘렌띠안, 코타키나발루를 알아보도록 하자. 여행 기간이 좀 넉넉하다면 지역별 여행거리를 꼼꼼히 파악한 후 지역 간의 이동 노선을 잡으면 된다.
>
> • **누구와 가느냐에 따라 작전은 달라진다.**
> 말레이시아는 여행지마다 스타일이 다르다 보니 누구와 어떤 목적을 가지고 여행을 가는지가 중요하다. 단지 휴양이 필요한 사람과 쇼핑만 원하는 사람이 함께 여행할 수는 없다. 여행지를 결정하기 전에 동행자의 여행, 취향과 체력 등을 따져봐야 한다. 서로의 취향과 목적을 적극 반영해서 지역을 선택하고 스케줄을 짠다면 모두에게 성공적인 여행을 만들 수 있다. 동행자에 따라 작전을 달리 짜보자!

말레이시아 전도
Malaysia

태국

랑카위
Langkawi

쁘렌띠안
Perhentian

말레이시아

페낭
Penang

카메론 하이랜드
Cameron Highlands

겐팅
Genting

쿠알라룸푸르
Kuala Lumpur

푸트라자야
Putrajaya

말라카
Melaka

조호르바루
Johor Baharu

싱가포르

인도네시아

코타키나발루
Kota Kinabalu

브루나이

말레이시아

쿠칭
Kuching

인도네시아

쿠알라룸푸르

말레이시아의 수도이자 가장 중심이 되고 번화한 도시이다. 여유롭게 돌아가는 다른 지역과는 달리 빠르게 발전하는 말레이시아를 만날 수 있다. 거대한 쇼핑센터들과 더불어 종교와 문화의 특색이 살아 있다. 모던하면서도 자연과 문화가 잘 어우러진 도시다. 도시여행을 즐기는 여행자에게 추천하는 여행지이다.

부킷 빈탕

페낭

말레이시아의 제2의 도시다. 중국계 인구 비중이 55%로 중국 문화를 가장 가까이 느낄 수 있는 곳이다. 도시 전체가 유네스코 문화유산으로 등재된 조지 타운과 페낭 힐이 가장 큰 볼거리로 영국 식민지 시절의 페낭 역사를 잘 간직하고 있다. 역사와 문화, 종교에 관심이 많은 여행자들이 여행하기에는 아주 흥미로운 곳이다.

카피탄 켈링 모스크

랑카위

말레이시아와 태국의 경계에 있는 104개의 크고 작은 섬으로 이루어진 군도다. 랑카위는 군도에서 가장 큰 섬으로 섬의 2/3가 초록빛 열대우림으로 덮여 있다. 유네스코가 선정한 동남아 최초의 생태공원인 지오파크Geopark는 에코투어를 하는 여행자들이 즐겨 찾는 곳이다. 아름다운 자연에 파묻혀 느릿느릿 여유를 즐기는 여행자라면 랑카위가 정답이다.

탄중 루 비치

코타키나발루

보르네오섬에 있는 사바주의 주도. 우리나라에서도 직항편이 많을 정도로 휴양지로 인기가 높다. 세계 3대 선셋으로도 유명하다. 가족단위의 구성원들이 즐길 만한 자연친화적인 투어가 많아서 가족여행지로 급부상하는 중이다. 특히, 이곳에 우뚝 솟아 있는 키나발루산(4,101m)은 동남아 최고봉으로 트레커들에게 많은 사랑을 받고 있다.

제셀톤 포인트

말라카

쿠알라룸푸르 남서쪽에 있는 작은 도시다. 말레이시아뿐 아니라 동남아시아의 역사에서 중요한 의미를 지닌 곳이다. 이곳은 수 세기에 걸쳐 여러 나라의 침략을 받았다. 그 흔적으로 여러 나라의 문화와 종교가 어우러져 독특한 분위기를 느낄 수 있다. 여행 기간이 짧다면 쿠알라룸푸르에서 당일치기 여행을 다녀오는 것을 추천한다. 말라카까지는 자동차로 2시간 거리다.

말라카 리버

PLANNING **04**

나만의 말레이시아
여행 레시피!

쇼핑? 휴양? 관광? 나에게 맞는 말레이시아
여행 스타일은 어떤 것일까? '무조건 가고
보자'가 아니라 자신의 취향별, 목적지별로
궁합을 잘 맞춰 여행 코스를 짜야 제대로
보고 즐기는 법! 가고 싶은 곳의 특징과
함께 나의 여행 스타일을 먼저 파악하자.
찰랑이는 바다를 좋아하는지,
걸으며 사진 찍는 것을 좋아하는지,
쇼핑을 좋아하는지 등등. 내 취향과 딱
맞는 나만의 말레이시아 여행 레시피를
만드는 것, 여행의 시작이다.

쇼핑+식도락 쿠알라룸푸르 3박 4일

쇼핑하면 흔히 홍콩을 떠올린다. 하지만 쿠알라룸푸르도 빠지지 않는다. 2013
년 'CNN 트래블'이 선정한 전 세계 쇼핑 여행도시에서 쿠알라룸푸르가 당당히 4
위를 차지했다. 명품 브랜드의 리미티드 제품, 한국 미 수입 브랜드, 센트럴 마켓
의 소소한 기념품까지, 쿠알라룸푸르는 쇼핑의 핫플레이스다. 쿠알라룸푸르의
쇼핑은 로컬 쇼핑몰부터 명품몰까지 다 몰려 있는 부킷 빈탕의 쇼핑 거리와 더불
어 수리아 KLCC가 대표적이다. 무려 450개의 매장이 들어찬 파빌리온은 쇼핑
몰 구경만으로 2박 3일이 부족한 곳. 우리가 아는 대부분의 브랜드부터 큰돈 안
들이고도 나만의 패션을 완성해 줄 로컬 매장까지 줄지어 주인을 기다리고 있다.
소소한 길거리의 마켓 쇼핑을 좋아한다면 마지드 자맥역의 센트럴 마켓과 차이나
타운을 돌아볼 것. 또한 여행자들이 구름같이 몰려드는 쿠알라룸푸르는 미식여
행지라는 걸 잊지 말자. 말레이시아는 다양한 민족들이 모인 나라인 만큼 음식문
화도 다양하게 발달했다. 향신료가 강하지 않고, 매콤한 음식들은 한국인의 입맛
에도 잘 맞는다. 트렌드 세터들이 모여드는 방사에서의 브런치부터 화려한 부킷
빈탕에서의 나이트 라이프까지, 입이 즐거운 식도락, 돈 버는 쇼핑 여행. 바로 쿠
알라룸푸르이다.

쿠알라룸푸르의 쇼핑과 미식 키워드

- 쿠알라룸푸르의 보석 같은 쇼핑 타운 수리아 KLCC(128p)와 파빌리온(126p)
- 트렌드 세터와 부자들이 몰려드는 쇼핑과 미식의 중심 방사(133p)
- 로컬 브랜드에서 명품까지 원스톱 쇼핑이 가능한 미드 밸리 시티(130p)
- 구경만 해도 재미있는 짝퉁 천국 차이나타운(085p)
- 말레이시아 전통 공예품이 가득한 센트럴 마켓(084p)

체낭 비치

더 다나 리조트

연인들의 쇼핑여행+휴양 `쿠알라룸푸르+랑카위 6박 7일`

쇼핑도 휴양도 놓칠 수 없는 커플의 여행지. 랑카위는 동남아시아의 떠오르는 파라다이스다. 랑카위는 차분하고 조용한 휴양지라는 것이 매력이다. 물론 밤을 즐길 만한 곳들이 있긴 하지만 눈살 찌푸릴 일이 적은 동네다. 발바닥을 간질이는 하얀 모래를 밟으며 산책을 즐기는 시간, 느긋느긋하게 평화로운 사람들과 어울려 보내는 시간, 로맨틱한 선셋을 마주한 크루즈 위에서 보내는 시간 등 랑카위의 매 순간순간은 사진으로는 결코 남길 수 없는 평화로움이 가득하다. 관광지로 몰락해버린, 혹은 너무 한적해 과한 휴식만 있는 동남아의 여행지들과는 차원이 다르다. 적당한 즐길 거리와 적당한 휴양, 그리고 예쁘게 정돈된 자연환경까지, 다녀오면 그곳의 매력에 빠져 한참 동안 후유증에서 빠져나오지 못한다. 한 가지 더, 랑카위는 말레이시아에서는 하나밖에 없는 면세지역이란 사실! 맥주 값이 다른 곳에 비해 60% 이상 저렴하고, 전 세계의 맛있다는 초콜릿은 다 모여 있는 면세점이 지천이다. 쿠알라룸푸르에서 화려한 도시를 즐겼다면 랑카위에서는 지상낙원이란 단어의 참뜻을 만끽하자.

판타이 체낭 거리

랑카위의 휴양 키워드
- 꿈에 그리던 장면들이 펼쳐지는 대저택, 더 다나 리조트(323p)
- 랑카위 여행자라면 빠짐없이 들르는 비치, 판타이 체낭(290p)
- 연인들의 여행이라면 꼭 즐겨야 하는 로맨틱한 절정 선셋 크루즈(284p)
- 킬림 지오 포레스트 파크를 짤막하게 돌아보는 방법, 맹그로브투어(282p)
- 이국적인 풍경과 함께하는 미항, 그곳에서의 만찬 텔라가 하버 파크(299p)

더 다나 리조트

친구와 함께 배낭여행 쿠알라룸푸르+페낭 5박 6일

젊어 고생은 평생의 추억이라 했던가. 몸 건강한 청춘, 풍요로운 것이라곤 시간뿐인 주머니 가벼운 여행자. 튼튼한 두 다리와 젊은 패기만으로도 말레이시아 여행은 충분히 아름다울 수 있다. 특히 페낭이라면 도보여행의 즐거움이 가득한 곳이니까. 게다가 페낭의 음식은 한국의 전라도 이쯤이라고 생각하면 된다. 단돈 1,000원이면 맛있는 국수를, 2,000원이면 배가 두둑해지도록 고기반찬이 듬뿍 올라간 밥으로 한 끼가 가능한 곳이다. 지천에 널린 고풍스러운 건물이 대부분 저렴한 게스트하우스이니 여행경비 걱정도 끝! 그저 도보로 혹은 버스로, 그것도 힘들다면 인력거인 트라이쇼에 올라앉아 거리를 다니는 것만으로도 여행을 완성할 수 있다. 페낭에서는 식민시대의 역사와 문화, 예술이 뒤엉켜 온 도시를 가득 채우고 있는 조지 타운을 꼭 가봐야 한다. 거리 전체가 유네스코 세계문화유산으로 지정되어 있다. 이 밖에 관광명소 페낭 힐과 동남아의 가장 큰 불교사원인 켁록시 사원, 여행 중에 쉬어가기 좋은 휴양지 바투 페링기가 있다. 페낭은 여느 여행지와는 다른 볼거리로 말레이시아 여행의 진면목을 발견하게 해줄 것이다.

페낭 여행 키워드
- 역사 깊은 헤리티지 하우스에서의 하룻밤 보내기! 호텔 페나가(337p)
- 땡볕 아래 걸음이지만 지치지 않는 세계문화유산 조지 타운(344p)
- 2,000원이면 배가 두둑하게 한 끼를 해결할 수 있는 거니 드라이브(362p)
- 온몸이 힐링되는 그 광경, 페낭 힐(357p)
- 페낭 사람들이 꼽는 최고 휴양지 바투 페링기(360p)

바투 페링기

바투 페링기

압 콩시

거니 드라이브

가족간의 친목여행+휴양 코타키나발루 5박 7일

코타키나발루는 한국에서 출발하는 직항이 많고, 비행시간도 5시간이라 접근성이 뛰어난 말레이시아의
휴양지다. 코타키나발루를 한 마디로 정의하면 '초록빛의 매력'이다. 세계에서 세 번째로 큰 섬 보르네오를
사이좋게 공유하고 있는 세 나라, 말레이시아, 인도네시아, 브루나이. 그중 말레이시아 사바주의 주도인
코타키나발루는 황홀한 바다와 빽빽하게 들어찬 열대우림을 끼고 있다. 지구상 최고의 생태계로 알려진
이곳은 여행자에게 자연이 내준 선물이다. 코타키나발루는 이런 자연과 더불어 가족 구성원 모두 함께
즐길 거리가 많은 휴양지다. 이른 아침에는 투명한 물속에서 활발하게 먹이를 찾는 물고기를, 저녁이면
맹그로브숲을 독차지한 환상적인 반딧불이를 만날 수 있다. 차디찬 키울루강의 래프팅은 가족애를 더욱
돈독하게 만들어주고, 동남아의 히말라야라 불리는 키나발루산의 웅장한 감동도 나눌 수 있다. 이런저런
투어도 많지만 코타키나발루의 진정한 매력은 은밀한 곳에 숨겨진 리조트에서의 휴양이다. 세계 3대
석양이라고 알려진 코타키나발루의 선셋을 보는 순간 알게 된다. 코타키나발루로 여행 온 이유를!

코타키나발루 가족여행 키워드
- 가장 아름다운 선셋을 만날 수 있는 수트라 하버 리조트(262p)
- 하루 종일 스노클링만 해도 좋은 천국 같은 바다 툰구 압둘 라만 해상공원(226p)
- 동화 속으로 빨려 들어간 듯한 어둠 속의 화려한 군무, 반딧불이투어(230p)
- 트레킹을 부르는 동남아 최고봉 키나발루산(235p)
- 말레이시아의 문화 체험, 마리 마리 컬처 빌리지(234p)

제셀튼 포인트

마누칸섬

북보르네오 증기기차

PLANNING **05**

알고 가자!
말레이시아의 쇼핑

아시아의 다양한 패션 트렌드가 어우러진
말레이시아, 쇼퍼홀릭들에게는 일 년 내내
축제와 같은 열기를 경험할 수 있다.
그중 트렌드 세터들에게 각광받는 도시가
바로 쿠알라룸푸르다. 이 도시에는
수리아 KLCC, 파빌리온 등 온갖 명품
매장부터 로컬 매장까지 아우르는 초대형
몰이 밀집되어 있다. 옷장을 아무리
뒤져봐도 한숨만 나온다면 말레이시아로
향하는 트렁크는 비워서 가는 게 상책이다.

말레이시아 쇼핑 어디서 하면 좋을까?

쿠알라룸푸르 쇼핑의 양대 산맥 수리아 KLCC Suria KLCC(128p)와 파빌리온Pavillion (126p).
쿠알라룸푸르 최고의 럭셔리 백화점은 스타 힐 갤러리 Strar Hill Gallery (132p),
하루 종일 쇼핑몰에서만 보내고 싶다면 미드 밸리 시티Mid Valley City(130p).
말레이시아 전역에 있는 아웃렛 쇼핑몰 팍슨Parkson .

말레이시아 쇼핑 언제 하면 좋을까?

• 3~4월

매년 3월은 세계 3대 스포츠 이벤트인 F1 페트로나스 말레이시아 그랑프리(GP)가 개최되는 시기이다. 이때를 맞춰 말레이시아 전역에서는 GP 세일이 열린다는 사실! 평소 세일을 하지 않는 브랜드들의 프라이빗 세일 행사를 비롯하여 다양한 브랜드들이 전체적으로 세일을 진행한다.

• 매년 3월 말~ 4월 초

구두와 신발을 사랑하는 슈즈홀릭들의 행복한 비명이 들리는 계절이다. 이 시기 세계적인 슈즈 디자이너 지미추Jimmi Choo의 고향인 쿠알라룸푸르에서는 말레이시아 인터내셔널 슈 페스티벌Malaysia International Shoe Festival을 연다. 2010년부터 시작된 이 축제는 100년이 넘은 구두 제조 역사를 가진 말레이시아의 패션산업을 지속적으로 장려하고 다양한 슈즈 브랜드와 신진 디자이너들의 작품을 알리기 위해 시작된 페스티벌이다. 말레이시아 슈즈 장인이 한 땀 한 땀 정성을 쏟아 만든 트랜디한 슈즈들을 만날 수 있다.

• 7~8월 메가세일 카니발Mega Sale Carnival, 11~12월 이어 앤드 세일Year End Sale

매년 여름과 겨울, 일 년에 두 번 말레이시아 전역에서 펼쳐지는 쇼핑축제로 말레이시아가 후끈 달아오른다. 축제 기간에는 오뜨 쿠튀르 컬렉션, 각종 주얼리, 패션 브랜드, 화장품, 최신 전자제품, 말레이시아 전통 수공예품 등 패션과 라이프 스타일 용품까지 15~70%까지 대대적인 할인행사를 벌인다. 이때는 유명 쇼핑 지역은 물론 야시장, 아웃렛 매장, 레스토랑, 펍 등 장소와 지역 불문하고 세일에 참여한다. 쇼핑 축제가 시작되면 호텔 등 숙박업소의 가격이 조금 높아지지만 본전 뽑는 것은 일도 아니다. 정확한 일정은 말레이시아 관광청 홈페이지(www.mtpb.co.kr)에서 확인할 것.

PLANNING **06**

말레이시아를 추억하는 **기념품**

말레이시아의 기념품은 뭐가 있을까? 와~ 싸다라고 할 만한 것들은 많다. 하지만 싸다고 마구잡이로 골라잡는다면 돌아온 후 천덕꾸러기가 될 확률이 90%! 기념품은 실용적인 아이템에 집중하자. 온갖 쇼핑몰과 슈퍼마켓을 누비며 찾아낸 말레이시아의 특별한 기념품을 소개한다.

MALAYSIA

말레이시아를 달달하게
추억하게 해주는 **알리커피**

슈퍼마켓 15링깃

말레이시아 청정지역에서
생산된 **홍차**

슈퍼마켓 1.3링깃

친구들 선물용으로
딱 좋은 **카야 잼**

슈퍼마켓 5.5링깃

캐리어 가득 채워오고
싶은 예쁜 **구두**

빈치 48링깃

창가에 세워두고 싶은
알록달록한 **모래공예품**

센트럴 마켓 30링깃

말레이시아를 담은
멋진 **사진 엽서**

편의점 1.5링깃

말레이시아의 바다를
담은 예쁜 **액자**

기념품숍 10링깃

맛있는 말레이시아 요리를
해먹을 수 있는 **소스**

슈퍼마켓 1.5링깃

쫀득쫀득 달콤한
망고젤리

슈퍼마켓 5링깃

여행 다녀온 티 내고 싶을
땐 페트로나스 트윈 타워가
담긴 **핸드폰 케이스**

수리아 KLCC 20링깃

이게 바로 말레이시아 스타일!
휴양지에 어울리는
예쁜 **액세서리**

센트럴 마켓 35링깃

내 피부를 위한
유기농 천연비누

야시장 10링깃

말레이시아 음식 백과사전

영어야? 말레이시아어야? 로컬 음식점에서 처음 메뉴판을 받아 들면 드는 생각이다. 레이시아어가 영어로 쓰여 있어 당황하게 되지만 Don't worry! 로컬 요리 몇 가지만 확실히 알고 있으면 일단 주문은 성공이다. 여행 초보가 꼭 알아두어야 할 말레이시아의 음식 12가지!

로작 Rojak

말레이시아식 과일 샐러드. 구아바, 잠부, 두부, 오이 등의 과일과 야채를 소스에 버무려 먹는 간식이다. 과일과 칠리로 만든 소스는 새콤달콤하면서 매콤한 맛이 오묘한 조화를 이뤄 입맛을 당긴다.

나시 르막 Nasi Lemak

코코넛 우유로 쪄낸 쌀밥에 볶은 멸치, 삶은 달걀과 함께 먹는 말레이시아인들의 대표적인 아침 메뉴. 여기에 말레이시아의 전통 소스인 매콤한 삼발소스와 땅콩을 곁들여 먹는다. 가끔은 접시 대신 바나나 잎을 사용하는 레스토랑도 있다.

사테 Satay

세계적으로 알려진 말레이시아의 꼬치구이다. 닭이나 양 등 여러 종류의 고기를 꼬치에 꽂아 숯불에 구워 고소한 땅콩소스와 함께 즐기는 음식이다. 흰쌀로 만든 떡 께뚜팟 Ketupat과 양파, 오이를 곁들여 먹기도 한다.

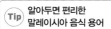

Tip 알아두면 편리한 말레이시아 음식 용어	
나시 Nasi	쌀
미훈 Meehoon	가는 국수
미 Mee	굵은 국수
이칸 Ikan	생선
우당 Udang	새우
케담 Ketam	게
아얌 Ayam	닭
렘부 Lembu	소고기
고렝 Goreng	볶다
바카르 Bakar	굽다
테 The	차
코피 Kopi	커피
퀘이 티아우 Kway Teow	넓고 납작한 국수

미고렝 Mee Goreng

나시고렝은 볶음밥, 미고렝은 볶음면이다. 밥 대신 면이 들어갔다고 생각하면 된다. 현지인들이 가장 즐겨먹는 메뉴 중 하나로 짭조름한 간장소스로 볶은 면은 맛이 좋다.

나시고렝 Nasi Goreng

나시 르막과 함께 인기 좋은 라이스 요리다. 일종의 볶음밥으로 해산물과 고기류, 각종 채소가 들어가 있다. 한국인의 입맛에도 잘 맞는다.

락사 Laksa

중국 요리와 말레이시아 요리가 융화되어 탄생한 노냐yonya의 대표적인 메뉴다. 말레이 향신료에 생선과 칠리를 갈아 넣은 면 요리로 매콤하고 시큼한 맛에 강한 향이 난다. 노냐 문화가 많이 남아 있는 페낭과 말라카 락사가 가장 맛이 좋다.

나시 짬뿌르 Nasi Campur

접시에 쌀밥과 함께 뷔페처럼 차려 놓은 다양한 음식을 골라 담아 먹는 요리다. 담은 가짓수와 양에 따라 마지막에 계산을 한다. 한 접시 가득 골라 담아도 가격이 저렴해 부담 없이 즐길 수 있다. 생선구이, 치킨 커리 등은 대부분 맛있는 편이다.

스팀 보트 Steam Boat

각종 해산물과 고기, 어묵, 야채 등을 끓는 육수에 데쳐 먹는 음식. 우리나라의 샤부샤부와 비슷하다. 레스토랑에서도 맛볼 수 있지만 길거리 노점에서도 볼 수 있다. 특히 쿠알라룸푸르의 잘란 알로 거리에 유명한 스팀 보트 노점이 많다.

첸돌 Chendol

말레이시아의 대표적인 디저트. 코코넛 밀크, 팥, 흑설탕, 그리고 연두색 젤리인 첸돌을 넣은 빙수의 일종이다. 간혹 두리안, 망고 등의 과일을 넣는 곳도 있다. 말레이시아의 더위를 한방에 날려주는 시원한 맛이 좋다.

차 퀘이 티아우 Char Kway Teow

납작한 쌀국수 볶음요리이다. 숙주와 새우, 조개, 달걀 등이 들어가며 쫀득쫀득 씹히는 면의 식감과 짭짤하면서 달콤한 맛이 우리 입에도 잘 맞는다. 대부분의 로컬 식당에서 간편하고 먹을 수 있는 메뉴 중 하나.

로티 차나이 Roti Canai

인도식 밀가루 빵. 얇게 편 밀가루에 버터를 발라 철판에 구워낸다. 만드는 사람의 손맛에 따라 맛의 차이가 크다. 여러 가지 커리나 잼에 찍어 먹는데, 바삭하고 고소하게 구워진 로티 차나이는 정말 맛있는 한 끼 식사가 된다.

하이난스 치킨 라이스 Hainanese Chicken Rice

하이난섬 출신 중국인들에 의해 탄생한 메뉴. 담백하게 삶은 닭고기를 닭 육수로 지은 밥과 함께 먹는다. 생강소스와 칠리소스에 찍어 먹으면 더 맛있다. 입맛이 예민하거나 향신료를 꺼려하는 사람들에게 추천한다.

난도스 Nando's

남아프리카에서 온 체인점으로 포르투갈식 닭 요리를 맛볼 수 있는 레스토랑. 아직 한국엔 없지만 전 세계적으로 유명한 치킨전문점이다. 말레이시아인들이 워낙 닭고기를 좋아하다 보니 말레이시아에서도 외식장소로 애용되고 있다. 대부분의 쇼핑몰에 입점이 되어 있어 쉽게 찾아볼 수 있다. 매운 정도, 양, 부위 모든 걸 취향에 따라 선택할 수 있다. 치킨과 치킨이 들어간 랩 등 모든 메뉴가 맛있는 편. 부드러운 베지테블소스에 찍어 먹는 따끈한 피타Pita(영국식 빵의 일종)도 맛보자!

Data
쿠알라룸푸르 수리아 KLCC, 버자야 타임스 스퀘어, 파빌리온, 미드밸리시티 / **코타키나발루** 원보르네오 / **페낭** 조지 타운
Cost 치킨 11.9링깃~, 사이드 메뉴 5링깃~
Web www.nandos.com.my

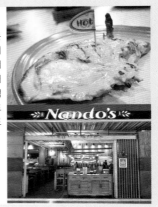

PLANNING **08**

말레이시아의 인기 **체인 레스토랑**

로컬 푸드에 도전하고 싶은데
새로운 음식에 자신이 없다면
잘 나가는 체인 레스토랑으로 가보자.
대중화된 레시피로 누구나 맛있게 즐길 수 있는
메뉴를 가지고 있다. 따가운 햇볕을 피해
시원한 화이트 커피 한 잔 마셔준다면 금상첨화다.

올드타운 화이트 커피 Oldtown White Coffee

말레이시아의 스타벅스로 불리는 최고의 인기 체인 카페 겸 레스토랑이다. 말레이시아 현지식부터 출출할 때 즐길 만한 간식거리까지 다양한 메뉴를 선보이고 있다. 누들이나 볶음밥 종류의 로컬 메뉴들은 자극적이지 않아 말레이시아 음식에 입문하기 좋다. 닭육수에 쌀국수가 나오는 이포 치킨 호르 펀Ipoh Chicken Hor Fun이나 나시 르막도 맛있다. 하지만 이곳의 최고 인기 메뉴는 바로 달짝지근한 화이트 커피와 함께 먹는 바삭바삭한 카야 잼 토스트. 어쩌면 말레이시아 여행을 추억하는 1등 메뉴가 될지도 모른다.

Data
쿠알라룸푸르 센트럴 마켓, 수리아 KLCC, 파빌리온 / **코타키나발루** 가야 스트리트 / **랑카위** 체낭몰, 랑카위 퍼레이드 / **페낭** 조지 타운, 퍼스트 에비뉴 쇼핑몰 Cost 화이트 커피 3.8링깃, 카야 잼 토스트 2.3링깃 Web www.oldtown.com.my

시크릿 레시피 Secret Recipe

말레이시아 젊은이들 사이에서 선풍적인 인기를 끌고 있는 체인 레스
토랑. 깔끔하고 세련된 빨간 간판이 가는 곳마다 눈길을 끈다. 히잡을
쓰고 데이트를 즐기는 말레이시아 연인들을 쉽게 볼 수 있다. 태국 음식
과 파스타 등의 퓨전요리가 시그니처 메뉴다. 향신료를 거의 쓰지 않아
부담 없이 즐길 수 있다. 40여 종의 케이크가 있어 디저트도 풍부한 편
인데, 초코 케이크 종류가 유명하다. 런치 타임과 티타임에 프로모션을
이용하면 좀 더 저렴하게 이용할 수 있다.

Data
쿠알라룸푸르 KL 센트럴역, 수리아 KLCC, 파빌리온, **코타키나발루**
센터 포인트, 수리아사바 / **랑카위** 랑카위 페어 / **페낭** 거니 플라자,
스트레이트키 **Open** 점심 12:00~15:00, 티타임 15:00~18:00
Cost 조각 케이크 6.5링깃~, 파스타 16.5링깃~
Web www.secretrecipe.com.my

파파리치 Papparich

올드타운 화이트 커피와 비슷한 말레이시아의 체인
레스토랑. 올드타운 화이트 커피보다 조금 덜 알려져
서 체인점 수는 적은 편이지만 메뉴의 종류는 더 다
양하다. 다른 말레이시아 체인점들에 비해 음식이 고
급스럽고 맛이 좋다. 말레이시아 음식인 볶음밥과 사
태, 치킨은 물론 중국 요리인 딤섬이나 누들도 맛볼
수 있다. 후라이드 치킨이 더해진 나시 르막이나 쫀
득쫀득한 면발이 맛있는 차 쿼이 티아우 등이 인기 메
뉴다.

Data
쿠알라룸푸르 부킷 빈탕, 미드 밸리 시티, 방사 /
랑카위 랑카위 페어 / **페낭** 조지 타운
Cost 면요리 10링깃~, 나시 르막 15링깃~
Web www.papparich.com.my

돔 Dome

호주를 기반으로 한 체인 레스토랑으로 싱가포르,
태국, 홍콩, 대만, 인도네시아, 말레이시아 등 아시
아 6개국에 체인점이 있다. 말레이시아는 여행자들
이 많이 모이는 길목에 항상 이 레스토랑이 눈에 띄
게 자리하고 있다. 외국 여행자들에게 인기가 좋은
서양 음식 전문점으로 팬케이크, 샌드위치 등의 아
침 메뉴부터 저녁식사까지 다양한 음식과 맛 좋은
차와 커피를 즐길 수 있다.

Data
쿠알라룸푸르 수리아 KLCC, 파빌리온, 미드 밸리 시티,
방사 쇼핑센터 / **코타키나발루** 원보르네오 /
페낭 거니 플라자, 스트레이트키
Cost 아침 메뉴 11링깃~, 샌드위치 23링깃~,
티 7.5링깃~ **Web** www.domecafe.com.my

두리안 Durian

말레이시아가 원산지인 과일. 한 번 먹어보면 향과 맛이 강렬해서 절대 잊을 수 없다. 강한 향 때문에 호텔에서도 반입금지인 곳이 많지만, 먹어본 사람만이 안다는 중독성이 있다. 피부를 윤택하게 해주고 피로회복, 자양강장에 효과가 탁월하다.

망고스틴 Mangosteen

과일의 여왕이라고 불리는 망고스틴도 원산지가 말레이시아이다. 껍질을 까면 마늘처럼 생긴 뽀얀 알맹이가 나오는데 과육이 풍부하고 달콤하다. 붉은 껍질은 색이 매우 강해서 옷에 물들면 잘 지워지지 않으니 조심할 것!

PLANNING **09**

말레이시아에서 누리는
열대과일의 행복

동남아 여행의 또 다른 행복을 꼽으라면 한국에선 쉽게 접하기 힘든 열대과일을 원 없이 맛볼 수 있다는 것! 말레이시아도 예외는 아니다. 맛과 모양, 가격까지 사랑스러운 말레이시아의 열대 과일. 한 번 맛보면 한국으로 돌아갈 때 두고 가기 가장 아까운 1순위가 될 것이다.

코코넛 Coconut

즙이 많아 음료로 마시는 야자열매. 즙을 다 마시고 난 후 안쪽의 하얀 속살까지 긁어먹어야 제대로 코코넛을 즐긴 것. 동남아에서는 과육에서 뽑아낸 과즙을 요리에 많이 사용한다.

파파야 Papaya

말레이시아에서 가장 흔하게 볼 수 있는 과일이다. 맛은 밋밋하지만 먹을수록 빠져든다. 다량의 비타민을 함유하고 있는 데다 칼로리가 낮은 과일이라 여행 중 먹으면 피로회복에 최고다.

구아바 Guava

아작아작 씹히는 식감이 독특한 과일이다. 단맛이 덜하고, 가끔 떫은 맛이 나기 때문에 현지인들은 설탕을 뿌려 먹거나 주스로 만들어 먹는 편이다.

람부탄 Rambutan

말레이시아 말로 머리카락이라는 뜻을 가진 과일이다. 한국에서도 레스토랑에서 종종 만날 수 있는 과일이지만 원산지에서 먹는 신선한 맛을 따라올 순 없다.

용안 Longan

손으로 딱딱한 껍질을 톡톡 벗기면 희고 투명한 알맹이가 나온다. 안쪽의 검붉은 씨가 용의 눈을 닮았다 하여 붙여진 이름으로 달콤하고 과즙이 많다.

잭 푸룻 Jack Fruit

언뜻 보면 두리안과 비슷하지만 껍질을 까면 노랗고 매끈한 알맹이가 들어 있다. 살짝 새콤한 맛이 감도는 맛이다. 시장에서 튀김으로도 자주 맛볼 수 있다.

드래곤 푸룻 Dragon Fruit

용을 닮았다고 해서 붙여진 이름이다. 붉은 겉모습만큼이나 속살도 핑크빛으로 예쁘게 생긴 과일이다. 속이 흰색인 것도 있다. 자극적인 외모를 가졌지만 맛은 아주 밋밋하다.

망고 Mango

'맛있다'고 굳이 표현할 필요조차 없는 과일이다. 하루 한 개씩 꼭 먹어줘야 할 것만 같은 의무감이 들 정도로 맛있다. 표피가 샛노랗고, 잡았을 때 말랑말랑하게 만져지는 망고가 가장 맛있다.

PLANNING **10**

말레이시아
여행 체크리스트

여행 시기는 언제가 좋을까?

열대우림, 고온다습, 연평균 기온 섭씨 21~32도, 평균 강우량 2,000~2,500mm. 말레이시아 기후의 평균치다. 그러나 말레이 반도와 동말레이시아로 나뉘어 있는 말레이시아는 면적이 넓은 만큼 각 지역의 기후도 조금씩 다르다. 우기가 있지만 대부분 스콜성 비가 내려 여행에 지장을 크게 받지는 않는 편이다. 그래도 건기가 여행하기는 가장 좋다.

쿠알라룸푸르 우기는 12~1월. 하루에 한두 번 잠깐 스콜성 비가 내린다. 5~7월이 가장 덥다. 여행하기 가장 좋은 때는 3~5월, 9~11월이다.

랑카위&페낭 6월과 10월은 잦은 비가 내리지만 땅이 젖을 만하면 그치는 정도다. 12~2월이 건기로 가장 덥다. 여행하기에는 11~5월이 최적의 날씨다.

코타키나발루 우기는 10~2월. 5~9월이 건기로 햇볕이 가장 강하다. 우기라도 여행을 하는데 별 지장은 없다. 하지만 건기 시즌에 가장 멋진 선셋을 볼 수 있다.

말레이시아 화폐와 여행 예산

화폐 말레이시아의 공식 통화는 링깃Ringgit·RM과 센Sen이다. 동전은 1, 5, 10, 20, 50센과 1링깃, 지폐는 1, 10, 20, 50, 100링깃이 있다. 환율은 1링깃이 290.22원(2019년 8월 기준)으로 물가는 우리나라의 60~70% 수준이다.

신용카드 신용카드는 마스터MASTER, 비자VISA, 아멕스AMEX 등을 사용할 수 있다. 하지만 쇼핑몰이나 고급 레스토랑 외에는 카드가 안 되는 곳이 많다. 또 식비가 저렴하다 보니 쇼핑을 제외하면 카드를 써야 하는 일이 많지 않은 편이다. 식비는 현금, 쇼핑은 카드를 사용한다고 생각하면 된다. 한국에서 사용하던 직불카드로 인출과 결제도 가능하다. 카드 뒷면에 PLUS, Cirrus 마크가 있는지 미리 확인할 것.

1일 여행 비용은 얼마? 숙박과 쇼핑을 뺀 하루 경비를 약 100링깃(약 2만 7천 원) 정도로 잡고 날짜를 계산해서 현금을 가져가면 좋다. 쿠알라룸푸르와 코타키나발루는 미국 달러와 한화 모두 쉽게 환전할 수 있다. 하지만 그 외의 지역은 미국 달러를 준비해 가야 한다. 100달러나 5만 원권 등 큰 액수의 지폐를 가져가는 게 환전 시 환율이 좋다.

말레이시아 항공 스케줄

여행은 아는 만큼 즐기고, 아는 만큼 비용을 절감할 수 있다. 여행을 떠날 때 주어진 첫 번째 미션은 일정에 맞추어 항공 티켓 뚝 부러지게 예매하기! 인천에서 직항노선이 있는 곳은 쿠알라룸푸르와 코타키나발루 두 곳! 그 외 다른 지역으로 가려면 국내선이나 버스, 페리를 이용해야 한다. 인천공항에서 쿠알라룸푸르까지는 대한항공, 말레이시아항공, 저가항공인 에어아시아 직항노선이 있다. 경유 노선은 케세이퍼시픽, 베트남항공, 중화항공 등 약 10가지가 있다. 좋은 항공사의 비싼 항공권이 서비스나 식사, 좌석 등이 좋은 것은 당연한 사실! 하지만 가격이 저렴한 저가항공을 이용하면 여행 비용을 아낄 수 있다. 또 다른 나라를 경유하는 항공편을 이용해 스톱오버를 하며 2개국을 동시에 여행하는 것도 여행의 기술이라는 사실을 놓치지 말자.

주요 항공 스케줄

쿠알라룸푸르

인천 → 쿠알라룸푸르

항공	편명	출발시간	도착시간	운항요일
대한항공	KE0671	16:35	21:55	매일
말레이시아 항공	MH0039	00:10	05:45	월, 목, 금, 토, 일
	MH0067	11:00	16:35	매일
에어아시아	D7 507	09:45	15:15	매일
	D7 505	16:25	21:55	매일
	D7 509	23:25	04:55	월, 수, 금, 토

쿠알라룸푸르 → 인천

항공	편명	출발시간	도착시간	운항요일
대한항공	KE0672	23:20	06:50	매일
말레이시아 항공	MH0038	14:05	21:45	수, 목, 금, 토, 일
	MH0066	23:30	07:10	매일
에어아시아	D7 506	00:55	08:35	매일
	D7 504	07:40	15:20	매일
	D7 508	14:40	22:20	월, 수, 금, 토

부산 → 쿠알라룸푸르

항공	편명	출발시간	도착시간	운항요일
에어아시아	D7 519	10:40	16:00	월, 수, 목, 금, 토, 일

쿠알라룸푸르 → 부산

항공	편명	출발시간	도착시간	운항요일
에어아시아	D7 518	01:35	09:00	월, 수, 목, 금, 토, 일

코타키나발루

인천 → 코타키나발루

항공	편명	출발시간	도착시간	운항요일
이스타	ZE0503	21:00	01:00	매일
	ZE0501	19:30	23:35	매일
제주항공	7C2507	21:20	01:20	매일
	7C2509	22:45	02:50	월, 수, 금, 토
진에어	LJ0061	19:05	23:15	매일
	LJ0063	17:15	21:35	매일
에어서울	RS0541	20:05	00:20	매일

코타키나발루 → 인천

항공	편명	출발시간	도착시간	운항요일
이스타	ZE0504	03:05	08:50	매일
	ZE0502	00:45	07:10	매일
제주항공	7C2500	03:50	09:50	화, 목, 토, 일
	7C2508	00:20	06:25	매일
진에어	LJ0062	00:30	06:40	매일
	LJ0064	22:50	05:10	매일
에어서울	RS0541	01:10	07:20	매일

말레이시아에서 국내선 이용하기

말린도 에어 Malindo Air – 가장 최근에 생긴 말레이시아의 저가항공. 국제공항을 이용하며 좌석이 여느 항공에 비해 넓어 인기가 가장 좋다.
Web www.malindoair.com

에어 아시아 Air Asia – 말레이시아의 대표적인 저가항공으로 노선이 가장 많아 이용이 편리하다.
Web www.airasia.com

말레이시아 항공 Malaysia Airlines – 쿠알라룸푸르를 연계해서 다른 지역으로 갈 때 이용하기 좋다.
Web www.malaysiaairlines.com

파이어 플라이 Fire Fly – 쿠알라룸푸르 시내에서 가장 가까운 수방 국제공항에서 이용이 가능하다.
Web www.fireflyz.com.my

PLANNING **11**

이때 가면 더 좋다!
말레이시아
축제 캘린더

말레이시아는 문화가 다양한 만큼 축제도 다양하다. 갈 곳 많은 말레이시아이지만 축제가 있어 재미와 감동이 두 배가 된다. 여행 일정과 축제가 겹친다면 확실하게 축제를 즐겨보자. 축제 일정은 해마다 조금씩 달라지니 말레이시아 여행 이벤트 웹페이지(www.malaysia.travel/ko-kr/kr/events)에서 미리 확인해보는 게 좋다.

© 말레이시아 관광청

1월 중순~2월 중순
타이푸삼 Thaipusam
힌두교 최대의 연중행사로 쿠알라룸푸르의 바투동굴, 셀랑고르, 페낭, 조호, 페락에서 대규모로 진행된다. 수천 명의 힌두교 신자들은 사원을 꽃으로 꾸미는 것을 시작으로, 수브라미니암 상을 실은 꽃마차를 따르며 길고 긴 행렬을 이룬다. 신자들은 살아오면서 지은 죄를 상징하는 짐(카바디Kavadi)을 지고 걷는다. 이 축제는 힌두 신인 무르카를 기리기 위한 것이기도 하다.

음력 1월 1일
중국 음력 설 Chinese New Year
우리나라의 설날과 같다. 중국 화교가 많은 말레이시아 전역에서 새해를 맞이하는 축제가 성대하게 이루어진다. 줄여서 CNY로 불리며, 쇼핑몰에서는 CNY 세일을 진행한다.

3월
국제 연날리기 축제
World Kite Festival
매년 2월 말 말레이시아에서는 국제 연날리기 축제가 개최된다. 이 축제는 1995년부터 개최되어 온 전통의 축제다. 형형색색의 연들이 말레이시아 조호 주의 파시르 구당Pasir Gudang의 하늘을 수놓는다. 전 세계 25개국이 넘는 나라에서 이 축제에 참가한다.

5월~6월
말레이시아 메가 세일 카니발
Malaysia Mega Sale Carnival
전 세계 쇼퍼홀릭들의 주목을 받는 축제. 말레이시아 전역에서 열리는 이 축제 기간 동안 500만 명 이상의 관광객이 찾는다. 말레이시아 최고의 행사 중 하나이다.

6월~8월
하리 라야 푸아사 Hari Raya Puasa
이슬람 최대 명절로 말레이시아에서는 큰 의미가 있는 명절이다. 무슬림의 금식 기간인 라마단이 끝나는 날부터 시작되는 행사로 라마단 기간을 잘 이겨냈다는 것을 자축하는 축제다. 사람들을 집으로 초대해 축제를 즐기고 선물을 주고받는다. 쇼핑몰에서 큰 세일을 한다.

7월
레인포레스트 월드 뮤직 페스티벌 Rainforest World Music Festival
말레이시아 사라왁 지역에서 1998년부터 시작된 축제이다. 정글 속 공연장에서 3일간 음악 축제가 열린다. 22개 이상의 세계 각국의 전통그룹이 참여하는 축제로 각국의 민속음악을 들을 수 있다.

8월 31일
독립기념일 Merdeka Day
영국으로부터의 독립을 기념하는 축제다. 메르데카는 말레이어로 '독립'을 뜻한다. 매년 7월 중순~8월 중순 독립기념일 축제 기간에는 각종 퍼레이드와 쇼, 경연, 전시 등의 행사와 다양한 이벤트가 펼쳐진다. 특히 8월 30일 펼쳐지는 전야제에는 말레이시아 예술단의 화려한 공연과 불꽃놀이를 볼 수 있다.

7월~9월
쿠알라룸푸르 국제 예술 축제
Kuala Lumpur International Arts Festival
다이버스시티DiverseCity에서 2015년부터 매년 개최해 오고 있는 문화·예술 축제다. 쿠알라룸푸르 전역에서 다양한 문화 공연이 펼쳐진다. 다이버스시티는 예술 및 문화 경험을 개발하는 비영리 단체다. 공연 내용은 다이버스시티 홈페이지(www.diversecity.my) 참고.

10월~11월
디파발리 Deepavali
'빛의 축제'로도 불린다. 디파발리는 힌두교 타밀 달력의 첫째 달에 해당하는 날에 열리는 신년 축제이다. 선한 신이 빛으로 어둠의 신을 물리쳤다는 전설의 날이다. 축제 기간 중에는 가짜 돈을 태우고 그릇을 깨며 나쁜 기운을 몰아내 새해의 복을 기원하는 행사가 열린다. 힌두교도의 축제이지만 종교를 초월해 말레이시아 대부분의 사람들이 디파발리에 참가한다.

11월
모토 GP 말레이시아
Moto GP Malaysia
말레이시아 세팡 서킷에서 열리는 이 모터사이클 경기는 최근 몇 년간 큰 인기를 끌고 있다. 세팡 서킷은 1999년에 문을 연 모터 스포츠 전용 경기장이다. 연중 다양한 모터 스포츠 이벤트가 이곳에서 열린다. 세팡 서킷 홈페이지(www.sepangcircuit.com) 참고.

11월~12월
말라카강 국제 축제
Melaka River International Festival
말라카는 말레이시아의 역사의 기원이 된 말라카왕국의 수도였다. 말라카는 2008년 유네스코 세계 문화유산으로 지정되었다. 말라카강 국제 축제는 여행자들에게 콘서트, 경연, 전시, 수상 스포츠 이벤트 등 수십 종류에 달하는 다양한 문화 경험을 제공한다.

이어 엔드 세일 Malaysia Year End Sale
말레이시아 현지인도, 여행객도 모두가 손꼽아 기다리는 말레이시아의 대대적인 쇼핑 행사기간이다. 갖고 싶은 대부분의 아이템을 파격적인 가격에 구입할 수 있다.

MALAYSIA BY

AREA

말레이시아 지역별 가이드

Malaysia By Area

01

쿠알라룸푸르
KUALA LUMPUR

말레이시아의 수도다. 국제도시로
성장하는 글로벌한 곳으로 수많은
여행자들이 거쳐 가는 여행의 허브도시다.
쿠알라룸푸르는 말레이시아 고유문화와
현대적인 모습이 조화를 이뤄 감각적이고
매력적인 자유 감성을 뿜어낸다.
과거 식민지 시절의 모습부터 활기 넘치는
현재의 쿠알라룸푸르, 그리고 반짝이는
페트로나스 트윈 타워처럼 말레이시아의
역동적인 미래를 볼 수 있는 곳이다.
다양한 매력이 공존하는 쿠알라룸푸르에는
당신이 상상하던 것 이상의
말레이시아가 있다.

Kuala Lumpur
PREVIEW

쿠알라룸푸르는 휴양을 즐길 만한 곳은 아니다. 하지만 여행하기 즐거운 곳이다.
쇼핑과 식도락, 말레이시아의 문화와 역사까지 부지런히 여행하다 보면 많은 것들을 얻어 갈 수 있다.
일 년 내내 메뉴를 바꿔도 다 먹지 못할 만큼 다양한 음식이 있어 여행을 더욱 즐겁게 한다.
쇼핑 세일 시즌에 방문을 할 예정이라면 발걸음이 더욱 바빠질 테니 체력 보충도 미리미리 해놓자!

PLAY

가장 큰 볼거리는 KLCC역의 페트로나스 트윈 타워다. 그 외에 콜로니얼 건물이 가득한 마지드 자멕역과 활기 넘치는 쇼핑 거리 부킷 빈탕, 이슬람 문화를 느낄 수 있는 KL 센트럴 등 지역별로 나누어 여행을 하자. 일정이 넉넉하다면 말라카, 바투동굴, 겐팅 등 주변의 여행지를 하루 일정으로 다녀오는 것도 좋다.

EAT

저렴한 식사를 원한다면 거리마다 널린 현지 레스토랑을 이용하자. 근사한 다이닝을 원한다면 수리아 KLCC나 파빌리온 내의 레스토랑을 이용한다. 같은 메뉴라도 어디에서 먹는지에 따라 가격이 5~10배까지 차이가 난다. 입맛이 예민해 무난한 메뉴를 원한다면 푸드코트나 체인점으로 가는 것이 가장 좋은 방법!

BUY

쇼핑을 빼놓고 쿠알라룸푸르를 말할 수 없다. 수리아 KLCC와 파빌리온을 비롯한 특급 쇼핑몰에서 짝퉁 천국 차이나타운까지 취향과 주머니 사정에 따라 쇼핑할 곳이 지천이다. 특히 메가 세일 등을 활용하면 본전 뽑는 '쇼핑 여행'도 가능하다.

SLEEP

특급호텔들은 KLCC와 파빌리온 주변에 몰려있다. 저렴하면서 위치가 좋은 호텔은 부킷 빈탕의 잘란 알로나 차이나타운 쪽을 선택하면 좋다. 다른 나라의 대도시에 비해 특급호텔 숙박료가 저렴한 편이라 부담 없이 특급호텔 이용하기가 좋다. 페트로나스 트윈 타워가 보이는 저렴한 에어비앤비도 많으니 여행 비용에 따라 숙소를 고르는 재미가 있다.

Kuala Lumpur
BEST OF BEST

볼거리 BEST 3

쿠알라룸푸르의 뛰는 심장,
페트로나스 트윈 타워

과거, 현재, 미래가
공존하는 **바투동굴**

제일 유명한 먹자 골목,
잘란 알로

먹을거리 BEST 3

먹어도 먹어도 질리지 않아!
사태

온갖 재료 다 넣어 보글보글~
스팀 보트

말레이시아의 국민 음식
나시 르막

투어 BEST 3

반딧불이투어로
알찬 하루 보내기

도시 전체가 반짝반짝,
푸트라자야 야간투어

말레이시아 최대 테마파크에서
즐기는 짜릿한 즐거움, **겐팅투어**

Kuala Lumpur
GET AROUND

🚙 어떻게 갈까?

쿠알라룸푸르 국제공항은 직항 편이 있는 코타키나발루를 제외하고, 말레이시아를 방문할 때 꼭 한 번은 이용하게 된다. 쿠알라룸푸르를 기점으로 주요 여행지로 가는 항공편이 운항되고 있다. 쿠알라룸푸르에는 국제공항(KLIA)과 저가항공 전용공항(KLIA2) 등 2개의 공항이 있다. 국내선과 국제선, 저가항공 노선에 따라 공항이 다르므로 이용 시 주의하자. 공항에서 쿠알라룸푸르 도심까지는 대중교통을 이용해 갈 수 있다. 택시비도 저렴한 편이라 2명 이상이라면 택시를 타는 것도 방법이다.

쿠알라룸푸르 국제공항KLIA에서 시내로 가기

저가항공사 전용 공항 LCCT가 최근 KLIA2로 이전했다. 앞으로 쿠알라룸푸르에 취항하는 모든 항공은 KLIA와 KLIA2를 이용한다. KLIA와 KLIA2 두 공항 사이의 거리는 약 2km로 공항철도를 타고 갈 수 있다. 요금은 2링깃이며, 소요시간은 2분 거리다. 쿠알라룸푸르 국제공항은 인천공항과 함께 아시아에서 가장 큰 공항 중 하나이다. 말레이시아에 입국하면서 면세점을 이용할 수 있으며, 휴식공간 등 최신 시설을 갖추고 있다. 쿠알라룸푸르 시내와는 약 55km 정도 떨어져 있다. 자동차로 이동할 경우 약 1시간 소요된다. 공항에서 도심으로 가는 대중교통은 고속전철(KLIA 익스프레스)과 버스, 택시 등 3가지가 있다. 모든 대중교통은 미리 예약할 필요 없이 현장에서 바로 이용할 수 있다.

1. KLIA 익스프레스

공항에서 쿠알라룸푸르 중심가(KL 센트럴)를 논스톱으로 운행하는 고속전철이다. 시내로 가는 가장 빠른 교통 편으로 KLIA2를 시작으로 KLIA를 거쳐 KL 센트럴로 향한다. KLIA2에서는 33분, KLIA에서는 28분이 소요된다. 운행간격은 15~20분이다.
Open 05:00~00:30 **Cost** 성인 55링깃, 2~12세 25링깃 **Web** www.kliaekspres.com

2. 버스

KLIA2, KLIA 두 공항 모두 KL 센트럴을 오가는 버스가 있다. KLIA는 공항 2층 버스정류장, KLIA2는 공항 1층 버스정류장에서 탑승할 수 있다. 30분~1시간 간격으로 운행되며, 소요시간은 1시간이다.
Open 공항 출발 06:30~00:30, KL 센트럴 출발 05:00~22:30 **Cost** 성인 12링깃, 2~12세 7링깃
Web www.airportcoach.com.my

3. 택시

도착층에 위치한 택시 카운터에서 목적지를 말하고 택시 쿠폰을 사서 이용한다. 2명 이상이거나 KL 센트럴에서 다른 지역으로 이동을 해야 하는 경우 택시를 타는 게 더 편리하다. 인원수와 트렁크 개수에 따라 요금이 약간씩 달라진다. 공항에서 KL 센트럴, 부킷 빈탕까지 쿠폰택시 100~130링깃, 그랩택시 60~70링깃이다.

Tip 그랩Grap 어플을 깔아요!

말레이시아 여행 중엔 콜택시 '그랩Grap' 어플이 아주 유용하다. 일반 택시비의 절반 정도로 이동이 가능해 여행 인원이 2~3명이라면 대중교통보다 저렴하게 이용할 수 있다. 쿠알라룸푸르 외 랑카위, 페낭, 쿠칭 등 말레이시아 대부분의 도시에서 이용이 가능하다. 현지 심 카드가 있어야 등록이 가능하다.

어떻게 다닐까?

쿠알라룸푸르는 교통의 요지인 KL 센트럴역을 중심으로 다양한 노선의 전철(LRT)과 커뮤터, 모노레일, 시외버스가 운행되고 있다. 역 이름이 말레이어로 되어 있어 어려운 느낌이지만 여행자들이 다니는 주요 역 이름을 체크해두면 편리하게 대중교통을 이용할 수 있다. 단점이라면 다른 회사에서 운영하는 노선과는 환승이 안 된다는 것이다. LRT와 모노레일을 적절하게 이용하는 게 좋다. 자세한 방법은 쿠알라룸푸르 대중교통 홈페이지(www.myrapid.com.my) 참조.

1. 전철 LRT Light Rail Transit

여행자들이 가장 많이 이용하는 교통수단이다. 켈라나 자야Kelana Jaya, 암팡Ampang, 스리 페탈링Sri Petaling 등 3개의 노선이 있다. 운행시간은 06:00~11:30까지이며 5분 간격으로 운행된다. 요금은 1링깃부터다. 여행자들이 가장 많이 이용하는 역은 KLCC역, 암팡 파크Ampang Park역, 마지드 자멕Masjid Jamek역, KL 센트럴KL Central역이다.

2. 모노레일 Monorail

쿠알라룸푸르의 시내를 날아다니는 모노레일은 주요 호텔과 쇼핑몰을 거쳐간다. 총 11개 역 중 부킷 빈탕, 라자 출란, KL 센트럴역이 가장 이용객이 많다. 운행시간은 06:00~12:00까지이며, 5~10분 간격으로 운행된다. 요금은 1.2링깃부터다. 여행자들이 가장 많이 이용하는 역은 부킷 빈탕Bukit Bintang역, KL 센트럴KL Central역, 임비Imbi역이다.

3. KTM 커뮤터 KTM Komuter

쿠알라룸푸르에서 시외지역을 오가는 전철이다. 센툴Sentul Line과 라왕Rawang Line, 2개의 노선이 있다. 바투동굴, 미드 밸리, 수방 자야 등의 외곽으로 나갈 때 이용한다. 운행시간은 05:48~12:00이며, 15~20분 간격으로 운행된다. 요금은 1링깃부터다. 여행자들이 가장 많이 이용하는 역은 KL 센트럴KL Central역, 바투 케이브Batu Caves역, 미드 밸리 Mid Valley역이다. 자세한 정보는 홈페이지(www.ktmb.com.my) 참조.

4. 택시

쿠알라룸푸르 시내에서는 주요 관광지마다 줄지어 서 있는 택시를 볼 수 있다. 기본적으로 레드캡은 3링깃부터, 블루캡은 6링깃부터 미터 요금을 부과한다. 하지만 외국 관광객에게는 미터 요금을 적용하지 않는 택시가 대다수다. 멋모르고 택시를 탔다가 바가지요금을 낼 수 있으니 약간의 흥정이 필요하다. 시내 안에서는 25링깃 안쪽의 택시요금이 적정하다. 그랩택시를 이용하면 더 저렴하게 이용이 가능하다.

> **Tip** **쿠알라룸푸르 교통 체증 피하기**
> 쿠알라룸푸르는 교통체증이 아주 심하다. 되도록 대중교통을 이용하는 게 좋다. 가까운 곳은 걷는 것이 빠르다. 차이나타운, 파빌리온, 수리아 KLCC 앞에 세워진 택시들은 가장 심하게 바가지요금을 씌운다. 그랩 카 혹은 지나가는 택시를 잡아타면 바가지요금을 피할 수 있다.

GO KL
무료 시티투어버스

쿠알라룸푸르 여행은 무료 시티투어버스 GO KL로!

쿠알라룸푸르 시내를 여행하는 최적의 방법은 GO KL을 이용하는 것이다. 2014년 5월부터 운행을 시작한 GO KL은 여행자를 위한 무료 시내 투어버스다. 쿠알라룸푸르의 명소를 레드, 블루, 그린, 퍼플 등 4개의 라인으로 돌아볼 수 있게 했다. 이 버스는 이른 아침부터 늦은 밤(06:00(일 07:00)~23:00(금ㆍ토 01:00)까지 운행한다. 노선별 소요시간은 45~60분이며, 배차간격은 5~15분이다. 특히, 아침과 저녁에는 5분 간격으로 투어버스를 운영해 보다 쉽게 이용할 수 있다. 단점은 쿠알라룸푸르가 교통체증이 심해 계획한 시간대로 움직일 수 없는 경우가 많다는 것이다. 그래도 쿠알라룸푸르의 명소를 무료로 힘들이지 않고 쉽게 갈 수 있다는 것은 큰 장점이다.

GO KL 스케줄
월~목 06:00~23:00
금~토 06:00~01:00
일 07:00~23:00

운행 간격
피크 타임(07:00~09:00, 16:00~20:00) 5분 간격
주간(09:00~16:00) 10분 간격
야간(20:00~01:00) 15분 간격

GO KL 노선과 주요 명소
퍼플라인 KL 타워, 부킷 빈탕, 파빌리온, 차이나타운 등을 돌아보는 노선
레드라인 메르데카 광장, 리틀 인디아, 국립박물관, KL 센트럴역 등 센트럴 지역
블루라인 파빌리온, 스타 힐 갤러리 등 부킷 빈탕 주변 및 KL 타워
그린라인 페트로나스 트윈 타워, 파빌리온, 그랜드 하얏트 호텔, 컨벤션 센터, 시티 은행 등 KLCC 지역

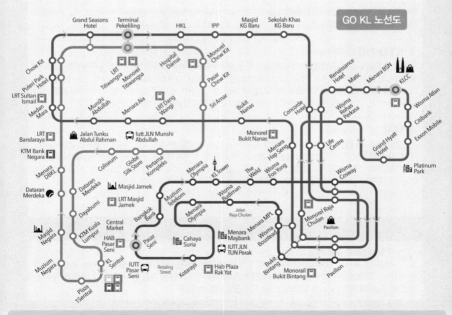

GO KL 노선도

 LRT   MONORIAL   ERL(Express Rail Link)   ERL KTM KOMUTER IUTT(Inter Urban Transport Terminal) GO KL 버스 출발지 GO KL 환승 정류장

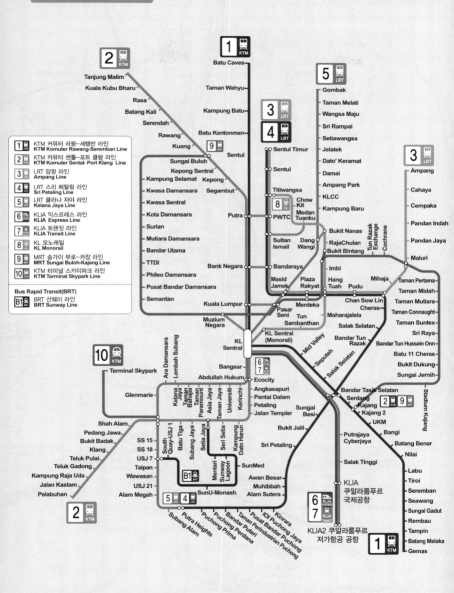

지하철 노선도
Kuala Lumpur Transit Map

1 KTM 커뮤터 라왕-세렘반 라인
KTM Komuter Rawang-Seremban Line

2 KTM 커뮤터 센툴-포트 클랑 라인
KTM Komuter Sentul- Port Klang Line

3 LRT 암팡 라인
Ampang Line

4 LRT 스리 페탈링 라인
Sri Petaling Line

5 LRT 클라나 자야 라인
Kelana Jaya Line

6 KLIA 익스프레스 라인
KLIA Express Line

7 KLIA 트랜짓 라인
KLIA Transit Line

8 KL 모노레일
KL Monorail

9 MRT 숭가이 부로-카장 라인
MRT Sungai Buloh-Kajang Line

10 KTM 터미널 스카이파크 라인
KTM Terminal Skypark Line

Bus Rapid Transit(BRT)

B1 BRT 선웨이 라인
BRT Sunway Line

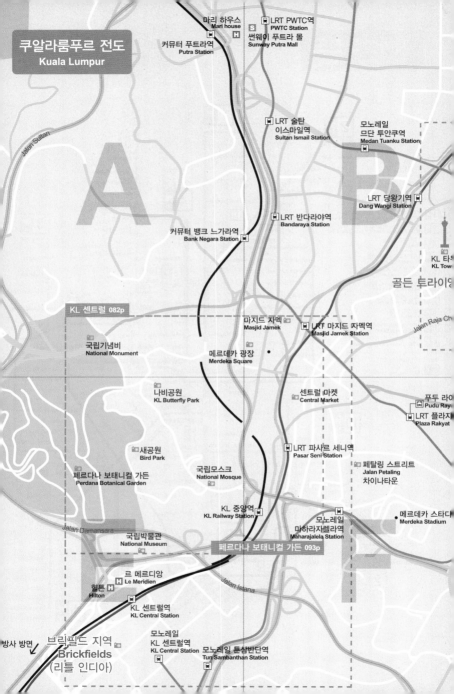

쿠알라룸푸르 전도
Kuala Lumpur

마리 하우스
Mari house

LRT PWTC역
PWTC Station

썬웨이 푸트라 몰
Sunway Putra Mall

커뮤터 푸트라역
Putra Station

LRT 술탄
이스마일역
Sultan Ismail Station

모노레일
므단 투안쿠역
Medan Tuanku Station

LRT 당왕기역
Dang Wangi Station

LRT 반다라야역
Bandaraya Station

커뮤터 뱅크 느가라역
Bank Negara Station

KL 타
KL Tow

골든 투라이

KL 센트럴 082p

Jalan Raja Ch

마지드 자멕
Masjid Jamek

LRT 마지드 자멕역
Masjid Jamek Station

국립기념비
National Monument

메르데카 광장
Merdeka Square

나비공원
KL Butterfly Park

센트럴 마켓
Central Market

푸두 라이
Pudu Ray

LRT 플라자
Plaza Rakyat

새공원
Bird Park

LRT 파사르 세니역
Pasar Seni Station

페르다나 보태니컬 가든
Perdana Botanical Garden

국립모스크
National Mosque

페탈링 스트리트
Jalan Petaling
차이나타운

KL 중앙역
KL Railway Station

모노레일
마하라자렐라역
Maharajalela Station

메르데카 스타디
Merdeka Stadium

Jalan Damansara

국립박물관
National Museum

페르다나 보태니컬 가든 093p

르 메르디앙
Le Meridien

Jalan Istana

힐튼
Hilton

KL 센트럴역
KL Central Station

방사 방면

브릭필드 지역
Brickfields
(리틀 인디아)

모노레일
KL 센트럴역
KL Central Station

모노레일 툰삼반단역
Tun Sambanthan Station

LRT 다마이역
Damai Station

LRT 깜풍 바루역
KG. Baru Station

더블트리 바이 힐튼
Doubletree by Hilton

LRT 암팡 파크역
Ampang Park Station

LRT KLCC역
KLCC Station

인터컨티넨탈
Intercontinental

G 타워
G Tower

서머셋 암팡
Somerset Ampang

Jalan Ampang

Jalan Ampang

페트로나스 트윈 타워
Petronas Twin Tower

노레일 부킷 나나스역
Bukit Nanas Station

만다린 오리엔탈
Mandarin Oriental

KLCC 공원
KLCC Park

KLCC 지역

그랜드 하얏트
Grand Hyatte

컨벤션 센터
Convention Centre

트레이더스 호텔
Traders Hotel

노보텔
Novotel

프린스 호텔&레지던스
Prince Hotel&Residence

이스타나
Istana

모노레일 라자 출란역
Raja Chulan Station

파빌리온
Pavillion

더 로열 출란 호텔
The Royale Chulan Hotel

크 로열 서비스 스위트
Park Royal Serviced Suites

그랜드 밀레니엄
Grand Millennium

더 웨스틴
The Westin

KLCC 073p

Jalan Tun Razak

역

롯 텐
Lot 10

더 리츠 칼튼
The Ritz-Carlton

Jalan Bukit Bintang

항킷 부킷 빈탕

사쿠라
Sakura

• BHB 센터

널
nal

잘란 알로
Jalan Alor

모노레일 부킷 빈탕역
Bukit Bintang Station

Jalan Bukit Bintang

주크
Zouk

모노레일
임비역
Imbi Station

버자야 타임스 스퀘어
Berjaya Times Square

노레일
투아역
ng Tuah Station

버자야 타임스 스퀘어 호텔
Berjaya Times Square Hotel

LRT 항투아역
Hang Tuah Station

부킷 빈탕 078p

Jalan Kampung Padan

Jalan Pudu

LRT 푸두역
Pudu Station

지역
du

0   1km

Kuala Lumpur
FOUR FINE DAYS

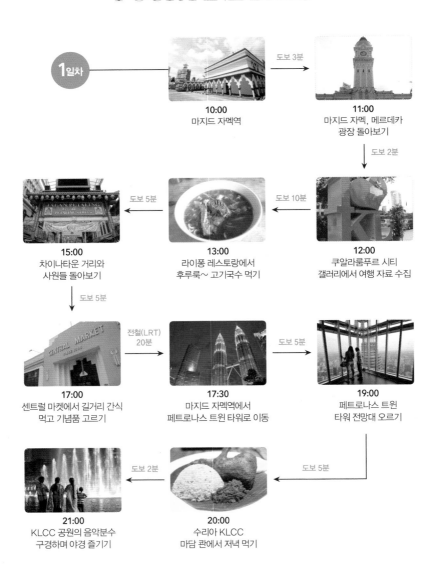

1일차

10:00
마지드 자멕역

도보 3분

11:00
마지드 자멕, 메르데카
광장 돌아보기

도보 2분

12:00
쿠알라룸푸르 시티
갤러리에서 여행 자료 수집

도보 10분

13:00
라이퐁 레스토랑에서
후루룩~ 고기국수 먹기

도보 5분

15:00
차이나타운 거리와
사원들 돌아보기

도보 5분

17:00
센트럴 마켓에서 길거리 간식
먹고 기념품 고르기

전철(LRT) 20분

17:30
마지드 자멕역에서
페트로나스 트윈 타워로 이동

도보 5분

19:00
페트로나스 트윈
타워 전망대 오르기

도보 5분

20:00
수리아 KLCC
마담 콴에서 저녁 먹기

도보 2분

21:00
KLCC 공원의 음악분수
구경하며 야경 즐기기

Tip 보태니컬 가든에서 이슬람 아트 뮤지엄까지는 식당이 거의 없고, 대부분 도보로 이동해야 한다. 따라서 아침은 든든히 먹고 간식을 미리 준비하자!

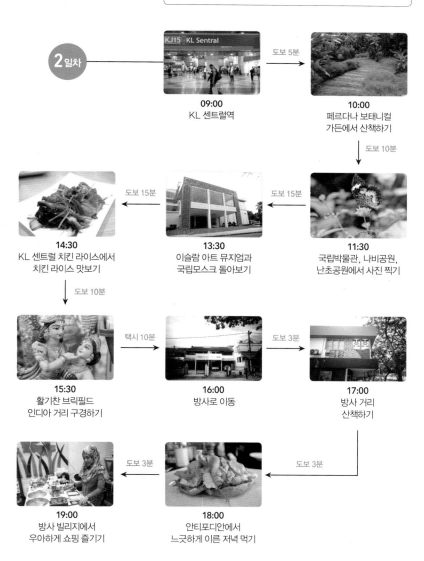

2일차

09:00
KL 센트럴역

도보 5분

10:00
페르다나 보태니컬
가든에서 산책하기

도보 10분

도보 15분

14:30
KL 센트럴 치킨 라이스에서
치킨 라이스 맛보기

도보 15분

13:30
이슬람 아트 뮤지엄과
국립모스크 돌아보기

11:30
국립박물관, 나비공원,
난초공원에서 사진 찍기

도보 10분

15:30
활기찬 브릭필드
인디아 거리 구경하기

택시 10분

16:00
방사로 이동

도보 3분

17:00
방사 거리
산책하기

19:00
방사 빌리지에서
우아하게 쇼핑 즐기기

도보 3분

18:00
안티포디안에서
느긋하게 이른 저녁 먹기

도보 3분

3일차

도보 1시간

10:00
KL 센트럴역에서
KTM 커뮤터 타고
바투동굴로 가기

12:30
바투동굴에서
부킷 빈탕으로 이동하기

KTM 커뮤터와
모노레일로 50분

16:30
복작복작한
부킷 빈탕 거리 걷기

도보 5분

14:30
파빌리온에서
쇼핑 즐기기

도보 10분

13:30
파빌리온 푸드
리퍼블릭에서 푸짐하게
런치 즐기기

도보 5분

17:30
잘란 알로 거리에서
과일, 샤태, 육포 등
길거리 음식 즐기기

도보 5분

20:00
창캇 부킷 빈탕에서
멋진 다이닝과
밤에 취하기

도보 5분

22:00
부킷 빈탕 마사지
거리에서 마사지
받으며 하루 마무리

4일차

14:30
말라카, 겐팅 등 근교 여행
or
반딧불이투어

KLCC
Kuala Lumpur City Centre

Jalan Ampang
더블트리 바이 힐튼
Doubletree by Hilton

Jalan Tun Razak

Jalan Kia Peng

LRT 암팡 파크역
Ampang Park Station

GE-위
G Tower

Jalan Tun Razak

Lorong Kuda

Jalan Binjai
시티 뱅크
Citi Bank

Jalan Binjai

푸에고 트로이카 스카이 다이닝
Fuego Troika Sky Dining

인터컨티넨탈 쿠알라룸푸르
Intercontinental Kuala Lumpur

나시 칸다르 펠리타
Nasi Kandar Pelita

위스마 센트랄
Wisma Central

KLCC 공원
KLCC Park

Jalan Lumba Kuda

Jalan Kia Peng

Jalan Slonor

Jalan Conlay

세리 멜라유
Seri Melayu

에콰토리얼 힐 리조트 카메룬 하이랜드
Equatorial Hill Resort Cameron Highlands

트레이더스 호텔
Traders Hotel
스카이 바
Sky Bar

프린스 호텔&레지던스
Prince Hotel&Residence

Jalan Raja Chulan

아쿠아리아 KLCC
Aquaria KLCC

에비뉴 K
Avenue K

LRT KLCC역
KLCC Station

페트로나스 트윈 타워
Petronas Twin Tower

수리아 KLCC
Suria KLCC

Jalan Lumba Kuda

컨벤션 센터
Convention Centre

Jalan Kia Peng

파빌리온
Pavillion

노보텔
Novotel

하카
Hakka

KLCC - 파빌리온 연결 브릿지

마리니스 온 57
Marini's on 57

레이크 심포니
Lake Symphony

만다린 오리엔탈 쿠알라룸푸르
Mandarin Oriental Kuala Lumpur

만다린 오리엔탈 스파
Mandarin Oriental Spa

Jalan Yap Kwai

윔스 아몬 어 밀크셰이크 R
마담 콴 R
올드타운 화이트 커피 R
시그니처 푸드코트 R
리틀 페낭 카페 R
난도스 R
홀드 스토리지 S
기노쿠니야 서점 S
막스 S

Jalan P Ramlee

Jalan Pinang

아스코트 쿠알라룸푸르
Ascott Kuala Lumpur

그랜드 하얏트 쿠알라룸푸르
Grand Hyatte Kuala Lumpur

임피아나 호텔
Impiana Hotel

스와사나 스파
Swasana Spa

Jalan Perak

Jalan Sultan Osmail

Jalan Raja Chulan

라자 출란역
Raja Chulan Station

버치 클럽
Beach Club

Jalan Raja Chulan

프레이저 레지던스 쿠알라룸푸르
Fraser Residence Kuala Lumpur

르네상스 호텔
Renaissance Hotel

모노레일 부킷 나나스역
Bukit Nanas Station

콩코드 호텔
Concorde Hotel

Jalan Puncak

샹그릴라 호텔
Shangri-La Hotel

퍼시픽 리젠시 호텔
Pacific Regency Hotel

KL 타워
KL Tower

100m

0

KLCC

저자추천 쿠알라룸푸르의 미친 존재감
페트로나스 트윈 타워 Petronas Twin Tower

서울에는 63빌딩, 파리에는 에펠탑, 뉴욕에는 엠파이어 스테이트 빌딩, 그리고 쿠알라룸푸르에는 페트로나스 트윈 타워. 페트로나스 트윈 타워를 빼고 어떻게 쿠알라룸푸르를 말할 수 있을까? 1999년 쿠알라룸푸르의 중심지이자 경마장 부지였던 곳에 화려함으로 중무장한 초고층 쌍둥이 빌딩이 들어섰다. 지하 4층, 지상 88층, 높이 452m로 당시에는 세계에서 가장 높은 빌딩이었다. 페트로나스 트윈 타워라 명명된 이 쌍둥이 빌딩은 말레이시아 국영 석유회사인 페트로나스가 소유주이다. 페트로나스 트윈 타워는

Data Map 073A
Access LRT KLCC역과 연결
Add Kuala Lumpur City Centre, Kuala Lumpur
Open 화~일 09:00~21:00
Cost 80링깃, 3~12세 33링깃
Tel +60 (0)3-2331-8080
Web www.petronastwintowers.com.my

2020년 선진국 대열에 합류하겠다는 말레이시아의 비전을 담은 건물이다. 실제 이 타워가 들어선 후 말레이시아는 눈부신 경제 발전을 하고 있다. 페트로나스 트윈 타워는 정면에서 건물을 봤을 때 우측이 1관, 좌측이 2관이다. 1관은 일본이, 2관은 한국의 삼성건설과 극동건설이 지었다. 특히, 이 빌딩은 영화 〈엔트랩먼트〉의 배경이 된 후 더욱 유명세를 치르고 있다. 많은 여행자들에게 쿠알라룸푸르 여행의 이유가 이 건물을 보는 것이 될 정도로 존재감이 남다르다. 페트로나스 트윈 타워는 쿠알라룸푸르 시내라면 어디서나 보인다. 낮에는 햇빛에 반사되어, 밤에는 강렬한 불빛을 뿜어내며 여행자들의 든든한 이정표 역할까지 해준다. 쿠알라룸푸르를 여행한다면 페트로나스 트윈 타워와 함께 인증샷은 필수이다.

Tip **페트로나스 트윈 타워 관람 포인트**
1관과 2관을 연결하는 46층의 스카이 브리지와 86층 전망대 두 곳에서 쿠알라룸푸르 시내 전경을 유료로 관람할 수 있다. 1시간에 두 번씩 시간을 선택해서 예매를 할 수 있는데, 시간대별로 관람인원이 한정되어 있다. 원하는 시간에 관람하려면 미리 예매하는 게 좋다. 최고의 관람시간대는 야경을 볼 수 있는 밤이다. 예매는 트윈 타워 지하 매표소나 인터넷으로 할 수 있다.

저자 추천 쿠알라룸푸르의 센트럴 파크

KLCC 공원 KLCC Park

낮에는 초록의 싱그러움이, 밤에는 분수광장의 로맨틱함이 있는 도심의 휴식처다. 산책을 좋아하는 여행자라면 카메라를 꺼내 들고 KLCC 공원으로 향하자. 면적이 61,200m²나 되는 거대한 KLCC 공원은 쿠알라룸푸르의 마천루에 둘러싸여 마치 액자 속 사진 같다. 밤이 아름다운 쿠알라룸푸르 야경을 즐길 수 있는 뷰 좋은 레스토랑과 값비싼 전망대들이 많이 있지만 KLCC 공원에서 올려다보는 페트로나스 트윈 타워도 운치가 있다. 이곳에서 보는 도심의 야경은 드라마틱하고 은밀하다. 그래서 이 공원은 여행자들의 산책 코스뿐 아니라 현지인들의 데이트 코스로도 애용되고 있다. 해가 진 후 음악에 맞추어 살랑살랑 춤을 추는 음악 분수대에 불이 켜지면 KLCC 공원의 로맨틱함은 절정에 다다른다. 여행자도, 쿠알라룸푸르의 연인들도 모두 숨을 죽인 채 분수쇼를 관람한다. 눈앞의 모든 것이 사랑스러워지는 시간이다. 행복한 것은 이 모든 게 '공짜'라는 것!

Data Map 073B
Access LRT KLCC역과 연결 **Add** Kuala Lumpur City Centre, Kuala Lumpur
Open 07:00~22:00 **Cost** 무료 **Tel** +60 (0)3-2380-9032

> **Tip** KLCC 공원은 페트로나스 트윈 타워 앞쪽에 위치해 있다. 페트로나스 트윈 타워에 위치한 수리아 KLCC 쇼핑몰과 함께 돌아보도록 여행 동선을 짜면 좋다.

쿠알라룸푸르를 말하는 또 하나의 랜드 마크
KL 타워 KL Tower

부킷 나나스 언덕 중앙에 위치한 KL 타워는 페트로나스 트윈 타워와 함께 쿠알라룸푸르의 랜드마크로 불린다. 이 타워는 방송국과 통신을 위한 용도로 지어졌지만 타워의 일부 층을 전망대와 레스토랑으로 사용하며 일반인에게 공개하고 있다. 초고속 엘리베이터를 타고 421m에 달하는 전망대로 오르면 쿠알라룸푸르 시가지가 파노라마처럼 360도로 펼쳐진다. 영화 속 미래 도시에 온 것처럼 반짝거리는 페트로나스 트윈 타워와 함께 쿠알라룸푸르를 감상할 수 있다. 타워 아래층에는 기념품 숍과 아이들이 좋아하는 작은 동물원, 말레이시아 컬처 빌리지 등의 다양한 볼거리도 있다. 이곳의 어트랙션과 전망대를 함께 즐길 수 있는 콤보 패키지 상품도 있다. 입구에서 한국어가 지원되는 오디오 가이드를 무료로 대여해주니 잊지 말고 챙길 것!

Data Map 073C
Access LRT 당 왕역에서 하차, KL 타워 정문에서 매표소까지 15분 간격으로 셔틀버스 운행. KLCC와 부킷 빈탕에서 택시 요금 8~10링깃
Add Menara Kuala Lumpur No.2 Jalan Punchak Off Jalan P.Ramlee, Kuala Lumpur
Open 09:00~22:00
Cost 전망대 성인 49링깃, 4~12세 29링깃, 스카이 데크 성인 99링깃, 4~12세 52링깃
Tel +60 (0)3-2020-5444 **Web** www.menarakl.com.my

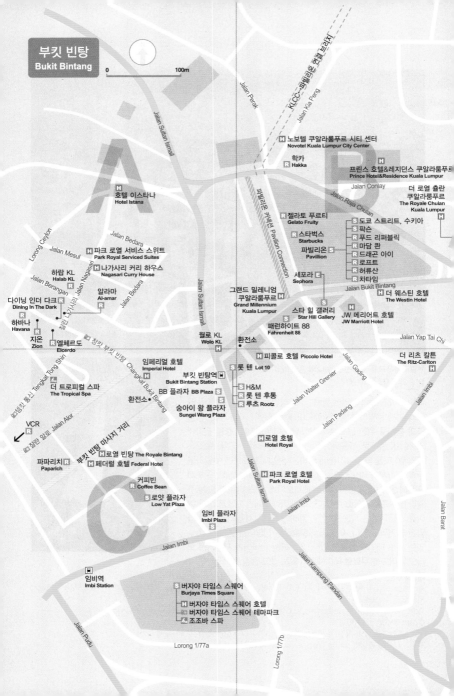

부킷 빈탕
Bukit Bintang

0   100m

노보텔 쿠알라룸푸르 시티 센터
Novotel Kuala Lumpur City Center

학카
Hakka

프린스 호텔&레지던스 쿠알라룸푸르
Prince Hotel&Residence Kuala Lumpur

더 로열 출란
쿠알라룸푸르
The Royale Chulan
Kuala Lumpur

호텔 이스타나
Hotel Istana

젤라토 푸르티
Gelato Fruity

도쿄 스트리트, 수키아
팍슨
푸드 리퍼블릭
마담 콴
드래곤 아이
로프트
허류산
차타임

스타벅스
Starbucks

파크 로열 서비스 스위트
Park Royal Serviced Suites

파빌리온
Pavillion

나가사리 커리 하우스
Nagasari Curry House

하랍 KL
Halab KL

세포라
Sephora

알아마
Al-amar

그랜드 밀레니엄
쿠알라룸푸르
Grand Millennium
Kuala Lumpur

더 웨스틴 호텔
The Westin Hotel

다이닝 인더 다크
Dining In The Dark

스타 힐 갤러리
Star Hill Gallery

JW 메리어트 호텔
JW Marriott Hotel

하바나
Havana

패런하이트 88
Fahrenheit 88

지온
Zion

엘체르도
Elcerdo

월로 KL
Wolo KL

환전소

피콜로 호텔 Piccolo Hotel

더 리츠 칼튼
The Ritz-Carlton

임페리얼 호텔
Imperial Hotel

롯 텐 Lot 10

부킷 빈탕역
Bukit Bintang Station

H&M

더 트로피컬 스파
The Tropical Spa

BB 플라자 BB Plaza

롯 텐 후통
Lot 10 Rootz

환전소

숭아이 왕 플라자
Sungei Wang Plaza

루츠 Rootz

VCR

호텔 로열
Hotel Royal

부킷 빈탕 마사지 거리

파파리치
Paparich

로열 빈탕 The Royale Bintang

페더럴 호텔
Federal Hotel

파크 로열 호텔
Park Royal Hotel

커피빈
Coffee Bean

로얏 플라자
Low Yat Plaza

임비 플라자
Imbi Plaza

임비역
Imbi Station

버자야 타임스 스퀘어
Burjaya Times Square

버자야 타임스 스퀘어 호텔
Burjaya Times Square Hotel

버자야 타임스 스퀘어 테마파크

조조바 스파

Jalan Perak

Jalan Kia Peng

Jalan Conlay

Jalan Raja Chulan

Pavilion Connection

파빌리온 커넥션

KLCC-파빌리온 보행자 산책로

Jalan Sultan Ismail

Jalan Bedara

Jalan Mesui

Lorong Ceylon

Jalan Berangan

Jalan Nagasari

Jalan Bedara

Jalan Bukit Bintang

Jalan Yap Tai Chi

Changkat Bukit Bintang

Jalan Tengkat Tong Shin

Jalan Alor

Jalan Walter Grenier

Jalan Gading

Jalan Imbi

Jalan Padang

Jalan Sultan Ismail

Jalan Imbi

Jalan Imbi

Jalan Barat

Jalan Kampung Pandan

Jalan Pudu

Lorong 1/77a

Lorong 1/77b

부킷 빈탕

쿠알라룸푸르에서 가장 핫한 거리
부킷 빈탕 Bukit Bintang

'말레이시아는 이슬람 국가라서 밤을 즐길 만한 곳이 없다며?'라는 오해는 이제 그만! 관광이 제2의 주력산업인 말레이시아는 요즘 외국 관광객들을 위한 밤 문화 활성화에 열을 올리고 있다는 사실! 부킷 빈탕은 바로 그 뜨거운 열기를 확인할 수 있는 쿠알라룸푸르에서 가장 핫한 거리다. 서울로 치자면 명동거리쯤 될 법한 부킷 빈탕은 밤이 되면 화려한 네온과 함께 낮보다 더 뜨거운 열기를 내뿜는다. 수리아 KLCC와 쌍벽을 이루는 거대한 쇼핑센터인 파빌리온을 비롯해 명품 쇼핑센터인 스타힐 갤러리, 현지인들이 즐겨 찾는 롯 텐까지 있어 가히 쇼핑의 메카다. 여기에 여행자들을 위한 거리의 펍, 저렴한 가격에 즐길 수 있는 마사지 골목까지 무궁무진한 즐길 거리가 있다. 부킷 빈탕을 걷다가 음주가무를 원한다면 창캇 부킷 빈탕으로 가면 된다. 출출한 배를 채우고 싶다면 잘란 알로로 걸음을 돌리자. 두 곳 모두 도보로 이동이 가능한 곳이다. 단, 부킷 빈탕은 항상 차가 밀리는 상습적인 교통정체지역이다. 또 여행자에게 바가지요금을 씌우는 택시가 기승을 부리는 곳으로도 유명하다. 이곳에서 택시를 타게 될 때는 흥정의 기술을 발휘하는 게 좋다.

Data Map 078
Access 모노레일, MRT 부킷 빈탕역, 수리아 KLCC에서 스카이워크를 통해 도보로 약 15분

Tip 부킷 빈탕 거리에는 환율이 좋은 환전소가 많이 있다. 미화는 물론 한국 원화도 바로 환전이 가능하다.

저자추천

쿠알라룸푸르 최고의 먹자골목

잘란 알로 Jalan Alor

부킷 빈탕 끄트머리에서 한 블록만 안쪽으로 들어가면 잘란 알로가 있다. 잘란Jalan은 말레이어로 거리를 뜻한다. 말하자면 '알로 거리'이다. 잘란 알로는 화려하게 치장한 부킷 빈탕에서 한 블록 거리지만 분위기는 달라도 너무 다르다. 이곳은 쿠알라룸푸르 최고의 먹자골목이자 우리가 생각하는 말레이시아의 이미지와 가장 가까운 곳이다. 잘란 알로는 저녁이면 야시장으로 변한다. 해가 지고 어둠이 슬금슬금 퍼지면 사테 굽는 연기가 뿌옇게 거리를 가득 메운다. 온갖 가지 음식이 넘쳐나는 거리에서는 지나가는 여행자를 상대로 호객행위를 벌이는 모습도 볼 수 있다. 잘란 알로에서는 각종 열대과일, 꼬치구이, 말레이시아의 전통음식, 중국식, 인도식 등 말레이시아에서 맛볼 수 있는 대부분의 음식을 만날 수 있다. 이곳에서는 레스토랑에 앉아서 맥주 한잔 기울이며 왁자지껄하게 여행의 기분을 내거나 길거리의 분위기를 구경하며 포장마차에서 간식을 먹어도 좋다. 또 그토록 먹고 싶던 열대과일을 즉석에서 원하는 만큼 집어먹을 수도 있다. 단, 무얼 해도 먹는 것이다 보니 이곳으로 갈 때는 절대적으로 배를 비우고 갈 것!

Data Map 078C
Access 모노레일, MRT 부킷 빈탕역
도보 3분

Tip 잘란 알로의 추천 먹거리 세 가지! 잘란 알로 입구에 있는 몽골리안 바비큐의 사테, 포장마차의 스팀 보트, 즉석에서 먹을 수 있는 신선한 열대과일.

쿠알라룸푸르 밤 문화의 절정

창캇 부킷 빈탕 Changkat Bukit Bintang

쿠알라룸푸르의 가장 트렌디한 장소를 찾으려면 바로 이곳, 창캇 부
킷 빈탕이다. 이곳은 낮에는 고급스러운 다이닝 공간으로 차분하고
건전한 분위기다. 하지만 저녁이 되면 홍대 주차장 골목처럼 북적거
리기 시작한다. 술 한잔 걸치려는 여행자들이 몰려들면서 슬슬 발동
을 걸기 시작한다. 창캇 부킷 빈탕이 여느 동남아 도시의 밤 문화처
럼 저렴한 분위기를 즐길 수 있다고 생각했다면 잘못 짚었다. 창캇
부킷 빈탕에는 밤 문화 좀 즐겨봤다 싶은 사람들이 드레스 업을 하고
거리를 차지하고 있다. 거리에는 밤이 깊어질수록 하나둘씩 라이브
공연을 하는 소리가 들려온다. 클럽마다 언제 들어갈 수 있을지 모르
는 끝도 없는 웨이팅 줄이 늘어서 있다. 이곳을 찾는 이들은 대부분
여행자들이지만 지친 기색이 없다. 클럽이나 술집은 대부분 여행자
들을 상대로 하는 곳이고, 분위기가 화끈한 만큼 술과 음식 가격도
다른 곳보다는 비싼 편이다. 하루쯤 쿠알라룸푸르의 뜨거운 밤을 즐
기고 싶다면 창캇 부킷 빈탕으로 가자.

Data Map 078C
Access 모노레일, MRT 부킷 빈탕역
도보 5분

Tip 오후에 부킷 빈탕에서
쇼핑하고, 잘란 알로에
서 저녁을 해결한 후 창캇 부킷
빈탕에서의 밤 시간을 보내는
일정으로 짜면 최고다!

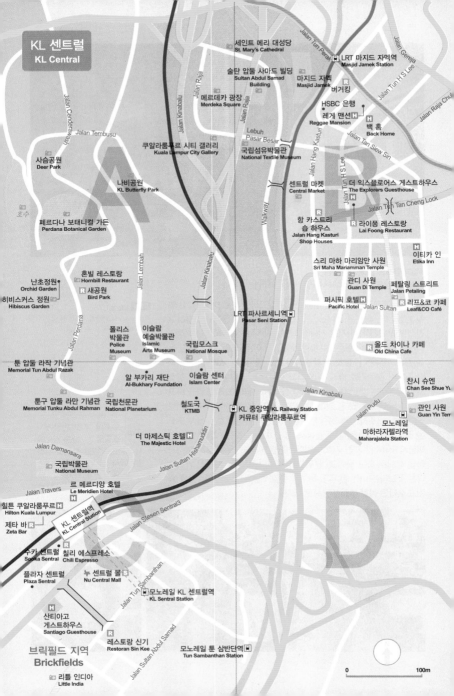

KL 센트럴
KL Central

세인트 메리 대성당
St. Mary's Cathedral

LRT 마지드 자멕역
Masjid Jamek Station

술탄 압둘 사마드 빌딩
Sultan Abdul Samad
Building

마지드 자멕
Masjid Jamek

버거킹

메르데카 광장
Merdeka Square

HSBC 은행

레게 맨션
Reggae Mansion

백 홈
Back Home

쿠알라룸푸르 시티 갤러리
Kuala Lumpur City Gallery

국립섬유박물관
National Textile Museum

센트럴 마켓
Central Market

더 익스플로어스 게스트하우스
The Explorers Guesthouse

사슴공원
Deer Park

나비공원
KL Butterfly Park

페르다나 보태니컬 가든
Perdana Botanical Garden

항 카스트리 숍 하우스
Jalan Hang Kasturi
Shop Houses

라이퐁 레스토랑
Lai Foong Restaurant

혼빌 레스토랑
Hornbill Restaurant

새공원
Bird Park

스리 마하 마리암만 사원
Sri Maha Mariamman Temple

이티카 인
Etika Inn

난초정원
Orchid Garden

히비스커스 정원
Hibiscus Garden

관디 사원
Guan Di Temple

페탈링 스트리트
Jalan Petaling

폴리스 박물관
Police
Museum

이슬람 예술박물관
Islamic
Arts Museum

국립모스크
National Mosque

퍼시픽 호텔
Pacific Hotel

리프&코 카페
Leaf&CO Café

툰 압둘 라작 기념관
Memorial Tun Abdul Razak

알 부카리 재단
Al-Bukhary Foundation

이슬람 센터
Islam Center

LRT 파사르세니역
Pasar Seni Station

올드 차이나 카페
Old China Cafe

찬시 슈엔
Chan See Shue Yu

툰구 압둘 라만 기념관
Memorial Tunku Abdul Rahman

국립천문관
National Planetarium

철도국
KTMB

KL 중앙역 KL Railway Station
커뮤터 쿠알라룸푸르역

관인 사원
Guan Yin Tem

모노레일 마하라자렐라역
Maharajalela Station

더 마제스틱 호텔
The Majestic Hotel

국립박물관
National Museum

르 메르디앙 호텔
Le Meridien Hotel

힐튼 쿠알라룸푸르
Hilton Kuala Lumpur

KL 센트럴역
KL Central Station

제타 바
Zeta Bar

수카 센트럴
Sooka Sentral

칠리 에스프레소
Chili Espresso

플라자 센트럴
Plaza Sentral

누 센트럴 몰
Nu Central Mall

모노레일 KL 센트럴역
KL Sentral Station

산티아고 게스트하우스
Santiago Guesthouse

레스토랑 신기
Restoran Sin Kee

모노레일 툰 삼반탄역
Tun Sambanthan Station

브릭필드 지역
Brickfields

리틀 인디아
Little India

0   100m

KL 센트럴

무료투어를 즐기자
쿠알라룸푸르 시티 갤러리 Kuala Lumpur City Gallery

메르데카 광장과 나란히 붙어 있는 쿠알라룸푸르 시티 갤러리는 모든 여행자들이 꼭 한 번은 들러야만 하는 곳이다. 이곳은 여행자들에게 쿠알라룸푸르 및 말레이시아 여러 지역의 여행정보를 제공하고, 말레이시아의 역사와 문화를 홍보하는 곳이다. 또 무료라고 하기에는 수준 높고 짜임새 있는 메르데카 광장 데이투어를 월, 수, 토 (09:00~11:45)에 진행한다. 이 투어는 마지드 자멕의 볼거리가 몰려 있는 메르데카 광장 주변에서 2시간 30분간 진행된다. 극장이나 교회, 특히 일반 여행자가 들어갈 수 없는 곳까지 관람할 수 있다. 쿠알라룸푸르를 제대로 알고 싶다면 투어에 꼭 참여해 볼 것!

Data Map 082A
Access LRT 마지드 자멕역에서 도보 5분, 메르데카 광장 깃발 건너편
Add No.27, Jalan Raja, Dataran Merdeka, Kuala Lumpur
Open 09:00~18:30
Cost 무료
Tel +60 (0)3-2698-3333
Web www.klcitygallery.com

Tip KL 센트럴 지역은 도보 여행이 주를 이루는데, 더위를 피할 곳이 마땅치 않다. 만약 걷다가 지치면 쿠알라룸푸르 시티 갤러리로 들어가자. 에어컨 빵빵하고, 무료 와이파이까지 사용할 수 있다.

독립을 선포한 역사적인 그곳
메르데카 광장 Merdeka Square

메르데카는 말레이어로 '독립'을 뜻한다. 메르데카 광장은 1957년 8월 31일, 영국으로부터 독립이 선포된 곳이다. 이 광장에는 세계에서 가장 높은 국기 게양대가 있다. 영국의 국기 유니언 책을 내린 후 말레이시아 국기를 게양하기 위해 더 높은 국기 게양대를 세웠는데, 그 높이가 100m나 된다. 82,000㎡에 이르는 잔디광장은 독립기념일마다 성대한 퍼레이드가 펼쳐진다. 또 국가의 중요한 행사가 열리는 곳이다. 주변에 식민지풍의 건물들이 늘어서 있어 함께 돌아보기에 좋다.

Data Map 082A
Access LRT 마지드 자멕역에서 도보 5분
Add Dataran Merdeka, Merdeka Square, Kuala Lumpur
Open 24시간
Cost 무료
Tel +60 (0)3-2697-2797

볼수록 매력이 넘치는
센트럴 마켓 Sentral Market

처음 그곳에 가면 노점과 건물 안쪽에 쪼르르 늘어선 상점들이 어느 도시에서나 흔하게 볼 수 있는 기념품 상점가처럼 보인다. 하지만 센트럴 마켓은 보면 볼수록 매력적인 말레이시아를 만날 수 있는 곳이다. 센트럴 마켓은 우리네 인사동처럼 말레이시아의 특색을 고스란히 가지고 있는 시장으로 말레이시아를 가까이서 느낄 수 있는 공간이다. 빼곡하게 들어선 상점들은 대부분 전통의상이나 수공예품 등을 판매하며, 말레이시아에서만 볼 수 있는 것들이 많이 있다. 골목 골목 말레이시아, 중국, 인도 거리를 꾸며놓아 각기 다른 곳을 여행하는 듯한 느낌도 준다. 여행 다녀온 생색내기에 딱 좋은 기념품들을 저렴한 가격으로 득템하려는 여행자들을 위한 곳으로 말레이시아 기념품과 함께 추억까지 함께 장만하는 재미가 쏠쏠하다.

Data Map 082B
Access LRT 파사르 세니역에서 도보 1분, 메르데카 광장에서 도보 5분
Add Central market annexe, Jalan Hang Kasturi, Kuala Lumpur
Open 10:00~22:00
Tel +60 (0)3-2031-0399
Web www.centralmarket. com.my

같은 듯 다른 곳
차이나타운 Chinatown

말레이인보다 중국인이 더 많은 도시 쿠알라룸푸르. 쿠알라룸푸르는 약 50%의 인구가 중국이다. 그러다 보니 쿠알라룸푸르 곳곳에서 중국 음식과 중국문화를 많이 접할 수 있다. 그중 중국인들이 모여 있는 거리는 차이나타운이라고 부르는 페탈링 거리Jalan Petaling이다. 차이나타운은 세계 어느 도시를 가도 만날 수 있다. 또 그 도시만의 분위기와 어우러져 각기 다른 풍경을 자아내며 여행지로서의 역할을 톡톡히 하고 있다. 쿠알라룸푸르의 차이나타운도 세계의 차이

Data Map 082B
Access LRT 파사르 세니역,
모노레일 마하라 자렐라역 도보
7분, 센트럴 마켓에서 도보 5분
Add Jalan Petaling,
Kuala Lumpur
Open 11:00~22:00

나타운에 비교해도 결코 떨어지지 않는다. 이곳에는 관디 사원Guan Di Temple, 스리 마하 마리암만 사원Sri Maha Mariamman Temple, 찬시슈엔Chan See Shue Yuen 등의 사원이 있다. 또 낡아빠졌지만 알록달록 멋스러운 식민시대의 건물을 들여다보는 재미가 있다. 차이나타운에서는 브랜드의 이미테이션 제품이나 중국풍의 물건들을 많이 볼 수 있는데, 제품의 질은 별로다. 거리 구경이나 간식을 먹는 목적으로 들러보자.

말레이시아 패션 역사 엿보기

국립섬유박물관 National Textile Museum

마지드 자멕에서 술탄 압둘 사마드 빌딩과 함께 눈에 띄는 스트라이프 무늬의 독특한 건물이다. 1905년 영국 식민지 시절 당시 영국 유명 건축가인 후백에 의해 지어진 건물이다. 당시에는 철도역과 셀랑고르 노동부 건물로 사용되었다. 2010년 건물을 증축해 박물관을 개관하였는데, 100년이 넘은 건물이라고는 믿기지 않을 정도로 훌륭하게 보존되어 있다. 역사적인 건물 구경과 함께 말레이시아의 전통의상, 이슬람의 아름다운 장신구, 섬유산업의 역사까지 알 수 있다. 일단 한 번 방문하면 많은 것을 느낄 수 있다.

Data Map 082B
Access LRT 마지드 자멕역에서 도보 7분, 술탄 압둘 사마드 빌딩 맞은편
Add JKR26, Jalan Sultan Hishamudin, Kuala Lumpur
Open 09:00~18:00 (하리라야 첫날 휴무) **Cost** 무료
Tel +60 (0)3-2694-3457
Web www.jmm.gov.my

와보길 참 잘했어!
이슬람 예술박물관 Islamic Arts Museum

어느 곳을 가든 그곳에 대해 알고 싶다면 대표적인 박물관으로 가는
것이 가장 좋은 방법! 역사와 유물, 인간의 사상까지 고스란히 녹아
들어 있는 곳이 바로 박물관이다. 이슬람 예술 박물관은 말레이시아
에서 가장 중요한 종교인 이슬람의 역사와 문화를 알 수 있게 한 전
시관이다. 1998년 개관한 이 박물관은 세계 최고 수준의 이슬람 예
술품을 전시하고 있다. 유물의 가치도 뛰어나지만 건물 그 자체만으
로도 근사하고 아름다운 볼거리다. 인도의 타지마할, 메카의 알하람
사원, 우즈베키스탄의 아미 티몰 등 전 세계의 이슬람 건축물을 미니
어처로 만들어 전시한 전시실부터 무슬림들의 다양한 의류와 가구

Data Map 082A
Access 국립모스크 바로 맞은편,
커뮤터 쿠알라룸푸르역에서 도보 3분
Add Jalan Lembah Perdana,
Kuala Lumpur
Open 10:00~18:00
Cost 성인 14링깃, 학생 7링깃,
6세 이하 무료
Tel +60 (0)3-2274-2020
Web www.iamm.org.my

등의 생활용품까지 전시했었다. 박물관을 관람하다 보면 이슬람 문화에 대해 아는 게 없다 하더라도 그
들의 문화가 얼마나 독창적인 아름다움을 간직하고 있는지 새삼 감탄하게 된다. 관람시간은 7,000여 종
에 달하는 많은 유물 때문이거나, 또는 박물관 자체의 아름다움에 흘려서거나 꽤나 시간이 오래 걸린다.
여유 있게 시간을 가지고 둘러보자.

말레이시아의 상징적 건물
국립모스크 National Mosque

말레이시아의 이슬람을 상징하는 모스크이다. 동남아시아 최대의 이슬람 사원으로 1965년에 세워졌다. 독특한 모양으로 지어진 이 모스크는 많은 의미를 담고 있다. 별 모양의 지붕은 말레이시아 13개 주와 이슬람의 다섯 선지자를 뜻한다. 말레이시아의 독립정신을 나타내는 상징이기도 하다. 73m 높이로 하늘을 향해 뻗은 첨탑은 멀리서도 모스크를 잘 찾아낼 수 있는 이정표의 기능을 하고 있다. 모스크의 내부는 무슬림에게 순수를 나타내는 화이트 컬러로 심플하게 장식됐다. 이에 반해 기도실은 화려한 돔으로 장식이 되어 있다. 기도 시간을 제외하고는 일반인에게도 개방을 하고 있는데, 무료로 대여하는 차도르를 입고 입장이 가능하다. 이슬람교에 관심이 없다 해도 건물의 내부와 성스러운 분위기는 한 번쯤 느껴볼 만한 가치가 있다.

Data Map 082A
Access 커뮤터 쿠알라룸푸르역에서 도보 3분
Add Jalan Perdana, Kuala Lumpur
Open 09:00~12:00, 15:00~16:00, 17:30~18:30, (금 15:00~16:00, 17:30~18:30)
Tel +60 (0)3-2693-7784

우아하게 빛나는
술탄 압둘 사마드 빌딩 Sultan Abdul Samad Building

1897년 영국 식민지 시절에 지어진 건물. 지금은 말레이시아 정부의 주요 행정부서가 사용하고 있다. 마지드 자멕의 역사적 가치가 풍부한 아름다운 건축물로 낮에는 은은한 벽돌 건물이 밤이 되면 더욱 우아하게 빛을 발한다. 메르데카 광장과 마주 보고 있어서 낮 시간에는 인증샷을 찍는 여행자들로, 저녁이 되면 야경을 즐기러 나온 사람들로 붐빈다.

Data Map 082B
Access LRT 마지드 자멕역에서 도보 5분. 메르데카 광장과 마주 보고 있다 **Add** Bangunan, Sultan Abdul Samad Jalan, Raja, Kuala Lumpur
Tel +60 (0)3-2617-6307

말레이시아 철도의 역사를 품은
KL 중앙역 KL Railway Station

언뜻 보면 기차역인지 모스크인지 구분이 잘 안 된다. 이 건물은 국립섬유박물관을 지은 영국인 건축가 후백이 1910년 지었다. 이슬람 무어 양식과 더불어 인도 무굴, 고딕 양식까지 더해져 건물을 구경하는 재미가 있다. KL 중앙역은 말레이시아 철도의 역사가 시작된 곳이며, 지금까지도 커뮤터 쿠알라룸푸르역으로 사용이 되고 있다.

Data Map 082C **Access** 커뮤터 쿠알라룸푸르역. 국립모스크에서 도보 3분 **Add** Jalan Sultan Hishamuddin, Kuala Lumpur **Tel** +60 (0)3-2273-5588

화려하거나! 아름답거나!
마지드 자멕 Masjid Jamek

말레이시아를 여행하다 보면 '마지드'라는 말을 많이 듣게 된다. 마지드는 아랍어로 '엎드려 경배하다'라는 뜻으로 영어로는 모스크라고 변형이 된 단어다. 따라서 마지드는 이슬람 사원인 모스크로 이해하면 쉽다. 마지드 자멕은 국립 모스크가 건립되기 전까지 쿠알라룸푸르를 대표하는 100년이 훌쩍 넘은 역사를 자랑하는 모스크이다. 이슬람 건축양식에 인도 힌두교의 건축양식이 더해져 그 어느 모스크보다 화려하고 아름답다. 쿠알라룸푸르에서는 유일하게 야자수가 심어져 있는 곳으로 주변 고층 빌딩에 둘러싸인 모스크의 모습이 이색적이다. 사원 내부를 구경하기 원한다면 정해진 시간에 무료 차도르를 빌려 입고 입장할 수 있다.

Data Map 082B
Access LRT 마지드 자멕역에서 도보 1분 **Add** Jalan Tun Perak, Kuala Lumpur
Open 08:30~12:30, 14:30~16:00(금 15:00~16:00) **Tel** +60 (0)3-9235-4848 **Cost** 무료

저자추천 소박하고 어여쁜 로맨틱 콜로니얼
세인트 메리 대성당 St. Mary's Cathedral

영국 식민지 시대의 건물로 1894년 건축가 AC 노만이 설계했다. 낮고 작은 건물에 빨간 목조 지붕이 인상적이다. 시내 한복판에 있는 소박한 전원주택 같은 이미지를 풍긴다. 이 성당은 신도들이 많아져 한 번 증축을 했다. 처음 지어진 그때부터 지금까지 여전히 예배당으로서의 역할을 하고 있다. 메르데카 광장과 나란히 있어 같이 둘러보기 좋다.

Data Map 082A
Access 술탄 압둘 사마드 빌딩 건너편 메르데카 광장 옆쪽에 위치
Add Jalan Raja, Kuala Lumpur **Tel** +60 (0)3-269-4470
Web www.stmaryscathedral.org.my

저자 추천

거대한 초록 숲의 향기

페르다나 보태니컬 가든 Perdana Botanical Garden

항상 여행자로 북적거리는 쿠알라룸푸르에서 한적하게 여행의 기분을 내기 좋은 곳이 바로 페르다나 보태니컬 가든이다. 이 공원은 커다란 호수가 2개나 있어 레이크 가든이라고도 불린다. 조금 부지런을 떨어 이른 아침에 찾으면 싱그러운 초록 향기와 함께 여유를 즐길 수 있다. 휴지조각 하나 찾아볼 수 없을 정도로 깨끗하게 관리되는 이 공원은 커다란 호수를 둘러싸고 열대식물원처럼 꾸며져 있다. 공원 곳곳에 위치한 새공원, 나비공원, 난초공원 등 다양한 볼거리를 함께 돌아보자. 근처에 있는 국립모스크, 이슬람 아트 뮤지엄, 국립박물관까지 일정에 추가한다면 완벽하고 근사한 하루 일정이 완성된다.

Data Map 093
Access LRT KL 센트럴역에서 도보 10분
Add Jalan Kebun Bunga Tasik Perdana, Kuala Lumpur
Open 07:00~20:00
Cost 무료
Tel +60 (0)3-2273-5423
Web www.klbotanical garden.gov.my

Tip 공원이 너무 넓어 무작정 걷기만 한다면 목적지를 찾기도 힘들고 시간이 너무 오래 걸린다. 공원을 돌아보기 전 가려고 하는 곳의 위치를 파악해서 정해진 루트대로 움직이는 게 좋다. KL 센트럴역에서 하차했다면 국립박물관 → 호수 → 나비공원 → 난초공원 → 새공원 → 이슬람 아트 뮤지엄 → 국립모스크 → KL 중앙역 등으로 순서를 정하는 게 좋다. 센트럴 마켓 쪽에서 온다면 역순으로 움직이는 게 좋다.

무료라서 더 좋아
난초정원 Orchid Garden

보태니컬 가든 내에서도 현지 연인들의 데이트 장소이자 사진 찍는
사람들에게는 출사지로 인기가 높은 정원이다. 800여 종의 다양한
난초와 열대 식물들이 식재되어 있다. 게다가 평일에는 무료로 개방
하고 있어 주머니가 가벼운 여행자들도 쉽게 찾을 수 있다. 한적한
가든, 사람 키만큼 자란 커다란 난꽃길을 따라 걸으며 만나는 분수대
와 연못. 이런 게 바로 에덴동산일까 싶은 생각이 들게 한다. 새공원
바로 맞은편에 위치해 같이 돌아보면 좋다. 물이나 간식 등을 살 만
한 곳이 거의 없으니 미리 챙겨 가자.

Data Map 093A
Access 페르다나 보태니컬 가든 내
새공원 바로 맞은편에 위치
Add Jalan Cenderasari,
Taman Tasik Perdana,
Kuala Lumpur
Open 09:00~18:00
Cost 주중 무료,
주말과 공휴일 12세 이상 1링깃

세상에서 가장 큰
새공원 KL Bird Park

아이와 함께 쿠알라룸푸르 여행을 계획하고 있다면 추천하는 곳이
다. 세계에서 가장 큰 새공원으로 약 200여 종 5,000마리의 새를
볼 수 있다. 새장 안에 있는 새를 본다기보다는 사람이 새장 안으로
들어간다고 하는 것이 맞을 듯하다. 사람과 어울려 뒤뚱거리며 산책
을 즐기는 새들, 사람의 머리 위를 유유자적 날아다니는 자유로운 새
들의 모습을 볼 수 있다. 이곳에 전시된 새는 90%가 말레이시아에
사는 종이다. 말레이시아에 서식하고 있는 혼빌Hornbill(코뿔새)은 이
새공원을 대표하는 종으로 꼭 만나볼 것! 입장료가 조금 비싸다는 것
이 흠이라면 흠이다.

Data Map 093A
Access 페르다나 보태니컬 가든 내
국립모스크 뒤편에 위치
Add 920 Jalan Cenderawasih,
Taman Tasik Perdana,
Kuala Lumpur
Open 09:00~18:00
Cost 성인 63링깃, 3~12세 42링깃
Tel +60 (0)3-2272-1010
Web www.klbirdpark.com

자연의 감동이 있는
나비공원 KL Butterfly Park

손님맞이용으로 나비를 교육이라도 시킨 걸까? 입장을 하는 사람들의 손에, 몸에 나비들이 한 번씩 앉아서 쉬었다 간다. '어서 와'라며 반기듯이 말이다. 코끝을 간질이는 꽃향기가 가득한 나비공원은 생각보다 규모가 작다. 하지만 예쁘게 잘 가꾸어진 정원은 왠지 비밀의 화원을 찾은 듯한 느낌이 든다. 이곳에 서식하고 있는 나비는 약 5,000여 종. 살금살금 작은 연못을 건너 꽃과 나무 사이에서 팔랑거리며 날고 있는 나비를 찾아내는 행복, 곤충과의 교감에 오묘한 감동을 받을 수 있는 특별한 곳이다.

Data Map 093A
Access 페르다나 보태니컬 가든 내 새공원, 난초공원에서 도보 10분
Add Jalan Cenderasari, Taman Tasik Perdana, Kuala Lumpur
Open 09:00~18:00
Cost 성인 25링깃, 2~11세 13링깃, 사진촬영 5링깃
Tel +60 (0)3-2693-4799
Web www.klbutterflypark.com

💬 신비로운 불빛의 향연, 반딧불이투어

쿠알라룸푸르에서 특별하고 인기 좋은 투어는 바로 반딧불이투어이다. 고층 빌딩에 둘러싸인 도시에서 웬 반딧불이냐고 의아해 할 수도 있다. 하지만, 청정자연을 가진 말레이시아는 도심에서 조금만 벗어나도 환상적인 불빛을 내는 반딧불이가 가득하다는 사실! 맹그로브 나무에 매달린 반딧불이를 보는 일은 아이들뿐 아니라 어른들에게까지도 동심을 어루만지는 깊은 감동의 시간이 된다. 말레이시아에서는 쿠알라룸푸르와 코타키나발루에서 반딧불이투어를 할 수 있다. 쿠알라룸푸르 반딧불이투어는 여행 기간이 짧은 여행자에게는 더욱 추천한다. 반딧불이투어와 함께 쿠알라룸푸르의 명소들을 차례로 방문해 짧은 시간에 알차게 돌아볼 수 있다. 반딧불이투어에는 말레이시아의 유명 특산품인 주석 공장, 거대한 힌두사원인 바투동굴, 예쁜 원숭이를 만날 수 있는 몽키힐, 쿠알라룸푸르 시내 야경투어까지 포함되어 있다. 투어는 오후 3시에 시작해 저녁 10시 30분쯤 끝난다. 반딧불이투어는 많은 여행사에서 진행하고 있고 가격도 비슷비슷하다. 다만 일정과 식사가 약간씩 다르니 확인해보고 예약하는 것이 좋다.

투어 일정

주석 공장 ➡ 바투동굴 ➡ 할인마트 ➡ 몽키 힐 ➡ 일몰 감상 ➡ 석식 ➡ 반딧불이공원 ➡ 왕궁 야경 ➡ 메르데카 광장 ➡ 페트로나스 트윈 타워

포유말레이시아
Web cafe.naver.com/speedplanner (네이버 카페)
카카오톡 ID 포유말레이시아 **Tel** 070-7571-2725

KK데이
Web www.kkday.com

페르다나 보태니컬 가든
Perdana Botanical Garden

세인트 메리 대성당
St. Mary's Cathedral

Jalan Parlimen

메르데카 광장
Merdeka Square

마지드 자멕
Masjid Jamek

국가기념비
National Monument

Jalan Cenderamulia

Jalan Cenderawasih

술탄 압둘 사마드 빌딩
Sultan Abdul Samad Building

Jalan Raja

쿠알라룸푸르 시티 갤러리
Kuala Lumpur City Gallery

Jalan Cenderasari

국립섬유박물관
National Textile Museum

페르다나 보태니컬 가든
Perdana Botanical Garden

사슴공원
Deer Park

나비공원
KL Butterfly Park

히비스커스 정원
Hibiscus Garden

Jalan Lembah

Jalan Cenderasari

난초정원
Orchid Garden

Jalan Kinabalu

툰 압둘 라작 기념관
Memorial Tun Abdul Razak

새공원
Bird Park

이슬람 예술박물관
Islamic Arts Museum

국립모스크
National Mosque

툰구 압둘 라만 기념관
Memorial Tunku Abdul Rahman

폴리스 박물관
Police Museum

호수
Batur

국립천문관
National Planetarium

Jalan Perdana

철도국
KTMB

커뮤터 쿠알라룸푸르역
KL 중앙역
KL Railway Station

0   100m

KL 센트럴역

Jalan Damansara

국립박물관
National Museum

말레이시아의 역사가 궁금하다면
국립박물관 National Museum

붉은색의 뾰족한 지붕과 화이트 컬러의 외벽을 가진 전통적인 말레이 건축 양식을 하고 있는 건물이다. 1963년에 개관한 국립박물관은 역사가 오래되지는 않았지만 이슬람 예술 박물관과 함께 말레이시아를 대표하는 박물관 중 하나이다. 말레이시아의 역사와 문화를 2층 4개의 갤러리로 나누어 선사시대, 왕궁, 식민지 시절, 그리고 현재의 말레이시아의 모습을 보여준다. 전통 악기와 생활도구, 전통 결혼식 등에 사용되었던 유물들이 일목요연하게 정리가 되어 있어 말레이시아의 문화를 한눈에 이해하기가 쉽다. 매주 월~목, 토요일 오전 10시 가이드 투어가 있으니 시간이 맞는다면 참가해보자.

Data Map 082C
Access 센트럴역에서 도보 10분
Add Jalan Damansara, Kuala Lumpur
Open 09:00~18:00
Cost 성인 5링깃, 6~12세 2링깃
Tel +60 (0)3-2267-1111 Web www.muziumnegara.gov.my

인도보다 더 인도다운
브릭필드 리틀 인디아 거리 Brickfields Little India

KL 센트럴역과 툰 삼반탄Tun Sambanthan역 사이에 있다. 항상 흥겨운 음악이 귀를 자극하고 화려한 거리의 상점이 눈을 자극하는 곳이 브릭필드 리틀 인디아 거리다. 말레이시아는 인구의 약 10% 정도를 차지하고 있는 인도인들 덕분에 지역마다 인디아 거리가 형성되어 있

Data Map 082C
Access LRT KL 센트럴역에서 도보 10분. 모노레일 KL 센트럴역에서 도보 5분

다. 쿠알라룸푸르에는 브릭필드와 마지드 자멕역 2곳에 인디아 거리가 있다. 이 가운데 마지드 자멕보다는 브릭필드가 훨씬 더 인도의 색채가 강렬하다. 번쩍번쩍 빛나는 액세서리와 의상, 그리고 들으면 귀가 번쩍 뜨이고 몸이 저절로 흔들어지는 인도음악으로 이 거리는 항상 활기가 넘친다. 말레이 사람들과 성향이 달라도 많이 다른 인도 사람들이 거리를 점령하고 있다 보니 거리를 들어서는 순간 인도로 순간이동을 한 느낌이 든다. 과일, 야채, 간단한 간식거리까지도 인도를 그대로 느낄 수 있다. 인도 여행을 가본 사람들에게는 인도의 향수를 느낄 수 있는 곳이다. 또 인도를 안 가본 사람들에게는 인도를 경험할 수 있는 흥미진진한 곳이다. 점심시간 이후부터 서서히 거리가 분주해진다.

쿠알라룸푸르의 핫 플레이스
방사 Bangsar

쿠알라룸푸르의 손꼽히는 부촌이자 요즘 뜨고 있는 핫 플레이스다.
방사는 KL 센트럴에서 10분 남짓 떨어져 있는 외국인 거주 지역으로
쿠알라룸푸르의 여느 거리와는 확연히 다르다. 깨끗하고 아기자기한

Data Map 095
Access LRT 방사역에서 택시로.
약 5링깃. KL 센트럴에서 택시로
약 10링깃

거리의 모습, 유럽풍의 쇼핑센터, 외국인들이 자리를 차지한 레스토
랑과 펍, 그라피티(벽화)가 그려진 작은 골목 등 하나하나가 모두 멋스럽다. 마지드 자멕에서 식민시대의 건
물들을 땀 흘리며 공부하듯 돌아보고, 모스크에서 이슬람교를 느끼느라 경건한 마음의 시간을 가졌다면 방
사에서는 브런치 레스토랑에서 수다를 떨며 시간을 보내보자. 동네 예쁜 집을 구경하며 설렁설렁 할 일 없이
걸어보는 것도 추천한다. 걷다가 더우면 지름신 팍팍 내려주시는 외국 소품 브랜드가 가득한 방사 빌리지에
서 시원하게 쇼핑까지 즐길 수 있으니 방사야말로 여자들을 위한 핫 플레이스다.

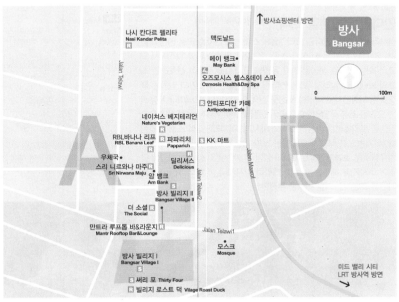

마사지&스파

저렴한 마사지숍들은 대부분 부킷 빈탕에서 찾을 수 있다. 부킷 빈탕의 끝 쪽으로 늘어선 마사지 거리와 창캇 부킷 빈탕이 시작되는 거리에 집중적으로 몰려 있다. 서비스나 마사지 스타일은 비슷비슷한 편으로 너무 큰 기대는 하지 않는 게 좋다. 가볍게 발의 피로를 푸는 정도로 받는 게 좋다. 가격은 30~50링깃 정도로 저렴하다. 고급 마사지와 스파 숍은 만다린 오리엔탈, 하얏트, 그랜드 밀레니엄 같은 호텔에 있다. 부킷 빈탕의 작은 마사지 숍에 비해 가격이 몇 배 이상 비싸다. 하지만 비싼 만큼 돈값을 한다. 마사지 테크닉과 질 좋은 용품, 남다른 서비스 정신이 어울려 제대로 대접받은 느낌을 준다.

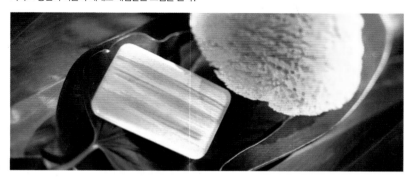

스파까지도 럭셔리해

만다린 오리엔탈 스파 Mandarin Oriental Spa

럭셔리 호텔 체인 만다린 오리엔탈의 스파는 호텔 이상으로 명성이 높다. 2011년 세계 8대 5성급 스파, 2012년 세계 스파 어워즈에서 최고의 호텔 스파로 선정될 만큼 유명해 고급 여행자들이 선호하는 최고의 브랜드로 알려져 있다. 만다린 오리엔탈은 이곳만의 일관된 특징을 유지하면서도 나라별 특성을 살려 마사지의 테크닉이나 사용하는 오일을 조금씩 달리한다. 웰니스 콘셉트 Wellness Concept를 원칙으로 단순한 트리트먼트 이상의 스파와 마사지, 럭셔리한 서비스를 제공한다. 유기농으로 직접 재배해 만든 스파 용품은 몸은 물론 정신까지도 치유해주는 효과가 있다. 고객과 상담 후 개개인의 상태와 취향에 맞추어 마사지를 해주는 아로마 테라피 마사지나, 장미와 바닷소금을 이용한 로맨틱한 커플 스파를 추천한다.

Data Map 073A
Acess LRT KLCC역 페트로나스 트윈 타워 바로 옆 만다린 오리엔탈 호텔 내
Add Jalan Pinang, Kuala Lumpur City Centre, Kuala Lumpur
Open 10:00~22:00
Cost 아로마 테라피 마사지 1시간 20분 495링깃~, 시그니처스파 테라피 1시간 50분 655링깃
Tel +60 (0)3-2197-8772
Web www.mandarinoriental.com/kualalumpur/luxury-spa

몸도 맘도 힐링
스와사나 스파 Swasana Spa

KLCC의 인기 호텔, 임피아나 호텔에서 운영하는 스파 숍이다. 일반 마사지에 왠만큼 만족을 못하는 사람이라면 스와사나 스파를 추천한다. 원하는 마사지를 고를 수 있다. 웰빙과 힐링을 목적으로 인도네시아, 말레이시아, 타이 등 동남아시아의 여러 테라피 마사지의 기술을 선보인다. 마사지사는 부드럽고 고급스러운 손놀림을 보여준다. 몸이 사르르 녹아들어가는 느낌이다. 아로마 오일의 향이 마음을 편하게 해주고, 흘러나오는 음악이 몸이 릴렉스시킨다. 여자들에게는 치유의 마사지로 소문난 발리 트래디셔널 마사지를 권한다. 놀라운 테크닉으로 지압의 강약을 조절한다. 마사지를 다 받고 나와서 생강차를 한잔 마시면 온몸에 활력이 넘친다.

Data Map 073C **Access** KLCC 임피아나 호텔 4층에 위치 **Add** 13, Jalan Pinang, Kuala Lumpur **Cost** 바디 마사지 315링깃~, 바디 테라피 270링깃~ **Tel** +60 (0)3-2147-1089 **Web** www.kualalumpurhotels.impiana.com.my

저자추천 몸이 살살 녹는다, 녹아
더 트로피컬 스파 The Tropical Spa

비슷한 가격대의 마사지숍 중에서 트로피컬 스파의 인기를 따라올 만한 곳은 없다. 깔끔한 시설과 인테리어에 체계화된 서비스, 훈련된 마사지사에게 마사지를 받을 수 있다. 마사지를 받을 때는 어떤 마사지사를 만나느냐에 따라 만족도가 달라지는데, 이곳에는 대체로 잘하는 마사지사가 많은 편이다. 가장 많이 받는 마사지는 발+어깨+등 패키지와 스트레칭과 딥 마사지가 가미된 타이 마사지이다. 부드러운 마사지와 함께 관절마다 시원한 스트레칭을 해주어 남자보다는 여자들이 더 좋아한다. 은은한 조명 덕분에 몸이 살살 녹는 느낌이다.

Data Map 078C **Acess** 부킷 빈탕의 잘란 알로 다음 블럭 통신 스트리트에 위치 **Add** 27,29&31, Jalan Tengkat Tong Shin, Kuala Lumpur **Open** 10:00~02:00 **Cost** 발 마사지 60분 50링깃, 트레디셔널 타이 마사지 60분 60링깃, 아로마 테라피 마사지 60분 108링깃 **Tel** +60 (0)3-2148-2666

현지인들의 마사지 아지트
오즈모시스 헬스&데이 스파 Ozmosis Health&Day Spa

쿠알라룸푸르 외국인들이 거주하는 부촌 방사를 시작으로 입소문이 나기 시작한 스파이다. 현재는 프레이저스 레지던스, 아스콧 등의 호텔에도 지점이 생겼다. 스파로 몸과 마음, 영혼까지 치유를 한다는 모토로 하는 이곳에는 다양하고 독창적인 웰빙 스파 메뉴가 있다. 전통 중국 침술을 동반한 교정 치료 마사지, 바디 스크럽, 커플, 패밀리 마사지 등이 인기다. 테크닉이 좋은 직원을 꾸준히 관리하고 있다. 스파 후 만족도가 아주 높다. 방사에서는 유료 픽업 서비스(왕복 약 40링깃) 이용이 가능하다.

Data Map 095B **Access** 방사 빌리지 II 근처에 위치 **Add** 16-1, Jalan Telawi 2, Bangsar, Kuala Lumpur **Cost** 바디 마사지 230링깃~, 바디 테라피 150링깃~ **Tel** +60 (0)3-2287-0380 **Web** www.ozmosis.com.my

 Tip 말레이시아와 인도네시아 전통 마사지는 다른 마사지에 비해 약하게 문지르고 누르는 스타일이다. 강한 힘이 들어가는 마사지를 즐기는 스타일이라면 실망할 수도 있다.

여행자들을 위한 맛집 BEST 8

여행자가 가득한 쿠알라룸푸르는 음식점이 여행자 수만큼이나 많은 도시이다. 맛집을 크게 나누자면 여행자들이 즐겨 찾는 맛집과 현지인들이 즐겨 찾는 맛집으로 나눌 수 있다. 메뉴는 비슷하지만 분위기와 가격의 차이는 하늘과 땅 차이! 그중에서도 현지인들보다는 여행자들의 발길로 가득한 레스토랑을 소개해본다. 현지인들이 좋아하는 맛집에 비해 분위기, 서비스와 청결도가 좋다. 대신 그만큼 가격도 비싸지는 것은 인지상정이다.

저자 추천 각종 어워드를 휩쓴 맛집

드래곤 아이 Dragon-i

중국의 상징인 빨간색으로 치장된 드래곤 아이는 정통 중국 음식을 맛볼 수 있는 음식점이다. 현지의 중국인들도 즐겨 찾는 곳으로 입맛이 예민한 중국인들에게 맛있다고 소문난 확실한 맛집이니 믿어도 된다. 말레이시아에서 지난 10년간 각종 어워드를 휩쓸면서 유명 레스토랑으로 자리를 잡았다. 이 레스토랑은 콘셉트가 약간 다른 3개의 지점이 있는데, 파빌리온 1층에 위치한 지점이 메인 지점으로 가장 맛있는 레시피를 제공한다. 제일 인기가 좋은 메뉴로는 진한 육즙이 가득 담긴 만두피를 터트려 먹는 샤오롱바오, 땅콩이 들어가 고소하고 걸쭉한 국물이 인상적인 탄탄 라 미엔이다. 이곳에는 특별한 음료가 있는데, 음료 이름이 '드래곤 아이'이다. 핑크빛 드래곤 과일에 레몬과 패션 과일을 넣은 새콤한 맛의 음료로 이곳에서만 맛볼 수 있다.

파빌리온점

Data Map 078B
Access 파빌리온 쇼핑몰 내 위치
Add Lot no. 1.13, Level1, Pavillion, 168, Jalan Bukit Bintang, Kuala Lumpur
Open 월~금 11:00~21:45, 토 · 일 10:30~21:45
Cost 탄탄 라 미엔 13링깃, 샤오롱바오 10.3링깃 (세금 6%와 봉사료 10% 별도)
Tel +60 (0)3-2143-7688
Web www.dragon-i.com.my

풍성한 한 끼! 가격까지 착해!

수키야 Sukiya

스팀 보트를 저렴하게 원하는 만큼 즐길 수 있는 뷔페다. 스키야키, 샤부샤부, 미소, 김치 등 원하는 육수를 고른 후 갖가지 야채와 고기를 넣어 익혀 먹는데, 먹는 방법은 샤부샤부와 비슷하다. 소, 양, 닭 고기 등의 육류와 20가지가 넘는 채소를 곁들여 먹는다. 재료의 신선함은 물론 고기의 질이 아주 좋아 항상 손님들이 차고 넘친다. 풀 코스로 즐기려면 채소와 고기를 먹은 후 초밥과 디저트로 아이스크림까지 먹어야 한다. 식탐 폭발하는 곳이니 속을 완전히 비우고 갈것! 여기에 오후 5시까지는 31.9링깃만 받아 배고픈 여행자들에게는 이보다 더 고마운 곳이 또 있겠나 싶다. 오후 5시 이후부터는 디너타임으로 가격이 39.8링깃이다. 또 저녁시간에는 항상 줄을 길게 서 있어 이 시간대는 비켜가는 게 좋다. 아이들은 50% 할인이라는 사실도 기억해 둘 것!

Data Map 078B
Access 파빌리온 쇼핑몰 도쿄 스트리트 내 위치
Add Lot 6.24.04 Tokyo St, Level 6, Pavillion, 168, Jalan Bukit Bintang, Kuala Lumpur
Open 11:30~22:00
Cost 11:30~17:00 31.9링깃, 17:00~22:00 39.8링깃 (세금 6%와 봉사료 10% 별도)
Tel +60 (0)3-2141-4272

페낭의 맛을 느끼려면
리틀 페낭 카페 Little Penang Cafe

비교적 가격이 저렴해서 현지인도 여행자도 모두 좋아하는 레스토랑. 식사시간이면 대기하는 줄이 줄어들 생각을 안 한다. 말레이시아에서는 알아주는 음식의 고장인 페낭의 메뉴들을 맛볼 수 있는 곳으로 노냐(말레이와 중국요리가 만나 탄생한 요리)가 가장 인기 있는 메뉴이다. 대표적인 노냐 메뉴로는 쫀득쫀득한 면을 씹는 맛이 좋은 차 퀘이 티아우, 코코넛 향이 좋은 페낭 커리 미, 얼큰한 생선 국물 맛이 독특한 아삼 락사가 있다. 특히 락사의 경우는 다른 레스토랑에 비해 말레이시아의 향이 진한 레시피를 가지고 있다. 독특하고 강한 향신료 맛을 경험하고 싶다면 강추하는 메뉴이다. 하지만 평소 특별한 향신료를 꺼려한다면 절대 피해야 하는 메뉴이기도 하다. 맛있게 한 끼 즐기고 싶다면 시푸드 차 퀘이 티아우나 라이스 메뉴를 주문하는 게 좋다. 수리아 KLCC, 미드 밸리, 커브 쇼핑몰에 지점을 가지고 있다.

수리아 KLCC점
Data Map 073A
Access 수리아 KLCC 쇼핑몰 내 위치 **Add** Lot 409–411, Suria KLCC, Kuala Lumpur City Centre, Kuala Lumpur **Open** 11:30~21:15
Cost 세트 메뉴 15링깃~, 사이드 메뉴 9링깃~, 락사 11.3링깃 (세금 6%와 봉사료 10% 별도) **Tel** +60 (0)3-2163-0215

저자추천 **여행자들의 일등 맛집!**
마담 콴 Madam Kwan's

쿠알라룸푸르에서 여행자들에게 가장 유명한 레스토랑을 꼽자면 마담 콴이 빠지질 않는다. 조금 냉정하게 말하자면 유명세를 치렀을 뿐이지 맛으로 꼽았을 때 1번의 자리를 차지할 정도는 아닌 듯싶다. 가격도 현지식 레스토랑 중에서는 비싼 축에 속한다. 그럼에도 이곳은 문턱이 닳도록 여행자들이 찾고 있다. 그 이유는 가장 인기 좋은 쇼핑몰 안에 입점되어 찾기 쉽고, 말레이 음식을 살짝 퓨전으로 요리해서 처음 말레이 음식을 먹는 사람들의 입맛을 사로잡았기 때문이다. 사테나 피시 커리, 나시 르막 등 말레이시아에서 먹어봐야 하는 대부분의 메뉴가 있으며, 모든 음식이 자극적이지 않아 실패 없이 한 끼 먹기에 충분하다. 여행자들이 가장 많이 찾는 수리아 KLCC, 파빌리온, 미드 밸리 메가몰을 비롯해 원 우타마, 방사 쇼핑센터에도 위치하고 있다.

Data Map 078B, 073A
Access 파빌리온, 수리아 KLCC 쇼핑몰 내 위치
Add Lot no. 1.16.00 Level1 1, Pavillion, 168, Jalan Bukit Bintang, Kuala Lumpur
Open 11:00~22:00
Cost 사테 14.9링깃~, 누들 15.9링깃~, 나시 르막 17.9링깃 (세금 6%와 봉사료 10% 별도)
Tel +60 (0)3-2143-2297
Web www.madamkwans.com.my

오래전 그날, 시간이 멈춘 카페
올드 차이나 카페 Old China Cafe

쿠알라룸푸르는 높은 건물들이 줄을 지어 올라가고 있지만 식민시대부터 변하지 않고 전해 내려오는 것 또한 많다. 그중에서도 올드 차이나 카페가 그렇다. 중국 상인들의 관공서로 사용되던 이 건물은 1914년부터 지금까지 건물은 물론 내부까지 변함없이 잘 보존되어 오고 있다. 고풍스럽게 꾸며놓은 영화 세트장을 구경하듯 손때묻은 소품과 가구, 사진을 보고 있자면 그 시절의 아련함을 불러일으킨다. 이곳에 들르는 사람이 99.9%가 여행자이다. 이런 특별함과 함께 문화를 음식으로도 느낄 수 있어서다. 음식은 뇨냐 메뉴에서 가장 흔한 치킨 요리부터 돼지고기, 소고기, 시푸드까지 다양한 편이다.

Data Map 082B
Access 차이나타운 끝 찬시슈엔 근처에 위치
Add 11, Jalan Petaling, Kuala Lumpur
Open 11:30~22:30
Cost 스타터 9링깃~, 메인 15링깃~ (봉사료 10% 별도)
Tel +60 (0)3-2072-5915 **Web** www.oldchina.com.my

올드타운의 생기를 불어 넣은 하우스
리프&코 카페 Leaf&CO Cafe

최근 들어 올드타운의 오래된 집이나 카페가 게스트하우스로 리노베이션되고 있다. 허름했던 동네가 감각적인 카페와 저렴한 숙소로 인해 생기발랄해졌다. 인기가 좋은 카페도 눈에 띄게 많이 생겨났다. 그중 가장 아름답게 리노베이션된 곳을 꼽으라면 리프&코다. 전통 건축 양식을 그대로 살려 손을 댄 듯 안 댄 듯 자연스럽게 건물에 생명력을 불어 넣었다. 유럽인들 사이게 입소문이 나며 여행자에게는 물론 현지에 거주하는 외국인들에게 모임 장소로도 사랑받고 있다. 파스타, 샌드위치, 샐러드, 그리고 각종 디저트와 케이크까지 메뉴의 플레이팅도 맛도 아주 근사하다. 바로 옆에 위치한 밍글 카페 Mingle Cafe 건너편에 위치한 빈티지1988 Vintage 1988도 인기 카페이니 시간이 된다면 올드타운 카페투어도 좋다.

Data Map 083B
Access 차이나타운에서 도보 3분
Add 53, Jalan Sultan, City Centre, Kuala Lumpur
Open 10:30~22:00
Cost 음료 10링깃~, 디저트 12링깃~
Tel +60 (0)3-2020-2220
Instagram leafandco_cafe

요란한 게 너의 매력이야
학카 Hakka

파빌리온 쇼핑몰 바로 뒤편에 있는 유명한 중식 레스토랑. 중국식으로 요리한 해산물을 파는 곳이다보니 레스토랑을 가득 채운 손님은 여행자를 빼면 대부분 중국인이다. 이곳은 칠리크랩이 유명하다. 쿠알라룸푸르에서 칠리크랩으로 유명한 식당 중 위치가 가장 좋은 곳으로 항상 사람이 가득하다. 이 때문에 레스토랑은 언제 가더라도 요란스러움 그 자체다. 그 요란함에, 실내를 장식한 화려한 전구가 더해져 연출되는 타오르는 듯한 분위기는 바로 학카의 매력이다. 칠리크랩 외 이곳의 메인 메뉴는 새우, 오징어 등 해산물 요리다. 영업시간 내내 밀려드는 손님으로 친절함을 바랄 순 없다. 간혹 늦은 시간에 가면 크랩이 다 떨어지기도 한다. 오픈시간 맞춰서 일찍일찍 가는게 상책. 기본으로 나오는 땅콩과 물티슈는 유료이다. 필요 없다면 되돌려 보내면 된다.

Data Map 078B **Access** 파빌리온 뒤편에 위치. 수리아 KLCC로 가는 스카이 워크를 통해 연결되어 있음 **Add** 6, Jalan Kia Peng, Kuala Lumpur **Open** 12:00~15:00, 18:00~23:30 **Cost** 칠리크랩 1kg 165링깃, 사이드메뉴 15링깃~, 음료 12링깃~ **Tel** +60 (0)3-2143-1908 **Web** www.hakkakl.com

하루종일 즐기는 카페놀이
VCR VCR

부킷 빈탕, 잘란 알로에서 가까운 카페. 음식의 비주얼과 카페 분위기, 스태프의 친절함 모든 것에 만점을 주고 싶은 카페이다. 이른 아침부터 긴 영업시간으로 언제 가더라도 아늑하게 카페를 즐길 수 있어서 더 좋은 곳. 단독 주택을 개조해서 만든 카페로 작은 마당, 1층, 2층으로 구성되어 있다. 취향에 따라 자리를 잡고 앉아서 시간을 보내보자. 메뉴는 브런치, 유럽식 샌드위치, 채식주의자를 위한 건강식이 주를 이룬다. 플레이팅이 고급스럽게 나와서 뭘 시켜도 만족스럽다. 가장 눈에 띄는 메뉴는 크랩이 한 마리 떡하니 올라간 햄버거 소프트 쉘 크랩 버거 Soft Shell Crab Burger다. 입으로 먹기 전, 눈으로 먼저 먹는 햄버거를 선보인다.

Data Map 078C 지도 밖 **Access** 잘란알로 야시장에서 도보 3분 **Add** 2, Jalan Galloway, Bukit Bintang Kuala Lumpur **Open** 08:30~23:00 **Cost** 브런치 25링깃~, 커피 10링깃~ **Tel** +60 (0)3-2110-2330 **Web** www.vcr.my

쿠알라룸푸르 체인 레스토랑

말레이시아 체인 레스토랑은 현지인에게 사랑을 받는 곳이다. 또 여행자들에게도 놓치기 아쉬운 맛집이자 휴식처이다. 맛도 평균 이상, 깔끔한 분위기에 시원하게 냉방을 해주고, 와이파이까지 빵빵 터진다. 새로운 음식에 도전하기가 두렵다면 체인 레스토랑부터 섭렵하자.

난도스 Nando's

세계적으로 유명한 치킨 전문점으로 한국에선 보기 힘든 특별한 레시피를 가지고 있다. 치킨의 부위, 매운 정도, 양, 소스 등 모든 것을 취향에 따라 골라 먹을 수 있는 포르투갈식 닭 요리를 선보인다.

Data Access 파빌리온, 수리아 KLCC, 미드 밸리 시티, 버자야 타임스 스퀘어

파파리치 Papparich

올드타운 화이트 커피와 콘셉트가 같은 체인 레스토랑. 체인점 수는 적지만 메뉴의 종류가 더 다양하고 맛도 훨씬 좋은 편이다. 프라이드치킨이 함께 나오는 나시 르막이나 중국식 볶음면 등은 우리 입맛에도 잘 맞는 메뉴이다.

Data Access 부킷 빈탕 파빌리온, 방사

토스트 박스 TOAST BOX

싱가포르의 유명한 토스트 체인점. 간편하면서 저렴하게 한 끼 해결하기 좋은 곳. 버터 토스트, 카야 잼 토스트, 땅콩버터 토스트 등 소스를 아주 두툼하게 발라주는 인심 좋은 곳. 게다가 가격까지 너무 착해서 출출한 오후 시간에 가볍게 들르기에 딱 좋다. 토스트와 반숙 달걀 2개, 커피를 함께 먹을 수 있는 세트메뉴는 토스트 박스의 최고 인기 메뉴!

Data Access 파빌리온, 버자야 타임스 스퀘어

시크릿 레시피 Secret Recipe

말레이시아 젊은이들의 데이트 코스에 빠지지 않는 레스토랑. 태국, 말레이 메뉴에 파스타 등 퓨전 메뉴를 선보이고 있는데, 디저트 메뉴가 가장 인기가 높다. 점심시간부터 늦은 오후까지 이어지는 런치 메뉴와 티타임 프로모션 시간에 가면 좀 더 저렴하게 즐길 수 있다.

Data Access 파빌리온, 수리아 KLCC,
KL 센트럴역 내

올드타운 화이트 커피
Oldtown White Coffee

말레이시아에서 가장 유명한 체인 카페 겸 레스토랑. 말레이 현지식 메뉴들도 많지만 가장 유명한 카야 잼 토스트와 달달한 화이트 커피는 절대 놓치면 안 되는 메뉴이다. 기념품으로 좋은 화이트 커피와 카야 잼도 구입할 수 있다.

Data Access 파빌리온, 수리아 KLCC, 센트럴 마켓

더 치킨 라이스 숍 The Chicken Rice Shop

중국 하이난식의 담백한 치킨과 밥이 함께 나오는 치킨 라이스 메뉴를 맛볼 수 있는 곳이다. 특별히 한국쌀처럼 찰진 밥을 먹을 수 있어 고맙다. 저렴한 세트메뉴는 여러 가지 음식이 푸짐하게 나오니 또 고맙다.

Data Access KL 센트럴역 내, 수리아 KLCC,
버자야 타임스 스퀘어, 미드 밸리 시티

쿠알라룸푸르 최고의 로컬 레스토랑

가게마다 현지인들로 붐비는 곳. 허름한 식당의 모습, 여행자의 편의 따윈 신경조차 쓰지 않지만 저렴한 가격
에 특별한 메뉴, 최상의 맛으로 현지인들의 입맛을 사로잡은 곳들만 소개한다.

**저자
추천** 인도보다 더 맛있는 인도 음식점

나시 칸다르 펠리타 Nasi Kandar Pelita

1995년 페낭에 처음 연 인도 레스토랑이다. 그 후 맛을 인정받아 여
러 곳에 지점이 생겼다. 이 집처럼 노천식당 분위기에서 24시간 인도
음식을 파는 곳을 '마막'이라고 부른다. 본래 마막은 인도계 무슬림을
의미하는 단어이다. 그들이 운영하는 레스토랑이 많아지면서 레스토
랑을 총칭하는 단어가 된 것이다. 마막 레스토랑의 대표적인 메뉴는
삼색 커리에 찍어 먹는 로티 차나이와 토사이, 탄두리 치킨, 여러 가지
음식을 뷔페식으로 골라 먹는 나시 짬뿌르 등이 있다. 이름도 어렵고
먹음직스럽지 않게 보이지만 생각 이상으로 맛이 좋다. 말레이시아의
다양한 인도 음식은 꼭 한번 먹어보라고 추천한다. 이 집의 인도 음식
은 저렴하기도 하지만 말레이 음식과 살짝 퓨전이 되어 진짜 인도에
서 먹는 음식보다 훨씬 더 맛있게 즐길 수 있다.

Data Map 073B
Access 수리아 KLCC에서
인터콘티넨탈 호텔 방향으로
도보 5분
Add 149 Jalan Ampang,
Kuala Lumpur
Open 24시간
Cost 로띠 차나이 1.2링깃,
미고렝 4.2링깃, 차 1.8링깃,
망고 라씨 5.5링깃
Tel +60 (0)3-2162-5532
Web www.pelita.com.my

감탄사가 절로 나오는 칠리 크랩!
패티 크랩 레스토랑 Fatty Crap Restaurant

싱가포르만 칠리 크랩이 유명한가? 말레이시아도 맛에는 결코 뒤지지 않는 칠리 크랩 전문점이 여럿 있다. 한 가지 아쉬운 점이라면 대부분 유명한 칠리 크랩 레스토랑은 관광거리가 없는 멀고 후미진 곳, 교통이 불편한 곳에 위치해 있다. 그나마 다행인 것은 가장 맛있고, 가장 저렴한 칠리 크랩 레스토랑인 패티 크랩이 LRT를 타고 갈 수 있다는 것이다. 이 레스토랑은 말레이시아 푸드 어워드에서 2009년부터 5년간 베스트 시푸드 상을 받았으며 지금도 인기가 더해지고 있다. 오후 6시가 넘으면 끝도 없는 대기줄이 이어져 내 차례가 대체 언제 올지 알 수 없는 상황이 벌어질 정도로 유명세를 치르고 있다. 조금 일찍 가서 자리를 잡는 게 상책이다. 이 집은 일반적으로 맛보던 빨간 칠리소스와는 다른 느낌의 칠리 크랩이 나온다. 통통하게 살이 오른 크랩을 한입 베어 물면 입안에 얼얼한 기운이 퍼지면서 새로운 크랩 맛의 향연으로 빠져든다. 볶음밥과 바삭바삭하게 구워낸 식빵에 찍어 먹는 칠리소스는 환상적인 궁합이다. 숯불에 구워 나오는 사태도 1개에 0.8링깃으로 저렴하게 즐길 수 있다.

Data
Access KL센트럴역에서 LRT Kelana Jaya Line을 타고 20분 가서 타만 비하기하역 하차, 도보 5분
Add 2 Jalan AA 24/13, Tuman Megah, Petaling Jaya, Selangor
Open 17:00~23:00(월요일 휴무)
Cost 1인당 40링깃~
(크랩 600g 55링깃)
Tel +60 (0)3-7804-5758

> **Tip** 둘이 가면 크랩 600~900g에 볶음밥, 식빵 하나씩 시키면 양이 넉넉하다. 주문받는 사람이 인분 수에 맞춰서 알아서 적당히 가져다주기 때문에 원하는 종류만 말하면 주문은 OK! 크랩, 볶음밥, 식빵은 필수, 사태와 닭날개는 선택이다.

멀어도 꼭 가고 싶습니다!

레스토랑 탁폭 홍콩 시푸드
Restoran Tak Fok Hong Kong Seafood

고급스럽게 나오는 음식을 보면 도저히 가격이 믿어지지가 않는 중국식 시푸드 레스토랑. 쿠알라룸푸르 시내에서 차로 20여 분 거리에 있어 여행자의 발길이 닿지 않는 곳이다. 하지만 시푸드 마니아들은 1시간씩 차를 몰고 찾아올 만큼 유명한 시푸드 음식점이다. 가장 인기 좋은 3대 시푸드인 로브스터와 칠리 크랩, 새우를 원하는 소스로 요리해준다. 소스의 종류는 칠리, 버터, 블랙 페퍼, 버터 치즈 등이 있는데, 메뉴판에 커다란 사진이 친절히 나와 있으니 주문하는 데 어려움은 없다. 드라이 버터 랍스터, 칠리 크랩, 버터 치즈 프라운에 라이스 하나, 빵 하나 정도로 시키면 3~4명이 넉넉히 먹을 수 있다. 여행자들이 이곳에 가는 방법은 택시밖에 없지만 음식값에 택시비를 더한다고 해도 한국에서는 도저히 먹을 수 없는 가격이니 해물요리를 좋아한다면 강력히 추천한다.

Data
Acess 대중교통 불가. 택시는 편도 약 30링깃 (목적지는 께뽕의 잘란 데사)
Add 2-2A, Jalan Desa 1/3, Desa Aman Puri, Kepong, Kuala Lumpur
Open 12:00~15:00, 18:00~23:00
Cost 로브스터 58링깃, 크랩 32링깃, 프라운 22링깃
Tel +60 (0)3-6272-3346

여행자에게는 비밀로 하고픈
레스토랑 신기 Restoran Sin Kee

점심시간 2시간 30분, 저녁시간 3시간 30분. 짧고 굵게 장사를 하는 곳이다. 그 시간만 되면 문 열기를 기다렸다는 듯이 줄을 서는 동네 사람들로 가게 앞은 장사진을 이룬다. 메뉴는 많지만 사람들이 원하는 건 짭조름한 돼지고기가 밥 위에 듬뿍 얹어진 스팀 라이스! 가격 대비 최고의 양과 맛을 자랑하는 맛집 중에 맛집이다. 이 레스토랑을 찾는 현지인들은 말한다. 줄이 더 길어지지 않도록 여행자들에게는 비밀로 해달라고.

Data Map 082C
Access KL센트럴 모노레일역에서 브릭필드 인디아 거리 방향의 고가가 있는 삼거리
Add 194, Jalan Sanbanthan, Kuala Lumpur
Open 화~일 12:00~14:30, 18:00~21:30
Cost 스팀 라이스 10링깃, 하이난스 치킨촙 14링깃
Tel +60 (0)3-2274-1842

한 그릇은 아쉬워!
라이퐁 레스토랑 Lai Foong Restaurant

아마도 현지인들의 강력한 추천이 아니었다면 선뜻 들어갈 용기가 안 났을 듯한 레스토랑이다. 여행자라고는 하나도 보이지 않는 지저분하고 허름한 식당. 시끄럽고 분주한데다 영어도 통하지 않는다. 하지만 누들 한 그릇만 먹고 나면 생각이 달라진다. 큰 레스토랑 안에 작은 레스토랑들이 입점되어 있는데, 가장 바쁜 곳은 비프 누들집이다. 진한 고기 육수에 두툼하고 아들야들한 쇠고기가 올라간 누들은 더운 날씨에도 후루룩 한 그릇 비우고도 아쉬움이 남을 정도로 맛있다. 누들을 먹고 나면 허름한 현지인 맛집이 역시 최고라는 생각이 든다.

Data Map 082B
Access 센트럴 마켓에서 차이나타운 가는 방향으로 도보 3분
Add 138, Jalan Tun H.S.Lee, Kuala Lumpur **Open** 06:30~22:00 (비프 누들은 16:30까지) **Cost** 비프누들 10링깃 **Tel** +60 (0)3-271-8977

요즘 뜨는 방사 맛집 BEST 5

쿠알라룸푸르의 핫플레이스 방사. 외국인 거주 지역으로 트렌드 세터들을 겨냥한 쇼핑몰을 비롯해 분위기 좋은 맛집이 즐비하다. 이곳에서는 느긋하게 즐기는 브런치가 대세. 한가롭게 시간을 보내면서 맛있는 음식을 먹는 일, 방사를 아는 자만이 누릴 수 있는 낭만이다.

중국 스타일 오리 한 마리
빌리지 로스트 덕 Village Roast Duck

북경 오리구이를 파는 방사 빌리지 I의 소문난 맛집이다. 외국 사람이 많이 거주하는 방사 지역에 위치해 있으며, 여행자보다는 현지 외국인들에게 더 인기가 좋은 곳이다. 식사 시간이면 웨이팅이 길어진다. 식사 시간을 조금 피해 가기를 권한다. 바삭바삭한 껍질 속에 육즙이 가득한 오리구이는 부드럽고 잡냄새 하나 없다. 같이 나오는 채소와 전병에 오리고기를 하나씩 올려서 싸 먹으면 그 쌈 하나하나마다 맛이 화룡점정을 찍는다. 한번 맛보면 가게 앞에 거칠게 매달린 로스트 덕만 봐도 침이 꼴깍 넘어간다. 오리는 한 마리, 반 마리 등양을 조절해서 주문이 가능하다. 오리 외 돼지고기, 소고기, 치킨 요리 등 다양한 메뉴가 있다. 파빌리온과 썬웨이 등 쿠알라룸푸르에 총 5개의 체인점이 있다.

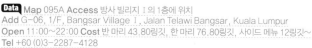

Data Map 095A **Access** 방사 빌리지 I의 1층에 위치
Add G-06, 1/F, Bangsar Village I, Jalan Telawi Bangsar, Kuala Lumpur
Open 11:00~22:00 **Cost** 반 마리 43.80링깃, 한 마리 76.80링깃, 사이드 메뉴 12링깃~
Tel +60 (0)3-2287-4128

저자 추천

브런치의 최강자

안티포디안 카페 Antipodean Cafe

'호주에서 온 것'이라는 의미를 가진 안티포디안은 호주 사람이 오너 인 브런치 카페. 신선한 식자재를 사용하며 그 식자재의 맛을 살 려 요리하는 게 이 집의 특징. 넉넉한 접시 가득 채워져 나오는 브런 치 메뉴들은 하나같이 먹음직스럽고, 양도 푸짐해 방사 지역의 브런 치 카페 중 최강자로 떠올랐다. 여기에 커피까지 최고라 자부한다. 인도네시아에서 직접 공수한 최상급 원두를 바리스타 사장님이 직 접 로스팅해서 커피를 볶는데, 그 깊은 맛은 먹어본 사람만 안다. 쌉 싸름한 그린 로켓이 입안을 깔끔하게 만들어주는 연어 샐러드Green Rocket With Salmon Salad와 부드러운 크루아상 위에 맛있는 스크램블 에그가 올라간 크루아상 위드 스크램블 에그 앤 베이컨Croissant With Scramble Egg&Bacon은 강력 추천 메뉴! 어느 것 하나 단점이 없는 이 레 스토랑은 식사시간이면 늘 인산인해를 이뤄서 느긋한 브런치 타임을 즐기기는 좀 어렵다는 게 흠이다.

Tip 방사역은 KL 센트럴역에서 LRT로 한 정거장 차이이다. 쇼핑몰 과 맛집이 몰려 있는 거리는 방사역에서 조금 떨어져 있다. 방 사역에서 방사 빌리지로 택시(약 5링깃)를 타고 이동하던가 KL 센트 럴역에서 택시(약 10링깃)를 타고 간다.

Data Map 095B
Access 방사 빌리지 Ⅱ 딜리셔스 건너편 골목으로 도보 1분.
Add 20 Jalan Telawi 2, Bangsar Baru, Kuala Lumpur
Open 08:00~22:00
Cost 커피 8링깃~, 블랙퍼스트 14링깃~, 샐러드 17링깃~ (세금 6%와 봉사료 10% 별도)
Tel +60 (0)3-2282-0411
Web www.antipodeancoffee. com

이름부터 맛있는 소리!
딜리셔스 Delicious

산뜻한 인테리어가 여자들이 모여들기 좋은 장소라고 알려주는 딜리셔스. 각종 파스타와 말레이 퓨전식 샐러드 요리가 인기 높은 웰빙 홈메이드 메뉴들이다. 여자들이 좋아할 만한 메뉴에 분위기까지 갖춘 레스토랑으로 식사를 마친 후 즐거운 수다에 달콤한 디저트를 더하면 딜리셔스의 맛있는 시간이 완성된다. 이 레스토랑의 홈페이지에 들어가면 파스타나 디저트 등을 할인해 주는 프로모션과 이벤트를 소개하고 있으니 확인해 보는 것도 좋다.

Data Map 095A **Access** 방사 빌리지 Ⅱ G/F 위치
Add Lot GF-1 Bangsar Village Ⅱ, Jalan Telawi, Bangsar Baru, Kuala Lumpur
Open 월~금 11:00~23:00, 토·일·공휴일 09:00~23:00
Cost 커피 8.9링깃~, 샐러드 22.9링깃~, 파스타 15.9링깃~
(세금 6%와 봉사료 10% 별도)
Tel +60 (0)3-2287-1554
Web www.thedeliciousgroup.com

인도 커리도 에지 있게!

스리 니르와나 마주 Sri Nirwana Maju

인도 정통 음식을 맛볼 수 있는 스리 니르와나 마주. 방사의 세련된 분위기는 아니지만 방사 맛집을 알려달라고 하면 모두 다 입을 모아 추천하는 곳이다. 온갖 미식가들이 잔뜩 모인 방사에서 이만큼 유명한 것은 다 분명한 이유가 있다. 기본 메뉴인 베지터블 밀을 주문하면 접시 대신 커다란 바나나 잎을 깔고 눈앞에서 정성껏 차려주는 인상적인 한 끼를 맛볼 수 있다. 밥과 커리, 세 가지 야채, 인도식 과자인 빠빠덤이 제공되는데, 양도 넉넉하다. 밥도 찰지고 부드러운 커리 맛도 좋다. 사이드 메뉴로는 램 커리나 치킨 등이 좋다.

Data Map 095A
Access 방사 빌리지 Ⅱ 건너편 암 뱅크 옆
Add 43, Jalan Telawi 3, Bangsar Baru, Kuala Lumpur
Open 10:00~02:00
Cost 베지터블 밀 8링깃, 램 커리 7링깃(세금 6% 별도)
Tel +60 (0)3-2287-8445

방사에서 즐기는 칵테일 한잔

만트라 루프톱 바&라운지 Mantra Rooftop Bar and Lounge

방사 빌리지 Ⅱ 꼭대기 층에 위치한 루프톱 바이다. 층수로는 5층 높이로 근사한 뷰까지는 아니지만, 주말엔 방사의 트랜드 세터들이 몰려드는 곳이다. 세련된 클럽 음악과 사람들의 적당한 재잘거림이 기분을 '업'시켜준다. 도시 여행 기분을 내기에 이만한 곳이 없다. 핑거 푸드부터 디너 메뉴까지 있다. 디너 메뉴보다는 가볍게 즐기는 스넥을 추천한다. 각종 칵테일과 목테일까지 알코올 음료 종류도 다양하다.

Data Map 095A
Access 방사 빌리지 Ⅱ 옥상에 위치
Add Bangsar Village Ⅱ, Jalan Telawi 1, Bangsar, Kuala Lumpur
Open 월·화 16:00~01:00, 수~토 17:00~02:00(일요일 휴무)
Cost 칵테일 28링깃~, 스넥 18링깃~
Tel +06 (0)17-344-8299

쿠알라룸푸르 푸드코트 BEST 3

가만히 보면 푸드코트 크기는 쇼핑몰 크기와 비례한다. 큰 쇼핑몰 안에 입점한 푸드코트에는 세계 각국의 메뉴들이 모여 있어 어떤 것을 선택해야 할지 고민에 고민을 더하게 한다. 출출할 때 간단히 먹을 만한 간식부터 여느 맛집을 능가하는 소문난 요리까지 한자리에서 만날 수 있어 고맙다. 또 입맛이 다른 동행과 함께 할 때, 쇼핑을 하다가 쉬어가고 싶을 때. 저렴하게 한 끼 해결하고 싶을 때 푸드코트만큼 사랑스러운 곳은 없다.

시그니처 푸드코트 Signatures Food Court

수리아 KLCC 2층에 위치한 푸드코트. 여행자와 페트로나스 트윈 타워에 근무하는 직장인들까지 모여들다 보니 항상 바쁘고 정신없는 곳이다. 올드타운 화이트 커피를 비롯해 맛있는 하이난스 치킨을 맛볼 수 있는 치킨 라이스, 채식주의자들이 열광하는 베지테리언 음식점 심플 라이프 등이 인기 음식점이다.

Data Map 073A
Access 수리아 KLCC 쇼핑몰 Level 2
Open 10:00~22:00
Tel +60 (0)3-2282-2828
Web www.suriaklcc.com.my

푸드 리퍼블릭 Food Republic

싱가포르에서 성공한 대형 체인 푸드코트로 파빌리온 1층에 위치해 있다. 중식, 한식, 말레이식, 인도식, 태국식 등 찾는 메뉴는 다 있을 정도로 다양한 음식점들이 입점해 있다. 유명한 체인인 만큼 음식의 퀄리티가 좋아 여러 번 이용해도 항상 만족스럽다. 중국식 아침식사인 콘지와 번을 파는 I LOVE YOO, 일본식 라면을 파는 이치방, 싱가포르식 카야 토스트와 바비큐 치킨이 맛있는 홍콩 라이스 등을 이용해보자.

Data Map 078B
Access 파빌리온 1층 식당가
Open 10:00~22:00
Tel +60 (0)3-2142-8006
Web www.pavilion-kl.com

롯 텐 후통 Lot 10 Hutong

부킷 빈탕 롯 텐에 위치한 푸드코트로 쇼핑몰보다 푸드코트가 훨씬 더 인기가 좋다. 골목길이라는 뜻을 담은 후통은 이름처럼 중국 저잣거리 장터를 콘셉트로 꾸며 정겨운 느낌이다. 다른 푸드코트에 비해 규모가 작고 세련된 느낌은 없지만 아시아의 전통적인 먹거리들을 찾아보는 재미가 있다. 특히 중식이 주를 이루는 편. 홍콩이나 중국으로 여행을 다녀왔다면 면 요리나 중국식 버거 등 익숙한 음식들이 많다.

Data Map 078C
Access 롯 텐 지하 식당가
Open 10:00~22:00
Tel +60 (0)3-2782-3840
Web www.lot10hutong.com

달달한 디저트로 쉬어가기

달콤한 디저트와 쌉싸름한 차 한잔, 그리고 모든 스트레스를 잊게 하는 수다. 여자들만의 여행에서 꼭 필요한 시간이다. 여행의 피로도 물리치고 아픈 다리도 쉬어가며 보내는 그 시간이 진정한 휴식이다.

반값에 즐기는 밀크셰이크
원스 어폰 어 밀크셰이크 Once Upon a Milk Shake

인공 방부제, 인공 색소, 인공 향료, 안정제를 넣지 않는 건강한 음료를 맛볼 수 있는 음료 체인점이다. 싱가포르에서 시작되어 태국과 말레이시아에 오픈해 성공적인 브랜드로 자리를 잡았다. 얼마 전 한국에도 몇 개의 지점을 론칭했다. 원스 어폰 어 밀크셰이크를 맛본 사람이라면 쿠알라룸푸르에서는 꼭 다시 한 번 찾아갈 것. 한국에도 있는 망고, 딸기, 커피 등 기본적인 메뉴에 레드벨벳 풍선껌, 열대과일인 두리안 맛 등 스페셜 메뉴를 찾아볼 수 있다. 게다가 말레이시아는 한국의 반값이라는 거!

Data Map 073A
Access 수리아 KLCC 시그니처 푸드코트 내
Add Level 2 Suria KLCC, Kuala Lumpur City Centre, Kuala Lumpur
Open 10:00~22:00
Cost 소 6.9링깃, 중 10.9링깃, 대 13.9링깃
Tel +60 (0)17-382 2397

열대과일을 젤라또로!
젤라토 푸르티 Gelato Fruity

말레이시아에서만 맛볼 수 있는 열대과일 젤라토를 파는 곳이다. 젤라토 푸르티는 은근히 중독성 있는 두리안, 상큼한 구아바, 달콤한 리치, 새콤한 패션 프룻까지 열대과일을 직접 갈아 넣는다. 과일 함유량이 높아 풍부한 과일 맛을 느낄 수 있고, 제대로 만들어진 쫀득쫀득한 식감의 젤라또를 맛볼 수 있다. 냉장고에 알록달록하게 진열된 예쁜 젤라토를 보면 절대 그냥 지나칠 수 없을 것이다.

Data Map 078B
Access 파빌리온 3층 식당가
Add Lot C3.13.00 Level 3, Pavillion, 168, Jalan Bukit Bintang, Kuala Lumpur
Open 09:30~00:30
Cost 젤라토 100g 6.8링깃
Tel +60 (0)3-2144-0904
Web www. gelatofruity.com.my

선풍적인 인기!
차타임 Chatime

타이완에서 시작된 차타임 역시 한국에도 들어와 있는 밀크티 체인점이다. KL 센트럴역, 파빌리온, 스퀘어, 롯 텐 등 쿠알라룸푸르에서는 사람들이 많이 몰리는 곳에서는 차타임 매장을 쉽게 찾아볼 수 있다. 우리나라에서 먹는 밀크티와 별다를 게 있겠냐 싶겠지만 말레이시아는 밀크티를 국민차로 지정해도 될 만큼 즐겨 마시는 곳이다. 따라서 내공이 더 깊다. 여기에 가격은 한국의 반값이다. 갈증이 올라오고 출출한 시간, 타피오카가 가득 들어간 차타임을 외면할 수가 없다.

파빌리온점

Data Map 078B
Access 부킷 빈탕 거리 끝 쪽에 위치. 부킷 빈탕 모노레일역 도보 5분
Add Level 4, Pavillion, 168, Jalan Bukit Bintang, Kuala Lumpur
Open 07:30~22:00
Cost 펄 밀크 티 5.9링깃
Web www.chatime.com.my

잊지 못해 또 가는 곳
허유산 Hui Lau Shan

홍콩의 최고 인기 디저트 숍인 허유산은 말레이시아에서도 찾아볼 수 있다. 홍콩에서 허류산을 맛본 사람이라면 잊지 못해 이곳에서도 꼭 한 번은 찾게 될 것이다. 과일을 이용한 주스와 여러 가지 푸딩, 찹쌀떡같이 창조적인 디저트 메뉴가 많이 있다. 그중 신선한 망고와 코코넛이 들어간 메뉴를 맛보자. 찐득찐득한 더위가 느껴질 때면 비타민이 가득한 허유산 디저트 한 그릇을 먹자. 먹고 뒤돌아서면 또 생각이 난다.

Data Map 078B
Access 파빌리온 6층
Add Lot no. 6.43.00 Level 6, Pavillion, 168, Jalan Bukit Bintang, Kuala Lumpur
Open 11:90~22:00
Cost 망고 푸딩 10링깃~
Tel +60 (0)3-2110-3313

밤의 열기 가득한 펍&바, 클럽

이슬람 문화를 가진 말레이시아의 밤은 재미없다고 말하는 이들이 있다. 그건 쿠알라룸푸르를 몰라도 너무 모르는 소리! 밤이 깊어갈수록 소란스러워지는 쿠알라룸푸르는 도시 전체가 커다란 파티장 같다. 그 열기 속에 있다 보면 느끼게 된다. 쿠알라룸푸르를 여행하며 가장 중요한 것은 지치지 않는 체력이라는 것을! 숙소에 내어줄 시간 따위는 없다는 것을!

페트로나스 트윈 타워가 손에 잡힐 것처럼

마리니스 온 57 Marini's on 57

쿠알라룸푸르에는 여러 곳의 유명 루프톱 바가 있다. 루프톱 바도 호텔처럼 페트로나스 트윈 타워가 보이는지 안 보이는지, 얼마나 예쁘게 보이는지에 따라 인기도가 달라진다. 이곳은 입장하는 순간 거대한 페트로나스 트윈 타워와 KLCC 일대가 한눈에 들어와 모두의 눈이 휘둥그레진다. 마리니스 온 57은 페트로나스 트윈 타워 바로 옆 건물 57층에 위치해 있다. 같은 층에 같은 이름으로 이탈리안 레스토랑, 루프톱 바, 위스키 라운지 3개의 다른 섹션으로 콘셉트를 나눠 영업하고 있다.

이탈리안 레스토랑은 조용한 분위기로 고급진 저녁 식사를 원하는 여행자에게 추천한다. 루프톱 바는 약간 소란스럽지만 캐주얼한 분위기와 저렴한 요금이 장점이다. 위스키 라운지 바는 이름처럼 조용하게 칵테일을 즐기는 사람들이 즐겨 찾는 곳이다. 항상 인기가 많은 곳이지만 특히 말레이시아에서 성대하게 불꽃놀이를 하는 독립기념일(8월 31일)과 연말연시에는 미리 예약하지 않으면 입장이 안 될 정도로 손님이 많다. 발가락 슬리퍼나 스포츠웨어 등은 입장이 불가하니 드레스 업이 필요하다. 예약 비용이 무료이니 특별한 날 방문을 한다면 미리 예약할 것.

Data Map 073A
Access 만다린 오리엔탈 호텔 정문의 왼쪽 건물 입구 **Add** 57 Menara 3 Petronas Persiaran, Kuala Lumpur
Open 일~수 17:00~01:00, 목~토 17:00~03:00
Cost 루프톱 바 피자 파스타 48링깃~, 맥주 14링깃~
Tel +60 (0)3-2386-6030
Web www.marinis57.com

압도적인 분위기에 반하다
스카이 바 Sky Bar

트레이더스 호텔 33층에 위치한 쿠알라룸푸르 최고 전경의 바. 페트
로나스 트윈 타워가 그 어느 곳보다 그림처럼 화려하게 보인다. 입장
료를 내고 올라가는 전망대보다 야경으로는 한수 위다. 창밖으로 보
이는 전경뿐 아니라 수영장이 중앙에 자리를 잡은 실내 인테리어는
몽환적인 분위기를 자아내 스카이 바는 밤마다 발 디딜 틈이 없다.
여행자들에게 가보고 싶은 바 1순위로 자리매김한 스카이 바. 칵테
일 한잔에 최고의 야경이 함께 하니 쿠알라룸푸르가 그리운 날이면
어김없이 생각나는 곳이다.

Data Map 073D
Access 트레이더스 호텔 33층
Add Level 33, Traders
Hotel, Kuala Lumpur
Open 일~목 10:00~01:00,
금·토 10:00~03:00
Cost 맥주 22링깃~,
칵테일 30링깃~
(세금 6%와 봉사료 10% 별도)
Tel +60 (0)3-2332-9818
Web http://www.shangri-
la.com/kualalumpur/traders/
dining/bars-lounges/sky-bar

페스로나스 트윈 타워와 KL타워까지 다 가진 뷰!

푸에고 트로이카 스카이 다이닝 Fuego Troika Sky Dining

쿠알라룸푸르 루프톱 바 '베스트 3' 안에 항상 들어가는 푸에고 트로이카 스카이 다이닝에서 운영하는 캐주얼한 루프톱 바이다. 2018년 완공된 고층 빌딩 포시즌스 호텔로 인해 트윈 타워가 반쪽만 보이는 상황이지만 인기는 아직도 식지 않았다. 이곳의 매력은 탁 트인 야외 루프톱 바이다. 다른 루프톱 바보다 더 실감나는 쿠알라룸푸르의 전경을 내려다볼 수 있다. 쿠알라룸푸르의 초고층 빌딩숲과 더불어 제2의 랜드마크인 KL타워까지 그 어느 루프톱 바보다 넓은 시야를 자랑한다.

캐주얼하고 편하게 즐길 수 있는 분위기로 밤이면 밤마다 발 디딜 틈이 없이 붐빈다. 음식까지 분위기를 더 감각적으로 만들어 주는 곳. 음식은 스페인 타파스 요리가 주를 이룬다. 연인끼리 분위기를 잡고 싶다면 트로이카 스카이 다이닝에서 운영하는 스트라토Strato를 추천한다. 같은 위치지만 로맨틱한 분위기가 물씬 풍기는 루프톱 레스토랑이다.

Data Map 073B **Access** 인터컨티넨탈 호텔에서 도보 3분
Add Level 23A, Tower B The Troika, 19, Persiaran KLCC, Kuala Lumpur
Open 금·토 18:00~01:00, 일~목 18:00~00:00 **Cost** 타코 25링깃~, 칵테일 40링깃~
Tel +60 (0)3-2162-0886 **Web** www.troikaskydining.com/fuego

창캇 부킷 빈탕

낮과 밤 야누스의 얼굴을 가진 곳. 낮에는 한적하게 브런치를 즐기는 분위기 좋은 거리지만 밤이 되면 언제 그랬냐는 듯 쿠알라룸푸르 최고의 핫한 거리로 변신한다. 트렌디하고 세련된 밤 문화를 즐기고 싶다면 창캇 부킷 빈탕으로 가라! 드레스업은 필수! 창캇 부킷 빈탕은 클럽 분위기의 펍이 많은 편이지만 항상 분위기가 같진 않다. 그날의 분위기와 손님에 따라 클럽이 됐다가 펍이 됐다가 변신한다. 거리를 걷다 원하는 분위기를 찾아 들어가는 것도 좋은 방법. 조금 더 조용한 펍을 찾는다면 창캇 부킷 빈탕 중간에 있는 잘란 나가사리로 가면 된다.

어둠속에서 즐기는 다이닝

다이닝 인 더 다크 Dining In The Dark

색다른 식사를 즐기고 싶다면 반드시 가야 할 곳. 어둠 속에서 유명
세프의 디너를 맛볼 수 있는 특별한 레스토랑이다. 눈을 가린 상태에
서 미각과 후각을 극대화시켜 온전히 음식만을 즐기라는 취지로 오픈
을 한 레스토랑이다. 2012년 오픈 후 날로 인기를 더해가고 있다. 아
쉽게 음식 사진을 찍을 수는 없지만, 음식을 맛있게 먹을 수 있도록
손과 발이 되어주는 스태프들 덕분에 먹는 시간이 즐겁다. 메뉴는 전
식 스프, 본식 디저트로 구성되어 있다. 식사가 다 끝난 후 내가 먹은
음식이 무엇인지 알 수 있다. 식사 요금은 조금 비싸지만, 새로운 경
험과 다이닝을 원한다면 도전해볼 것. 식사 메뉴는 클래식 세트 메뉴,
베지테리언 세트 메뉴가 있다. 사이트에서 미리 예약을 해야 한다.

Data Map 078A
Access 창캇 부킷 빈탕 잘란
나가사리 지나자 마자 우측
Add 50A, Changkat Bukit
Bintang, Kuala Lumpur
Open 18:00~21:30
Cost 1인 디너 130링깃~
Tel +60 (0)3-2110-0431
Web www.dininginthedark
kl.com

창캇 부킷 빈탕의 가장 핫한 클럽

지온 Zion

쿠알라룸푸르를 대표하는 대형 카페는 주크 Zouk 클럽인데 도심에서 좀 떨어져 있다. 지온은 주크에 비해
분위기는 작다. 하지만 먹고 노는 분위기의 창캇 부킷 빈탕에 자리를 하고 있어서 맥주 한잔 하고 나오
다가 잠시 들어가기 좋은 위치. 최신 유행하는 핫한 클럽 음악이 새벽 5시까지 끊임없이 들려온다. 주말
이면 긴 웨이팅을 해야 할 정도로 클러버들의 마음을 사로잡은 곳. 늦은 시간일 수록 더 분위기가 달아
오른다.

Data Map 078A
Access 창캇 부킷 빈탕
거리 중간에 위치
Add 31, Changkat Bukit
Bintang, Kuala Lumpur
Open 18:00~05:00
Cost 입장료 60링깃 알콜
1병 포함, 음료 20링깃~
Tel +60 (0)12-209-7300
Web www.zionclub.com.my

서서 즐기는 칵테일 한잔
하바나 Havana

쿠알라룸푸르에서 20년간이나 꾸준하게 인기를 끌어온 클럽이자 펍, 레스토랑이다. 주말이면 손님이 넘쳐나 자리에 앉아있는 사람보다 서서 즐기는 사람들이 더 많을 정도다. 스탠딩 분위기가 더 어울리는 곳이니 자리가 없다고 뒤돌아서지 말 것! 미리부터 갈 계획을 하고 있다면 2층의 창가 좌석을 예약하는 것도 좋다. 분위기, 음식 맛 다 좋은데, 손님이 너무 많은 탓인지 최근에 서비스가 안 좋다는 말이 들려오는 게 좀 아쉽다.

Data Map 078A
Access 창캇 부킷 빈탕의 가장 안쪽 **Add** Changkat Bukit Bintang, Kuala Lumpur
Open 월~금 16:00~03:00, 토·일·공휴일 14:00~03:00 **Cost** 맥주 14링깃~, 버거 30링깃~, 샐러드 22링깃~
(세금 6%와 봉사료 10% 별도) **Tel** +60 (0)3-2141-7170 **Web** www.havanakl.com

처음 만나는 아랍 음식
하랍 KL Halab KL

우리에겐 좀 낯선 음식이지만 말레이시아에서 아랍 음식은 인기가 좋다. 건강하고 신선한 식자재를 사용해 맛있는 메뉴를 내놓는 하랍 KL은 분위기까지 고급스러워 현지 사람들의 기념일 파티하는 곳으로도 유명하다. 메인 메뉴는 치킨, 양, 소 등을 여러 가지 채소와 화덕에서 구운 바비큐. 식사 후 고소한 터키쉬Turkish 커피나 달콤한 차이티를 한 잔 마시면 근사한 아랍 음식 한끼가 완성된다. 쿠알라룸푸르에서 인기 레스토랑으로 등극한 후 페낭에도 지점이 생겼다. 알코올 메뉴는 없다.

Data Map 078A
Access 창캇 부킷 빈탕 삼거리 잘란 나가사리에 위치
Add 35, Jalan Berangan, Bukit Bintang, Kuala Lumpur
Open 10:00~04:00
Cost 스타터 13링깃~, 라이스 20링깃~, 커피 10링깃~
Tel +60 (0)3-2110 4146

> **Tip 즐거운 나이트 라이프 일정!**
>
> ▽ **17:00** 마사지 거리에서 발 마사지로 충전
>
> ▽ **19:00** 다이닝 인 더 다크에서 저녁 식사
>
> ▽ **21:00** 하바나에서 분위기 업업!
>
> ▽ **23:00** 지온에서 클러빙
>
> ▽ **02:00** 잘란 알로에서 딱! 한잔만
>
> ▽ **03:00** 그랩타고 숙소로 돌아오기
>
> * 마사지 거리, 잘란 알로, 창캇 부킷 빈탕 모두 도보 5분 거리 안에 모여 있다.

💬 창캇 부킷 빈탕 밤거리 백배 즐기기

쿠알라룸푸르의 밤을 제대로 즐기려면 어디로 가야 할까? 답은 정해져 있다. 바로 창캇 부킷 빈탕!
이 거리에는 말레이시아의 뜨거운 태양보다 더 뜨거운 밤이 펼쳐진다. 어깨가 절로
들썩여지는 음악과 사람들의 재잘거림이 밤새 끊이지 않고 이 거리를 채운다.
칵테일과 맥주, 위스키까지 술이 넘쳐나는 여행지에서의 밤의 자유를 느낄 수 있는 곳이
바로 창캇 부킷 빈탕이다. 이제 세 개의 Q&A로 이 뜨거운 거리와 친해져볼까.

Q1 이슬람 국가인 말레이시아에서 밤문화를 즐기려면?

A 말레이시아는 술을 마시지 않는 무슬림의 국가이다.
"그래서 밤이 심심하다!"는 이야기도 종종 들린다. 하지
만 그건 무슬림들의 거주 비율이 많은 지방 도시에서의
이야기이다. 인터내셔널 도시인 쿠알라룸푸르는 예외
다. 쿠알라룸푸르의 밤문화는 창캇 부킷 빈탕과 잘란 알
로에서 경험할 수 있다.

창캇 부킷 빈탕은 한국의 이태원같은 분위기로 세계 각국의 사람들이 모여 밤을 즐기는 곳이
다. 잘란 알로는 노점 레스토랑이 가득한 먹자골목이다. 동남아의 정취가 가득 담긴 야시장인
잘란 알로는 밤이면 밤마다 불야성을 이룬다. 외국인들을 위한 펍이 이곳에 있고, 맥주를 곁들
여 식사를 즐길 수 있는 곳들도 있다. 두 곳은 도로로 약 5분 거리지만 분위기는 전혀 달라서 취
향대로 선택해서 시간을 보내면 좋다.

Q2 창캇 부킷 빈탕의 분위기가 이국적이라던데…?

A 창캇 부킷 빈탕은 200m가 채 안 되는 짧은 거리다.
크고 작은 펍과 레스토랑이 조로록 늘어서 있다. 낮에는
이 거리에 있는 레스토랑에서 점심 식사를 할 수 있다. 허
나 밤이 되면 국적을 예측하기 힘든 전 세계의 여행자가
이곳으로 모여든다. 다양한 생김새의 사람들과 다양한
언어가 들려와서 걷기만 해도 해외 여행을 왔다는 게 실감 난다. 펍이라고 해서 술만 마시는 곳은
아니다! 펍에서는 매일 라이브 밴드나 디제이가 공연을 한다. 그날의 분위기, 그날의 손님에 따라
술집이 되기도 하고 클럽이 되기도 한다. 맘에 드는 분위기나 음악이 있는 펍을 찾아 들어가 가볍
게 술을 마시거나 몸을 흔들다 나올 수 있다. 여러 곳을 다니는 하룻밤 펍 투어도 가능하다.

Q3 밤거리 안전하게 즐기려면?

A 말레이시아는 강력 범죄가 없는 치안이 좋은 나라이다. 다만 외국인들이 가득한 쿠알라룸푸
르에서는 몇가지 조심해야 할 것들이 있다. 핸드폰 소매치기가 많이 있다. 낮에도 폰을 보며 길
을 걷지 말 것. 밤에 술을 마신 후에는 더더욱 주의해야 한다. 또한 해외여행을 왔다는 기대감에
들뜨 외국인들이 주는 술을 받아먹는 것은 금물. 술을 마신 후 으슥한 골목에 들어가지 말 것.
이것은 말레이시아에서 뿐만 아니라 낯선 어느 곳에서나 주의를 해야 하는 사항이다. 주량껏 즐
겁게 시간을 보내고 안전하게 귀가하는 게 스스로를 지키는 최선의 방법이다.

🛒 BUY

파빌리온으로 갈까, 수리야 KLCC로 갈까. 여행자들은 쿠알라룸푸르의 쇼핑 양대 산맥을 두고 항상 어디로 갈지를 고민한다. 그러나 그게 전부가 아니다. 아시아 최대 규모의 쇼핑몰 미드 밸리 시티와 현지인들의 아지트 버자야 타임스 스퀘어, 핫한 피플들이 찾는 방사 거리 등이 쇼퍼홀릭들을 황홀한 고민에 빠지게 한다.

저자추천 쿠알라룸푸르 쇼핑의 대명사
파빌리온 Pavillion

원스톱으로 쇼핑과 레저를 즐길 수 있는 멀티플렉스로 쿠알라룸푸르를 쇼핑도시 4위로 올려놓은 일등공신이다. 입구부터 입이 떡 벌어질 정도의 거대한 규모로 유명한 다이닝 공간을 비롯해 다양한 푸드코트, 450개가 넘는 브랜드가 입점해 있다. 한국에 수입되지 않은 미유통 브랜드숍인 탑샵이나 미스 셀프리지, 한국인에게도 유명한 망고, 자라, 오트쿠튀르에서 자주 등장하는 최고급 브랜드까지 다양한 가격대의 브랜드를 한 번에 둘러볼 수 있다. 세일 기간에는 20~80%까지 할인에 할인을 더해 세계적인 쇼퍼홀릭들에게는 '항공료 뽑는 쇼핑'을 즐기는 절호의 찬스가 된다. 시간이 넉넉하다면 아이쇼핑을 하며 마음에 드는 물건을 득템하면 좋겠다. 하지만 짧은 일정이라면 미리 홈페이지를 방문하거나 인포메이션에서 지도를 얻어 원하는 브랜드만 찾아다니는 것이 현명한 방법이다. 신분증을 지참하고 할인카드 '투어리스트 리워드 카드'를 발급받는 것을 잊지 말 것

Data Map 078B
Access 모노레일 부킷 빈탕역에서 도보 5분. 수리아 KLCC에서 도보 15분
Add Pavillion, 168, Jalan Bukit Bintang, Kuala Lumpur
Open 10:00~22:00
Tel +60 (0)3-2118-8833
Web www.pavilion-kl.com

💬 | Theme |

파빌리온 커넥션의 카페와 펍, 레스토랑

마음껏 쇼핑하고 쉬고 마시자

파빌리온 정문에서 KLCC로 향하는 스카이 브리지로 향하는 곳에 파빌리온 커넥션이 있다. 이곳 파빌리온 케넥션에는 쿠알라룸푸르의 가장 트렌디한 레스토랑과 펍이 자리하고 있다. 그때그때 유행에 따라 지속적으로 매장이 바뀐다.

스타벅스 같은 일반 카페부터 멕시칸, 스페인, 중식, 일식 등 세계 각국의 레스토랑이 있어 다양한 음식을 골라먹을 수 있다. 또한 새벽 2~3시까지 운영하는 펍도 여러 곳 있어서 실내에서 밤늦게까지 안전하게 맥주나 칵테일을 즐기기에도 좋다. 파빌리온 쇼핑몰과 연결되어 있어서 쇼핑을 하다가 쉬어 가기도 좋고, 비오는 날이면 더욱 고마운 곳이다.

파빌리온에서 KLCC 도보로 이동하기

쿠알라룸푸르에서 교통 체증이 가장 심한 곳은 부킷 빈탕과 페트로나스 트윈 타워가 있는 KLCC이다. 이 두 곳은 가깝게 자리하고 있어서 도보로 이동이 가능하다. 차가 밀리는 이 지역에서 택시를 이용하는 것보다는 걸어서 이동하는 편이 시간적 금전적으로 더 실속이 있다.

먼저 부킷 빈탕에 있는 파빌리온 정문을 찾아간다. 파빌리온 정문에 위치한 커넥션을 통과하면 스카이 브릿지가 나온다. 에어컨이 나오는 이 스카이 브릿지를 통하면 10~15분만에 부킷 빈탕(파빌리온 정문)에서 KLCC까지 쉽게 이동할 수 있다. KLCC 이정표만 보고 따라가면 길을 헤메지 않고 도착할 수 있다.

Tip 파빌리온의 주목할 만한 곳

- 1층: 다양하고 저렴한 음식이 가득한 푸드코트 **푸드 리퍼블릭**
- 2층: 프라다, 샤넬, 불가리, 루이비통, 구찌 등의 **명품 매장**
- 3층: 말레이시아 특산품 주석 제품을 구입할 수 있는 **로열 셀랑고**
- 3~4층: 중가부터 고가까지 다양한 브랜드가 있는 **아웃렛 팍슨**
- 6층: 시부야 거리를 모티브로 만든 일본 문화 거리이자 쇼핑몰인 **도쿄 스트리트**
- 레스토랑: 마담 콴, 드래곤 아이, 로프트, 난도스, 시크릿 레시피

저자추천 파빌리온과 양대 산맥을 이루는
수리아 KLCC Suria KLCC

쿠알라룸푸르를 대표하는 쇼핑몰로 패트로나스 트윈 타워에 위치해 있다. 쇼핑몰 앞쪽으로는 KLCC 공원이 펼쳐져 있다. 쇼핑을 좋아하지 않더라도 여행자라면 누구나 한 번쯤은 방문할 수밖에 없는 위치다. 수리아 KLCC는 다른 동남아 도시의 쇼핑몰과 비슷할 거라는 편견을 확실히 깨주는 쇼핑몰이라 둘러볼 만한 가치가 충분하다. 현지 브랜드부터 명품 브랜드까지 다양한 브랜드가 입점해 있다. 몇몇 특별한 브랜드를 제외하면 대부분의 브랜드가 파빌리온과 겹친다. 쇼핑은 한 곳에서 몰아서 하고, 나머지 한 곳은 관광 개념으로 돌아보는 것을 추천한다. 무더운 낮 시간에는 쇼핑을 하고, 밤이면 오색찬란한 불빛으로 여행자를 유혹하는 분수대의 물줄기를 보며 하루를 마감하는 일정을 짜보자. 신분증을 지참하고 인포메이션 센터에서 투어리스트 프리빌리지Tourist Privilege 할인카드를 발급받을 것!

Data Map 073A
Access LRT KLCC역과 연결
Add Suria KLCC, Kuala
Lumpur City Centre,
Kuala Lumpur
Open 10:00~22:00
Tel +60 (0)3-2383-2828
Web www.suriaklcc.com.my

Tip 수리아 KLCC의 주목할 만한 곳

- C층: 말레이시아의 인기 신발 브랜드, 빈치, 노즈
- C층: 각종 특산품을 저렴하게 살 수 있는 슈퍼마켓, 콜드 스토리지
- G층: 명품 브랜드 한국에는 미출시된 디자인들이 많다
- G~2층: 브랜드 아웃렛몰 팍슨백화점
- 4층: 일본 대형 서점 브랜드 키노쿠니야 서점
- 레스토랑: 마담 콴, 리틀 페낭 카페, 치킨 라이스 숍, 돔

| Theme |

말레이시아의 인기 브랜드

빈치 Vincci, 노즈 Nose

세계적인 신발 디자이너 지미추의 고향인 말레이시아는 수제화를 만들어온지 100년이라는 역사를 가지고 있다. 그중 가장 저렴하고 대중적인 브랜드인 노즈와 빈치는 현지인들은 물론 여행자들 사이에서도 식을 줄 모르는 인기 쇼핑 리스트 1위이다.

Data Access 파빌리온, 수리아 KLCC

피퍼 Fipper

부드러운 고무 소재로 만든 피퍼는 말레이시아 전역에서 '국민 슬리퍼'로 자리를 잡았다. 슬리퍼는 컬러풀한 색상, 다양한 디자인에 17.9링깃이라는 저렴한 가격, 거기에 높은 품질로 말레이시아의 독보적인 브랜드가 됐다.

Data Access 버자야 타임스 스퀘어, 센트럴 마켓

써리 포 Thirty Four

감각적인 말레이시아 디자이너들이 모여 만든 가방, 지갑 액세서리 브랜드. 쿠알라룸푸르의 트렌드 세터들에게 디자인을 인정받은 뒤 입소문이 나기 시작해 지금은 로컬 브랜드 중 인기 브랜드로 자리를 잡았다. 아직까지 여행자들이 많은 쇼핑몰에는 입점이 안 되어 있지만 앞으로의 행보가 기대되는 로컬 브랜드이다.

Data Access
방사 빌리지 II, 퍼블리카 쇼핑 갤러리

로열 셀랑고 Royal Selangor

말레이시아의 특산품 중 하나인 주석은 세계적으로 알려진 제품이다. 그중에서도 주석 명품 브랜드인 로열 셀랑고는 여행 기념품을 장만하기 좋은 곳. 자그마한 장식품이나 잔은 선물용으로도 좋다. 회사의 공장을 여행자들에게 무료로 오픈하고 있어 그 인기를 더하고 있다.

Data Access
수리아 KLCC, 센트럴 마켓, 파빌리온

아시아 최대 쇼핑몰

미드 밸리 시티 Mid Valley City

KL 센트럴역에서 KTM 커뮤터로 한 정거장 거리에 있는 쇼핑 스트리트다. 1999년 쿠알라룸푸르를 쇼핑도시로 앞세우기 위해 마음먹고 개발한 곳이다. 말레이시아는 물론 아시아 전체에서 가장 큰 규모를 가지고 있는 2개의 쇼핑몰이 붙어 있다. 5층으로 이루어진 미드 밸리 메가몰Mid Valley Megamall과 명품 매장이 주를 이루는 가든스 몰The Gardens Mall이 그 주인공이다. 말레이시아에 들어와 있는 모든 브랜드의 집합체라고 해도 과언이 아닐 만큼 명품 브랜드부터 로컬 브랜드까지 다 갖추고 있다. 토이 저러스, 메가 키즈 등 어린이들과 함께 시

Data

Access KTM 미드 밸리역에
위치 **Add** Mid Valley City,
Lingkaran Syed Putra,
Kuala Lumpur
Open 10:00~22:00
Tel +60 (0)3-2938-3333
Web www.midvalley.com.my

간을 보낼 수 있는 곳도 있다. 위치가 조금 떨어져 있다 보니 파빌리온이나 수리아 KLCC에 비해 여행자들의 수요가 적은 편. 하지만 세일 기간이면 현지인과 여행자 할 것 없이 몰려드는 쇼핑객들로 쇼핑몰 안은 그야말로 북새통을 이룬다. 쇼핑몰에는 쟈스코, 까르푸, 메트로쟈야와 같은 백화점 등 특색 있는 쇼핑몰들이 입점해 있고, 가든스 호텔과 레지던스 호텔 등의 호텔도 있다. 쇼핑을 목적으로 쿠알라룸푸르에 방문했다면 이곳의 호텔에서 머무는 것도 좋은 방법이다.

현지인들의 아지트
버자야 타임스 스퀘어 Berjaya Times Square

이곳을 쇼핑몰이라고 부르기엔 조금 미안하다. 말레이시아 버자야그룹에서 운영하는 곳으로 5성급 호텔을 비롯해 거대한 2개의 쇼핑센터, 실내 테마파크, 영화관, 식당가까지 없는 게 없는 복합레저시설이다. 고가의 브랜드보다는 현지인들이 선호하는 브랜드 위주로 입점되어 있다. 말레이시아의 유명 아웃렛 편집숍인 FOS, 빈치, 시드와 말레이시아 브랜드 편집숍인 파디니 콘셉트 스토어Padini Concept Store, 나이키, 아디다스 등 스포츠 브랜드, 여기에 대부분의 체인 레스토랑까지 만나볼 수 있다. 주말이면 쇼핑과 데이트를 나온 많은 현지인들로 여느 쇼핑몰과는 다른 소박한 분위기를 느낄 수 있다.

Data Map 078C
Access 모노레일 임비역에 위치
Add 1 Jalan Imbi, Kuala Lumpur
Open 10:00~22:00
Tel +60 (0)3-2117-3111
Web www.timessquarekl.com

부킷 빈탕 만남의 장소
롯 텐 Lot 10

롯 텐은 외국인들에게 쇼핑으로는 매력이 떨어지는 곳이다. 쿠알라룸푸르 최초의 H&M과 자라, 일본 백화점인 이세탄 등을 제외하고는 여행자들에게 크게 어필하는 브랜드가 없기 때문. 하지만 모노레일 부킷빈탕역과 연결이 되어 있고, 부킷 빈탕 거리에서 가장 중심되는 곳에 위치해 있다 보니 이 거리로 가기 위해서는 거쳐 가야 하는 길목이다. 이곳은 또 현지인들의 약속 장소로도 애용되고 있어 항상 사람들로 북적거린다. 거리의 연주자, 행위 예술가, 혹은 지나가는 사람들을 구경하는 것만으로도 즐거운 분위기를 만끽할 수 있다.

Data Map 078C
Access 모노레일 부킷 빈탕역에 위치
Add 50, Jalan Sultan Ismail, Kuala Lumpur
Open 10:00~22:00
Tel +60 (0)3-2782-3566
Web www.lot10.com.my

알아두자!
원 우타마 쇼핑센터
1 Utama Shopping Centre

현지인들이 즐겨 찾는 쇼핑몰 가운데 원 우타마를 빼놓을 수가 없다. 시내와는 거리가 좀 떨어져 있어 여행자들의 발길은 뜸하지만 주변에 커브스, 이케아, IPC 등이 몰려 있어 현지인들의 생활 중심 지역 쇼핑몰 사이에서 가장 규모가 크다. 싱가포르, 페낭, LCCT 등으로 운행하는 버스터미널 에어로 라인 버스터미널이 이곳에 있다. 쿠알라룸푸르에서 다른 지역으로 이동하는 여행자라면 알아둘 필요가 있다.

Data Access LRT 클라나 자야역에서 택시로 약 10링깃 거리
Add 1, Lebuh Bandar Utama, Bandar Utama City Centre Bandar Utama, Petaling Jaya, Selangor Darul Ehsan
Open 10:00~22:00
Tel +60 (0)3-7710-8118
Web www.1utama.com.my

럭셔리 쇼핑의 메카
스타 힐 갤러리 Star Hill Gallery

파빌리온 건너편 돔 형식으로 지은 패셔너블한 건물이 눈에 띄는 쇼핑몰이다. 왠지 호기심에 한 번은 발을 들이고 싶은 곳이다. 상류층을 겨냥한 쿠알라룸푸르 최고의 명품 쇼핑 센터로 숍의 인테리어부터 남다르다. 디올, 오메가, 구찌 등 명품 브랜드 위주로 라인업이 되어 있다. 한국에 미입고된 디자인들도 많아 명품족들에게는 가장 인기 있는 쇼핑 스폿이다. 쇼핑을 하지 않더라도 상류 사회의 라이프 스타일을 엿보는 재미가 있다. 지하의 티 살롱은 스타 힐의 유명한 차 브랜드 중 하나이니 차에 관심 있는 사람이라면 들러볼 것.

Data Map 078B
Access 모노레일 부킷 빈탕역에서 도보 3분. 파빌리온 건너편에 위치
Add Starhill Gallery 181, Jalan Bukit Bintang, Kuala Lumpur
Open 10:00~22:00
Tel +60 (0)3-2782-3855
Web www.starhillgallery.com

패션 피플의 핫 플레이스
방사 Bangsar

방사는 한국의 가로수길 같은 곳이다. 메인 쇼핑몰로는 다리로 이어진 두 개의 쇼핑몰 방사 빌리지 Ⅰ, Ⅱ
가 있고, 그 주변으로 작고 세련된 디자이너 편집숍들이 곳곳에 위치해 있다. 알려진 부촌으로 소문이 나
있지만 흔한 명품 브랜드보다는 감각적이고 세련된 유럽 디자이너들의 부티크숍들이 주목을 받는다. 쿠
알라룸푸르 쇼핑의 매력이 거침없는 할인이기는 하지만 다른 곳에서 찾아볼 수 없는 특별한 것을 손에 넣
는 재미가 있는 곳. 그래서 패션 피플들이 열광하는 곳이 바로 방사이다.

Data Map 095
Access LRT 방사역에서 택시로 약 5링깃, KL 센트럴에서 택시로 약 10링깃
Add Bangsar Village, no 1&2, Jalan Telawi Satu, Bangsar Baru,
Kuala Lumpur **Open** 10:00~22:00 **Tel** +60 (0)3-2288-1808
Web www.bangsarvillage.com

구경만 해도 하루가 다가는
이케아 IKEA

스웨덴의 세계적인 가구 인테리어 브랜드인 이케아는 실용적이고 세
련되면서도 저렴한 가격으로 인기가 좋다. 상하이, 홍콩을 비롯해 이
곳 쿠알라룸푸르에서도 여행 시 꼭 들르는 필수 코스로 자리를 잡았
다. 일단 쇼핑몰로 들어가면 어마어마한 매장 규모와 발을 들이면 다
둘러보기 전에는 빠져나올 수 없는 동선, 빠짐없이 보고 싶은 예쁜
물건들 때문에 생각보다 시간이 오래 걸린다. 되도록 여유 있게 스케
줄을 잡는 게 좋다. 갖고 싶은 것은 많은데 부피가 크고 운반이 어려
운 것들이 많다 보니 여자들의 애를 태우는 곳이다. 가기 전 마음의
준비를 할 것!

Data Access
KTM 미드 밸리역에 위치
Add Mid Valley City,
Lingkaran Syed Putra,
Kuala Lumpur
Open 10:00~22:00
Tel +60 (0)3-2938-3333
Web www.midvalley.com.my

SLEEP

쿠알라룸푸르는 한 건물 건너 한 건물이 호텔일 정도로 유난히 호텔이 많다. 호텔이많다 보니 경쟁도 치열해 가격이 상대적으로 저렴하다. 적은 비용으로 한 등급 높은호텔에서 머물 수 있는 것, 쿠알라룸푸르 여행의 묘미 중 하나이다. 초호화 럭셔리호텔부터 유명 체인 호텔, 부티크 호텔까지 내 입맛에 딱 맞는 호텔을 골라보자.

위치 좋은 특급호텔 BEST 6

Tip **트레블 인 말레이시아** Travel in Malaysia
말레이시아의 호텔을 소개해주는 여행 카페. 말레이시아 전역의 호텔을 객실부터 부대시설까지 자세하게 소개해 호텔을 고르는 데 도움을 준다. 호텔 이용료가 현지 화폐(링깃)로 고정되어 있어 타 호텔 사이트보다 저렴하다.
Web cafe.naver.com/travelinmalaysia

저자추천 으리으리하고 럭셔리한 호텔
만다린 오리엔탈 쿠알라룸푸르 Mandarin Oriental Kuala Lumpur ★★★★

투숙을 하지 않는 사람에게는 아주 얄미운 호텔이다. 페트로나스 트윈 타워에 딱 붙어 있어 기념사진을 찍을라치면 항상 곁다리로 이 호텔이 나온다. 이 호텔은 만다린 오리엔탈 그룹의 럭셔리한 5성급 호텔로 페트로나스 트윈 타워가 룸에서 가장 황홀하게 보이는 뷰로 소문이 자자하다. 페트로나스 트윈 타워가 쿠알라룸푸르 여행의 목적인 사람들에게는 이곳만큼 환상적인 호텔이 또 있을까 싶다. 룸에서 보이는 뷰만 환상적인 것은 아니다. 다른 호텔과는 입구부터 격이 다르다. 갤러리에 들어선듯한 으리으리한 인테리어가 눈을 사로잡는다. 쿠알라룸푸르 도심을 향해 있는 인피니티 풀장은 보는 사람마다 마음을 홀린다. 기본 객실 이외에 3명, 5명, 7명 등 가족들이 사용할 수 있는 여러 형태의 객실이 있다. 멋진 부대시설에 비해 객실이 좀 작고 평범한 것은 단점이다. 그 대신 클럽 이규제큐티브 파크 뷰 룸Club Executive Park View Room 이상의 객실은 무료 세탁 서비스나 조식과 점심, 애프터눈 티, 칵테일을 제공하는 매력적인 서비스를 받을 수 있다. 다른 도시에 있는 만다린 호텔에 비해 요금이 워낙 저렴하다 보니 다른 도시에서는 엄두도 못 냈던 여행자들이 쿠알라룸푸르에서는 한 번쯤 이곳에서의 숙박을 고민하는 행복에 빠지게 된다.

Data Map 073A
Access LRT KLCC역 페트로나스 트윈 타워 바로 옆 **Add** Jalan Pinang, Kuala Lumpur City Centre, Kuala Lumpur **Cost** 디럭스룸 629링깃~, 클럽 디럭스룸 1,019링깃~, 스위트룸 2,299링깃~ **Tel** +60 (0)3-2380-8888 **Web** www.mandarinoriental.com/kualalumpur

손에 잡힐 것만 같은 페스로나스 트윈 타워 뷰가 있는 곳

트레이더스 호텔 Traders Hotel ★ ★ ★ ★

세계적인 럭셔리 리조트 샹그릴라에서 운영하는 곳이다. 쿠알라룸
푸르에서 페트로나트 트윈 타워가 가장 멋지게 보이는 위치에 자리
했다. 트윈 타워에 KLCC공원의 모습까지 더해진 뷰가 이 호텔의
자랑거리이다. 호텔보다 더 유명한 루프탑바 스카이 바가 이 호텔의
꼭대기를 차지하고 있다. 젊은 감성의 분위기, 편의시설 서비스, 저
렴한 객실요금까지 인기가 없을 수가 없는 호텔. 굳이 단점을 꼭 찍
어야 한다면 객실 사이즈가 조금 작고, 객실 인테리어가 평범하다.
그래서 트윈 타워 뷰 객실을 선택하지 않는다면 굳이 트레이더스에
숙박할 이유가 없다. 예약시 타워 뷰 객실을 선택할 것. 호텔에서 페
트로나스 트윈 타워까지는 KLCC공원을 따라 약 5분정도 도보로
이동이 가능하다. 그마저도 싫다면 수시로 이동하는 버기셔틀을 타
고 수리아몰까지 갈 수 있다.

Data Map 073D
Access LRT KLCC역에서
도보 5분
Add Kuala Lumpur City
Centre, Kuala Lumpur
Cost 디럭스룸 480링깃~, 클럽룸
680링깃~, 스위트룸 850링깃~
Tel +60 (0)3-2332-9888
Web www.shangri-la.com/
kualalumpur/traders

가장 로맨틱한 호텔

그랜드 하얏트 쿠알라룸푸르 Grand Hyatt Kuala Lumpur ★★★★★

페트로나스 트윈 타워 뒤편에 위치한 그랜드 하얏트는 체크인을 하면
서부터 눈이 휘둥그레진다. 2012년에 개장한 이 호텔은 남다른 인테
리어로 디자인의 힘을 보여준다. '스카이 로비'라는 이름으로 호텔 꼭
대기 38층에 위치한 로비부터 펼쳐지는 페트로나스 트윈 타워의 조
망이 호텔에 대한 기대감에 차오르게 한다. 넓고 세련된 객실, 통유리
로 둘러싸인 레스토랑 등도 마음을 설레게 할 정도로 멋지게 꾸며져
있다. 가장 주목받는 곳은 로맨틱함으로 똘똘 무장한 풀장이다. 곡선
으로 디자인된 수영장을 따라 야자수가 늘어서 있고, 그 뒤로 페트로
나스 트윈 타워가 보인다. 이곳에서 보는 야경은 그 어느 곳에서 보는
것보다 특별한 감동을 선사한다. 수영장 썬 베드에 누워서 한가롭게
휴식을 즐기는 시간은 영영 호텔 밖으로 나가기 싫을 정도로 더 바랄
것이 없다.

Data Map 073C
Access LRT KLCC역에서
도보 5분
Add 12 Jalan Pinang,
Kuala Lumpur
Cost 디럭스룸 630링깃~,
클럽룸 870링깃~
Tel +60 (0)3-2182-1234
Web www.kualalumpur.
grand.hyatt.com

쿠알라룸푸르에서도 역시나
힐튼 쿠알라룸푸르 Hilton Kuala Lumpur ★ ★ ★ ★ ★

르메르디앙 호텔과 쌍둥이 건물처럼 사이좋게 서 있는 힐튼호텔은 쿠알라룸푸르 교통의 요지인 KL 센트럴역과 이어져 있다. 이곳은 공항에서 가장 쉽고 빠르게 시내로 들어오는 익스프레스부터 쿠알라룸푸르 시내, 교외, 다른 지역으로 향하는 모든 교통수단의 집결지다. 그래서 쿠알라룸푸르 곳곳을 여행하겠다고 마음먹은 여행자는 물론 비즈니스맨들을 위한 호텔로도 인기가 높은 곳이다. 르메르디앙호텔과 함께 사용하는 풀장은 다른 쿠알라룸푸르 호텔에서는 찾아보기 힘든 리조트의 느낌으로 넓고 예쁘게 단장이 되어 있다. 503개의 객실과 저마다 특징을 가진 10개나 되는 레스토랑은 역시 힐튼의 자랑이다. 규모가 큰 데다 행사나 인기 레스토랑 등으로 호텔은 항상 활기가 넘친다. 밤이면 고급 클럽으로 유명한 제타 바에서 칵테일을 즐겨보자!

Data Map 082C **Access** LRT KL 센트럴역과 연결. 공항에서 익스프레스로 25분 거리
Add 3 Jalan Stesen Sentral, Kuala Lumpur **Cost** 디럭스룸 600링깃~, 이그제큐티브룸 850링깃~, 스위트룸 1,500링깃~ **Tel** +60 (0)3-2264-2264 **Web** www.hilton.com

합리적인 가격, 깔끔한 시설
인터컨티넨탈 쿠알라룸푸르
Intercontinental Kuala Lumpur ★ ★ ★ ★

세계적인 체인 호텔답게 쿠알라룸푸르에서도 고공행진 중이다. 화
려한 크리스털이 반짝거리는 로비부터 시작되는 친절 서비스. 객실
은 넉넉한 크기에 모던한 느낌으로 젊은 여행자들에게 인기가 좋은
편이다. 특히 조식이 아주 맛있다고 소문이 났다. 일본인의 이용이
많아 인기 좋은 일식 레스토랑과 중식레스토랑이 있는데 외부 손님
들이 더 많을 정도로 인기가 좋다. 페트로나스 트윈 타워에서는 도
보로 약 15분. LRT 암팡 파크역에서는 도보 3분 거리로 접근성이
좋다.

Data Map 073B
Access LRT 암팡 파크역 도보 3분,
페트로나스 트윈 타워 도보 10분
Add 165, Jalan Ampang,
Kuala Lumpur
Cost 디럭스룸 480링깃~,
클럽룸 646링깃~,
스위트룸 884링깃~
Tel +60 (0)3-2161-1111
Web www.intercontinental-
kl.com.my

쇼핑, 휴양 다 잡았어!

그랜드 밀레니엄 쿠알라룸푸르
Grand Millennium Kuala Lumpur ★ ★ ★ ★ ★

다 필요 없고, 쿠알라룸푸르에서 쇼핑과 호텔에서의 휴식만을 원한다면 이 호텔을 강추한다. 부킷 빈탕 번화가 한복판에 있는 5성급의 이 호텔은 파빌리온 바로 옆 건물로 걸어도 딱 10초면 쇼핑몰에 도착한다. 호텔 내 편의시설도 좋다. 쇼핑하며 지친 몸을 풀 서비스 스파와 마사지로 풀 수 있다. 쿠알라룸푸르에 있는 호텔 중에서는 풀장 또한 규모가 큰 편에 속한다. 최근 단행한 리노베이션으로 호텔이 더욱 세련되게 치장됐다. 객실 컨디션은 보통 수준이다. 하지만 1 대 1로 앉아서 체크인을 하는 서비스부터 말레이식, 중식, 인도식, 지중해식까지 정성껏 차려진 조식 뷔페를 먹는 즐거움이 더해져 호텔을 이용하는 사람들의 만족도가 최고이다. 돈 쓰는 재미를 아는 사람에겐 이보다 더 좋은 곳이 없다.

Data Map 078B
Access 모노레일 부킷 빈탕역에서 도보 5분. 파빌리온에서 도보 1분.
Add 160 Jalan Bukit Bintang, Kuala Lumpur
Cost 디럭스룸 592링깃~, 클럽 디럭스룸 792링깃~, 스위트룸 992링깃~
Tel +60 (0)3-2117-4888
Web www.millenniumhotels.com/grandmillenniumkualalumpur

실속파들을 위한 중저가 호텔 BEST 5

호텔은 5성급, 가격은 3성급!

더블트리 바이 힐튼 Doubletree by Hilton ★★★★

5성급 호텔 가운데는 가격이나 위치, 편의시설 등 하나씩은 부족한 게 있다. 하지만 더블트리 바이 힐튼은 완벽하다. 이 호텔은 LRT 앙팡 파크역과 연결되어 있다. 페트로나스 트윈 타워까지 걸어서 15분. 무료 셔틀버스도 다니고 있어 일단은 위치면에서는 합격이다. 540개의 객실을 가진 대형 호텔로 다른 나라의 더블트리 바이 힐튼보다 더욱 고급스럽고 깔끔한 분위기로 인기가 날로 치솟고 있다. 체크인을 하면 바로 웰컴 쿠키를 손에 쥐어주는 것도 기분 좋은 서비스 중 하나이다. 특히 다른 5성급 호텔의 디럭스룸 요금 정도면 머물 수 있는 스위트룸은 뷰 좋은 라운지에서의 한가로운 조식과 저녁시간에는 와인과 맥주를 무료로 제공한다. 여기에 한 끼 식사로도 손색이 없는 애프터눈 티를 서비스하고 있으니 가격 대비 황송할 따름이다. 호텔 내에 위치한 '마칸 키친'은 말레이시아 요리 어워드에서 화려한 수상 경력을 뽐내는 유명 레스토랑이다. 말레이, 중국, 인도 3개의 섹션으로 나누어 각 나라의 정찬을 경험할 수 있는 곳이니 꼭 한번 들러볼 것!

Data Map 073B
Access LRT 앙팡 파크역에서 도보 3분 거리
Add 3 Jalan Stesen Sentral, Kuala Lumpur
Cost 디럭스룸 399링깃~, 스위트룸 599링깃~
Tel +60 (0)3-2264-2264
Web www.doubletree3.hilton.com

여자들에게 인기 짱!

파크 로열 서비스 스위트 Park Royal Serviced Suites ★★★

부킷 빈탕의 카페 거리, 잘란 나가사리에 위치한 가격 대비 룸 컨디션 최상인 곳. 워낙 저렴한 호텔이 즐비한 도시라서 3성급의 이 호텔 요금이 어쩌면 비싸게 느껴질지도 모르겠다. 하지만 큰 원룸 형식으로 침대, 소파에 주방으로 이루어진 스튜디오 객실이나 스위트룸을 방불케 하는 원 베드 룸의 객실을 보면 요금의 기대치를 훨씬 뛰어넘는다. 호텔보다는 예쁜 집처럼 꾸며져 있어 편하게 사용할 수가 있어 장기 투숙하는 사람들이 많다. 장기 렌털은 좀 더 저렴하게 할인 서비스를 해주고 있다. 모노레일 부킷 빈탕역에서 도보로 약 15분 정도를 걸어야 하지만 부킷 빈탕의 잘란 알로와 카페 거리인 창캇 부킷 빈탕 옆에 위치해 있어 숙소로 돌아오는 길이 더욱 즐거운 곳이다.

Data Map 078A
Access 모노레일 부킷 빈탕역에서 도보 10분 거리, 파빌리온 뒤편
Add 1 Jalan Nagasari, Kuala Lumpur
Cost 스튜디오 스위트룸 366링깃~, 스위트룸 450링깃~
Tel +60 (0)3-2084-1000
Web www.parkroyal hotels.com

Data Map 078 B
Access 모노레일 부킷
빈탕역에서 도보 10분.
파빌리온 뒤편
Add 5 Jalan Conlay,
Kuala Lumpur
Cost 슈피리어룸 350링깃~,
디럭스룸 373링깃~,
클럽룸 566링깃~
Tel +60 (0)3-2688-9788
Web www.theroyal
echulan.com

말레이시아 느낌 그대로
더 로열 출란 쿠알라룸푸르 The Royal Chulan Kuala Lumpur ★ ★ ★ ★ ★

현대식 건물들이 즐비한 부킷 빈탕 파빌리온 뒤편. 왠지 비밀스레 숨겨진 느낌의 로열 출란은 말레이시아 전통가옥의 모습을 하고 있다. 이 때문에 도심에서 휴양을 할 수 있을 것만 같은 느낌이 든다. 건물의 외부뿐만 아니라 내부도 고풍스러운 원목으로 말레이시아의 향이 그대로 묻어난다. 일반적인 호텔 인테리어가 조금 지겨워졌다면 독특한 이 호텔에서 하루쯤 묵어보는 것도 좋다. 테라스가 딸린 산뜻한 와리산 카페에서 맛있는 조식으로 하루를 시작하자.

시설보다는 위치!

노보텔 쿠알라룸푸르 시티 센터 Novotel Kuala Lumpur City Centre ★ ★ ★ ★

노보텔의 평은 반반이다. 긍정적인 측면을 이야기 하자면 파빌리온과 수리아 KLCC로 가는 브리지 옆에 위치해 있어 양쪽 어느 곳으로 가든 이동이 편리하다는 것이다. 반면, 시설이 좀 노후되고 방음시설이 안 좋다는 것이 단점이다. 하지만 프로모션을 자주 해서 한화 10만 원 남짓의 요금에 조식이 포함한 객실을 이용할 수 있다. 룸에 따라 엑스트라 베드가 무료인 경우도 많다 보니 객실은 대부분 만실이다. 호텔에서 딱 숙박만을 원하는 사람들에게는 위치 좋고 가격도 저렴한 노보텔이 딱이다.

Data Map 078 B
Access 모노레일 부킷 빈탕역에서 도보 10분. 파빌리온 뒤편
Add 2 Jalan Kia Peng, Kuala Lumpur
Cost 슈피리어룸 335링깃~, 스위트룸 665링깃~
Tel +60 (0)3-2147-0888
Web www.novotel.com

합리적인 가격, 최고의 위치
임피아나 호텔 Impiana Hotel ★★★★

KLCC 지역의 최고 번화가 만다린 호텔과 하얏트 호텔 앞에 버젓이 버티고 있으면서 요금으로 승부하는 4성급 호텔이다. 비즈니스 호텔 분위기가 풍기는 임피아나 호텔의 객실은 숙박료에 걸맞은 정도의 조망을 선사한다. 2006년 처음 문을 열었을 때에는 객실이 페트로나스 트윈 타워 전망이었지만 지금은 중간에 건물이 들어서며 가려져 뷰가 아쉽다. 쿠알라룸푸르 도심을 향한 인피니티 풀장은 정말 멋진 부대시설 중 하나이다. 조식도 좋은 편으로 합리적인 요금에 적당한 컨디션으로 이용하기 좋다.

`Data` Map 073C
Access LRT KLCC역 도보 5분 거리
Add 13 Jalan Pinang, Kuala Lumpur
Cost 슈피리어룸 337링깃~, 디럭스룸 380링깃~, 스위트룸 570링깃~
Web www.kualalumpurhotels.impiana.com.my
Tel +60 (0)3-2147-1111

가족여행자를 위한 호텔 BEST 3

가족여행을 하면서 가장 문제가 되는 것 중 하나가 바로 호텔이다. 2명이 지낼 호텔은 널리고 널렸다. 하지만 가족이 많은 경우 시설을 따지자니 비용이 문제이고, 여행 예산을 맞추자니 가족간에 함께 지낼 공간이 쾌적하지가 못하다. 위치, 시설, 예산 삼박자가 딱 맞는 곳을 찾는 것이 가족여행의 첫 번째 숙제! 가족이 머물기 좋은 곳들을 추천한다.

저자추천 내 집처럼 편안하게 사용하는
프레이저 레지던스 쿠알라룸푸르 Fraser Residence Kuala Lumpur ★★★★★

도심 한복판에 이런 시설의 레지던스가 있다는 게 놀라울 정도이다. 일 년 중 대부분 2인 기준 10만 원 안쪽을 유지하는 숙박요금에 깔끔한 객실, 거실, 주방시설, 세탁기까지 구비되어 있다. 게다가 조식 서비스와 무료주차 시설, 야외수영장까지 갖추었다. 단점이 하나 있다면 대중교통이 조금 멀다는 것. 모노레일 부킷 나나스Bukit Nanas역까지 도보 약 5분, 페트로나스 트윈 타워까지는 도보로 약 20분 거리이다. 요즘엔 저렴하고 편하게 이동이 가능한 그랩 카가 있으니 그랩 어플을 이용해서 이동하는 걸 추천한다. 스튜디오부터 4인이 머무를 수 있는 2 베드룸까지 인원에 따라 숙박할 수 있다. 객실은 항상 새집처럼 관리된다. 객실에서 사용이 가능한 초고속 무료 와이파이까지 있어 여행 내내 내 집처럼 불편함 없이 지낼 수 있는 레지던스이다.

Data Map 073A
Access 모노레일 부킷 나나스역에서 도보 약 5분
Add No.10 Jalan Cendana Off Jalan Sultan Ismail, Kuala Lumpur
Cost 스튜디오 370링깃, 1 베드룸 415링깃
Tel +60 (0)3-2191-0888
Web www.klcc-kualalumpur.frasershospitality.com

내 집처럼 편안하게~

에스코트 쿠알라룸푸르 Ascott Kuala Lumpur ★★★★

KLCC 지역 페트로나스 트윈 타워 뒤쪽에 위치한 애스코트는 아파트 형식의 호텔이다. 3인 정원인 스튜디오룸부터 7인 정원인 3 베드룸까지 다양한 가족여행자들을 위한 객실을 가지고 있다. 모든 객실에는 완벽한 주방시설부터 집처럼 편안한 거실, 인테리어가 세련된 침실까지 있어 잘 꾸며진 집 같은 느낌을 준다. 여행 후 가족이 같이 둘러앉아 편하게 쉴 만한 공간이 충분하다. 페트로나스 트윈 타워가 내려다보이는 뷰와 멋지게 디자인된 야외 자쿠지와 풀장, 휘트니스 센터, 호텔의 청결도나 친절도 모두 4성급 호텔 중에서는 최상이다. 조식 메뉴가 조금 부실한 게 아쉽다.

Data Map 073C
Access LRT KLCC역에서 도보 5분, 만다린 호텔 건너편에 위치
Add 9, Jalan Pinang, Kuala Lumpur **Cost** 스튜디오 430링깃~, 1 베드룸 450링깃, 2 베드룸 690링깃~
Tel +60 (0)3-2142-6868
Web www.the-ascott.com

최상의 위치에서 즐기는 가족여행

프린스 호텔&레지던스 쿠알라룸푸르
Prince Hotel&Residence Kuala Lumpur ★★★★

부킷 빈탕과 KLCC까지 도보로 이동할 수 있는 최상의 위치에 있는 호텔이다. 객실은 호텔룸과 레지던스룸 형식의 2가지 타입이 있다. 일본인이 운영하는 호텔이라 세심한 서비스와 친절함이 돋보인다. 객실과 욕실이 넓고, 침실과 거실이 분리되어 있어 안락한 시간을 보낼 수 있다.

Data Map 078B
Access 모노레일 부킷 빈탕역에서 도보 7분 거리, 파빌리온 뒤편에 위치
Add 4 Jalan Conlay, Kuala Lumpur
Cost 디럭스룸 350링깃~, 1 베드룸 441링깃~, 2 베드룸 770링깃~, 스위트룸 805링깃~
Tel +60 (0)3-2170-8888
Web www.princehotelkl.com

| Theme |

쿠알라룸푸르 트립어드바이저&에어비앤비 추천 특급 호텔 및 숙소

트립어드바이저 특급 호텔 베스트 10 호텔

호텔	등급	주소
그랜드 하얏트 Grand Hyatt	★★★★★	12, Jalan Pinang, Kuala Lumpur
만다린 오리엔탈 Mandarin Oriental	★★★★★	Kuala Lumpur City Centre
W 쿠알라룸푸르 W Kuala Lumpur	★★★★★	121, Jalan Ampang, Kuala Lumpur
샹그릴라 호텔 Shangri-La Hotel	★★★★★	11, Jalan Sultan Ismail, Kuala Lumpur
인터컨티넨탈 InterContinental	★★★★★	165, Jalan Ampang, Kuala Lumpur
르 메르디앙 Le Méridien	★★★★★	2, Jalan Stesen Sentral, Kuala Lumpur
세인트레지스 The St. Regis	★★★★★	Jalan Stesen Sentral 2, Kuala Lumpur
트레이더스 Traders	★★★★	Persiaran KLCC, Kuala Lumpur
JW 메리어트 JW Marriott Hotel	★★★★★	183, Jalan Bukit Bintang, Kuala Lumpur
프레이저 플레이스 Fraser Place	★★★★★	163, 10, Jalan Perak, Kuala Lumpur

트레이더스 호텔 스카이 바

에어비앤비 고급 레지던스 베스트 5

호텔	주소
더 로버슨 레지던스 부킷 빈탕 The Robertson Residences Bukit Bintang	2, Jalan Robertson, Bukit Bintang, Kuala Lumpur
더 페이스 스위트 THE FACE Suites	1020, Jalan Sultan Ismail, Kampung Baru, Kuala Lumpur
디마제스틱 플래이스 바이 스위스 가든 D'Majestic Place by Swiss-Garden	376, Jalan Pudu, Pudu, Kuala Lumpur
레갈리아 레지던스 Regalia Residence No 2, Jln Anjung Putra, Off, Jalan Sultan Ismail	No. 2, Jalan Anjung Putra, Kuala Lumpur
아트 플러스 바이 아플렉시아 서비스 스위트 KLCC Arte plus by Afflexia Serviced Suites KLCC	G-02, Ground Floor, Arte Plus, Jalan Ampang, Kuala Lumpur

> **Tip** **쿠알라룸푸르 에어비앤비 고르는 꿀팁!**
> 고층 레지던스로 가득한 쿠알라룸푸르에는 럭셔리한 아파트를 렌트하는 에어비앤비 숙소가 많다. 요금에 따라 집의 컨디션이나 뷰가 달라지는데, 특급 호텔의 반 정도 요금이면 근사한 레지던스에 머무를 수 있다. 혼자 여행하는 사람 혹은 여행 비용을 아끼고 싶은 사람이라면 룸은 단독으로 사용하고 주방과 거실을 쉐어하는 곳으로 선택하자. 가족 단위 여행자라면 집 전체를 사용하는 객실을 선택하면 된다. 크기도 다양해서 10인이 들어갈 만한 대형 아파트까지도 구할 수 있다. 루프톱 풀장이 있는 고층 레지던스를 선택하면 럭셔리 호텔 부럽지 않은 뷰를 감상할 수 있다.

에어비앤비 이용시 주의사항

에어비앤비는 개인이 운영하는 숙소이다. 보통 샴푸, 비누 등이 기본으로 제공되기는 하지만, 수건과 같은 개인 물품 종류는 직접 챙겨야 한다. 머무는 동안 청소 서비스가 안 되는 곳들도 종종 있다. 같은 레지던스라 해도 운영하는 호스트에 따라 방침이 모두 다르니 필요한 사항이 있다면 예약 전에 꼼꼼히 확인하는게 좋다. 후기가 많고 평점이 좋은 슈퍼 호스트 객실을 렌트하는 것을 추천한다.

트레이더스 호텔 클럽라운지의 페트로나스 트윈 타워 뷰

과거, 현재, 미래를 참회케 하는

바투동굴
BATU CAVES

바투동굴에 도착하는 순간 번쩍이는 황금색 무루간 상 앞에서 입이 떡 벌어진다. 거대한 무루간 상, 그리고 그 무루간 상보다 더 높이 끝도 없이 뻗어 있는 272개의 계단을 보면 난감하다. 뙤약볕에 꼭대기까지 올라갔다 다시 내려올 생각을 하면 망설여지기도 한다. 하지만 신비롭고 압도적인 동굴의 풍경을 보기 위해서라면 포기할 수 없다. 1878년 미국의 고고학자가 바투동굴을 발견한 뒤 이곳에 힌두교 사원이 세워졌다. 그 후 인도 힌두교 신자들에 의해 무루간 상이 완성되면서 이곳은 힌두교인들이 속세의 죄를 참회하러 찾는 최고의 성지가 되었다. 이슬람교가 국교인 나라에 전 세계 힌두교 최대의 성지라니!? 다른 이슬람 국가에서라면 도저히 허용할 수 없는 일일 테지만 타 종교에 적대감이 없는 말레이시아이기에 가능하다. 272개의 계단을 올라 동굴을 마주하면 그 거대하고 신비로운 모습에 깜짝 놀라게 된다. 하늘이

Data
Access KL 센트럴역에서 바투동굴역까지 커뮤터로 30분 소요. 택시 약 30링깃
Add Jalan Batu Caves, Selangor
Open 07:00~21:00, 화~금 10:00~17:00, 토·일·공휴일 10:30~17:30
Cost 바투동굴-무료, 다크동굴-에듀케이션 투어(45분) 35링깃, 어드벤처투어(3시간) 80링깃
Tel +60 (0)3-2287-9422
Web www.batucaves.com

보이도록 구멍이 뚫린 종유석 동굴은 그 구멍을 통해 햇볕이 쏟아져 내린다. 사원의 향냄새와 뿌연 연기가 자욱해 동굴이라기보다는 신성한 다른 세계에 들어온 듯한 느낌을 받는다. 바투동굴은 종교와 인종을 떠나 누구에게나 치유의 공간이 된다고 한다. 바투동굴에는 동굴이 하나 더 있다. 바로 다크동굴이다. 바투동굴이 워낙 존재감이 크고, 무료로 개방하는 탓에 다크동굴은 인기가 덜하지만, 동굴에 관심이 많다면 동굴투어 프로그램에 참가해보자. 동굴 탐험 프로그램은 40분과 3시간짜리가 있다.

💬 바투동굴 관광 포인트 셋!

❶ 무루간은 누구?

무루간Murugan은 힌두교 신화 속에 등장하는 신인 스리마하 마리암만의 두 아들 중 하나다. 어느 날 스리마하 마리암만은 똑똑하지만 게으른 첫째 카나바다와 순수하고 속 깊은 둘째 무루간에게 "너에게 가장 소중하다고 생각되는 것을 세 바퀴 돌고 오면 내 권력을 물려주겠다."라고 했다. 무루간은 곰곰이 생각하다 지구를 세 바퀴 돌기로 했고, 게으른 카나바다는 집에서 소중한 것을 찾다가 가장 가까이 있던 어머니 주위를 세 바퀴 돌았던 것. 그것에 감동을 받은 스리마하 마리암만은 무루간이 돌아오기도 전에 카나바다에게 권력을 물려주었다. 지구 세바퀴 돌기라는 고행길을 마치고 온 무루간은 이 사실을 알고 상심해서 말레이시아의 바투동굴에 입적했고, 자신을 믿는 자들은 고행을 통해 자아를 깨닫게 하라고 했다. 그 후 바투동굴은 무루간을 섬기는 힌두교의 최대 사원이 되었다.

❷ 무루간 상 옆 272개와 3개의 계단에는 숨겨진 의미가 있다!

272개는 힌두교에서 인간이 일생 동안 지을 수 있는 죄의 개수를 의미한다. 272개의 계단을 하나씩 밟아 오르내리며 자신의 죄를 속죄하는 뜻으로 만들어 놨다고 한다. 그래서 유심히 계단 오르내리는 힌두교도들을 보면 맨발로 오르면서 자신을 온전히 고행하고 수련하는 모습을 볼 수 있다. 또 3개의 계단은 좌측부터 과거, 현재, 미래를 의미한다.

❸ 힌두교 최대의 명절 타이푸삼

일 년에 하루, 매년 1월 중순에서 하순 사이 보름달이 뜨는 날이면 전설 속의 스리마하 마리암만이 아들을 만나기 위해 바투동굴을 찾아온다고 한다. 이날은 힌두교인들에게 타이푸삼Thaipusam이라는 축제가 되어 전해 내려오고 있다. 이날은 100만 명이 넘는 힌두교인들이 바투동굴로 모여 참회와 속죄를 위한 다양한 종교행사 및 행렬을 벌인다. 그 시기 바투동굴을 찾는다면 특별한 축제를 경험할 수 있다.

Tip 바투동굴은 물병이나 간식을 들고 올라가지 말자. 바투동굴에는 주인처럼 이곳을 지키고 있는 많은 원숭이가 있다. 보기에는 자그맣고 귀여운 모습이지만, 먹을 것 앞에서는 인정사정 없이 사납게 변한다. 사진을 찍을 때도 조심조심 멀리서만 찍는 것이 좋다.

도시 전체가 박물관이다
말라카
MELAKA

아름답다! 이 도시를 처음 접하는 사람들에 입에서 나오는 말이다. 말라카는 2008년 유네스코 세계문화
유산으로 지정된 후 최근 인기 있는 여행지로 떠오르고 있다. 말라카는 쿠알라룸푸르에서 남서쪽으로 차
로 2시간 거리에 있는 도시다. 인구 40만 명의 작은 도시이지만 말레이시아는 물론 동남아시아의 역사를
이야기할 때 빠지지 않는 곳이다. 역사적으로는 한국의 경주, 관광지의 매력도로 치자면 부산쯤 되지 않을
까 싶다. 15~16세기 동남아 동서무역 최고의 입지를 자랑하던 말라카는 대항해 시대를 지나면서 외국의
침략 대상이 되었다. 1504년부터 130년간 포르투갈을 시작으로 네덜란드, 영국 식민지를 차례로 거치고,
마지막은 일본 식민지가 됐다. 그 힘든 세월을 지나면서 말라카에는 독특한 문화가 형성됐다. 말레이시아
전통문화와 유럽의 문화가 결합되면서 이곳만의 독특하고 아름다운 문화가 만들어진 것이다. 쿠알라룸푸
르와 가까워 당일 투어로도 쉽게 다녀올 수 있어 말라카의 인기는 당분간 식지 않을 것으로 보인다.

말라카
Melaka

0   200m

Jalan Tun Tan Cheng Lock

Lorong Masjid

Jalan Portgis

깜풍 훌루 모스크
Kampung Hulu Mosque

Jalan Masjid

뉴
New

존커 부틱 호텔
Jonker Boutique Hotel

시앙린시 사원
Xiang Lin Si Temple

존커 스트리트 Jonker Street

쳉훈텡 사원
Cheng Hoon Teng Temple

오리엔탈 리버
Oriental Riversid

리버
River

Jalan Kampung Pan

Jalan Hang Lekiu

더 지오그래퍼 카페
The Geographer Café

테이스트 베터
Taste Better

와리산 두니아 존커 워크 공원
Warisan Dunia Jonker Walk Park

깜풍 클링 모스크
Kampung Kling Mosque

스리 포야타 비나야가 무르티 사원
Sri Poyyatha Vinayaga Moorthy Temple

존커 88
Jonker 88

하모니 스트리
Harmony Street

1673 비스트로
1673 Bistro

칼란테 아트 카페
Calanthe Art Café

Jalan Hang Kasturi

S

청와 치킨 라이스 볼
Kedai Kopi Chung Wah

라오스
스타일 호텔 말라카
Styles Hotel Melaka

Jalan Hang Lekir

하드록 카페
Hardrock Café

Jalan Laksamana

네덜

Jalan Kota Laksamana

카사블랑카 게스트하우스
Casablangca Guesthouse

관광안내소
Tourist Information Centr

더 스태드더

카사 델 리오 호텔
Casa del Rio Melaka Hotel

사원

Muzium Seni Bina

말라카 리버 크루즈
Melaka River Cruise

Jalan Merdeka

Muzium Islam M

Muzium Umr

키사이드 호텔
Quayside Hotel

메르데카 공원
Taman Merdeka

말라카
Muzium Sete

해양 박물관
Maritime Museum

타밍 사리 타워
Taming Sari Tower

말라카 덕 투어
Melaka Duck Tours

Jalan PM2

Jalar

뉴튼 푸드코트
Newton Food Court

마코타
Mahkota P

Jalan PM1

Jalan PM10

Jalan Syed Abdul Aziz

Jalan PM6

Jalan Syed Abdul Aziz

말라카 마리나
Marina Melaka

홀리데이 인 말라카
Holiday Inn Melaka

말라카 해협
SELAT MELAKA

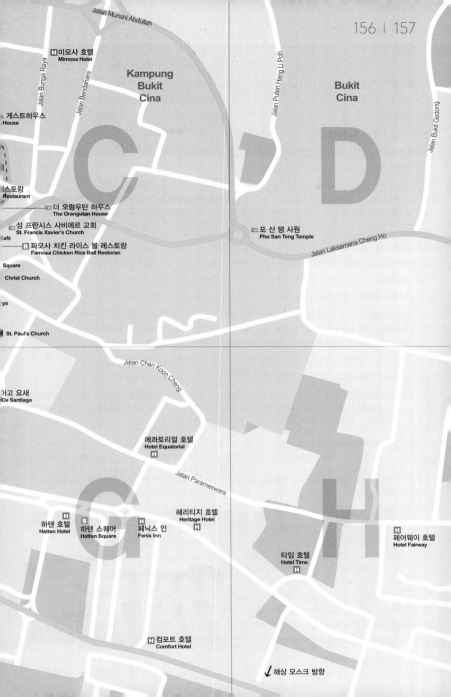

Jalan Munshi Abdullah

미모사 호텔
Mimosa Hotel

Kampung
Bukit
Cina

Bukit
Cina

Jalan Bunga Raya

Jalan Bendahara

Jalan Puteri Hang Li Poh

Jalan Bukit Gedong

C

D

게스트하우스
House

스토랑
Restaurant

더 오랑우탄 하우스
The Orangutan House

성 프란시스 사비에르 교회
St. Francis Xavier's Church

포 산 텡 사원
Pho San Teng Temple

Café

파모사 치킨 라이스 볼 레스토랑
Famosa Chicken Rice Ball Restoran

Jalan Laksamana Cheng Ho

Square

Christ Church

ys

St. Paul's Church

Jalan Chan Koon Cheng

아고 요새
De Santiago

에콰토리얼 호텔
Hotel Equatorial

Jalan Parameswara

헤리티지 호텔
Heritage Hotel

허텐 호텔
Hatten Hotel

허텐 스퀘어
Hatten Square

페닉스 인
Fenix Inn

페어웨이 호텔
Hotel Fairway

타임 호텔
Hotel Time

컴포트 호텔
Comfort Hotel

✓ 해상 모스크 방향

Melaka
GET AROUND

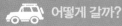 ## 어떻게 갈까?

쿠알라룸푸르에서 말라카 센트럴까지

쿠알라룸푸르의 LRT역 반다르 타식 셀라탄Bandar Tasik Selatan역과 연결된 TBS에서 말라카행 버스를 이용할 수 있다. 버스회사가 여러 곳 있는데, 시간이 맞는 버스를 골라 타면 된다. 말라카행 버스는 수시로 운행하고 있어 미리 예약할 필요는 없다. 말라카 센트럴역에 도착하면 돌아오는 버스의 시간과 티켓을 미리 확인하자. 일요일은 쿠알라룸푸르로 돌아오는 버스가 19:00 정도면 끊긴다. 쿠알라룸푸르에서 말라카까지 소요시간은 2시간, 버스요금은 10~13링깃이다.

TBS
Tel +60 (0)3-9051-2000 **Web** www.tbsbts.com.my

KLIA 공항에서 말라카 센트럴까지

공항에서 말라카까지 1~2시간 간격으로 하루 8회 버스가 운행된다. 첫차는 07:45, 막차는 10:15에 있으며, 약 3시간이 소요된다. 주말에는 미리 예약을 하는 것이 좋다. 버스요금은 21.90링깃이다.
Web www.lcct.com.my/transportation/bus-services/buses-from-malacca

말라카 센트럴에서 말라카 시내로 들어가기

버스와 택시를 이용할 수 있다. 17번 버스는 시내까지 약 20분 소요. 요금은 1링깃이다. 말라카 시내에서 말라카 센트럴로 나올 때는 약 1시간 정도가 소요되니 주의할 것. 택시는 택시 카운터에서 티켓을 구매해 탑승하면 된다. 요금은 15링깃 내외. 네덜란드 광장이 보이면 하차.

> **Tip** **말라카에서 싱가포르 다녀오기!**
> 말레이시아 여행이 즐거운 이유는 바로 인접 국가를 저렴하게 다녀올 수 있다는 점이다. 말레이반도 남부에 위치한 말라카는 싱가포르와 가깝다. 말라카에서 4시간이면 싱가포르에 다녀올 수 있다. 버스요금도 24.2링깃으로 저렴하다. 여행 일정이 넉넉하다면 싱가포르에 다녀오는 일정을 추가해 보는 건 어떨까?

어떻게 다닐까?
말라카는 골목골목을 걸으며 여행하는 것이 최고의 여행법! 여행지 사이의 거리가 가까워 걸어 다녀도 힘들지 않다. 혹시 걷는 게 무리가 된다면 인력거인 트라이쇼를 타고 돌아보는 것도 좋다. 꽃으로 화려하게 치장한 트라이쇼는 말라카의 구석구석을 누비며 원하는 곳에서 세워준다. 비용은 시간당 약 30~40링깃 정도다.

Melaka
ONE FINE DAY

말라카를 열심히 걷는다면 대부분의 볼거리는 하루면 충분하다. 많은 여행자들이 쿠알라룸푸르에서
하루 일정으로 말라카를 들러가는 경우가 많은데, 차를 가지고 오거나 투어를 통해서 말라카 여행을
왔다면 조금 늦은 시간까지 말라카의 야경을 즐기는 것을 추천한다. 버스를 타고 온다면
막차시간에 쫓겨 제대로 야경을 즐기지 못하는 경우도 많으니 여유 있게 1박을 하는 것도 좋다.

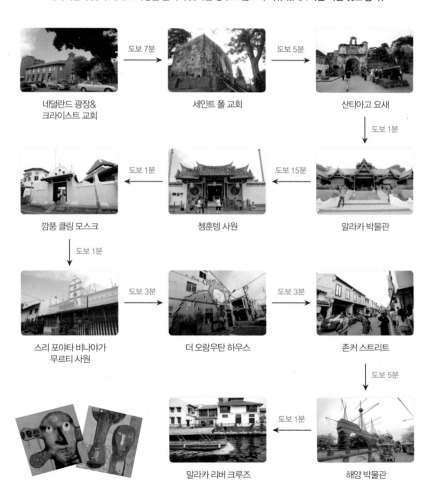

네덜란드 광장&
크라이스트 교회

도보 7분

세인트 폴 교회

도보 5분

산티아고 요새

도보 1분

말라카 박물관

도보 15분

청훈텡 사원

도보 1분

깜풍 클링 모스크

도보 1분

스리 포야타 비나야가
무르티 사원

도보 3분

더 오랑우탄 하우스

도보 3분

존커 스트리트

도보 5분

해양 박물관

도보 1분

말라카 리버 크루즈

▶ PLAY

말라카에 사는 사람에게 물었다. 말라카에서 어떤 것을 꼭 봐야 하냐고. 그 사람이 대답했다. 말라카는 있는 그대를 보면 된다고. 보이는 모든 것, 모든 골목, 모든 건물 그 자체가 역사고 의미가 담겨 있다고, 그저 발길 닿는 대로 이곳을 즐기라고. 말라카를 돌아보면 알게 된다. 그 질문과 대답이 얼마나 우문현답인지.

말라카 리버 크루즈 Melaka River Cruise

보기만 해도 말라카의 여유로움이 풍기는 곳. 강의 양쪽으로 늘어선 나지막한 건물에는 이 여유를 가장 멋지게 즐길 수 있는 카페들이 줄지어 서 있다. 해가 저물어가는 시간이면 로맨틱함이 극에 달한다. 불빛이 별처럼 반짝이는 야경은 말라카 여행을 더욱 빛내주는 시간이다. 말라카강을 따라 진행되는 리버 크루즈는 1시간 정도 소요된다. 시원한 강바람을 맞으며 말라카를 즐겨볼 것!

Data Map 156B
Access 네덜란드 광장에서 도보 5분 **Add** Jalan Laksamana, Melaka **Open** 09:00~23:30 **Cost** 성인 30링깃, 어린이 25링깃 **Tel** +60 (0)6-2814-322 **Web** www.melakarivercruise.my

하모니 스트리트 Harmony Street

존커 스트리트에서 한 블록 옆에 위치한 거리다. '하모니'라는 이름처럼 종교와 문화가 조화를 이룬 길이다. 길 이름을 누가 지은 건지 궁금할 정도로 딱 맞아떨어진다. 이곳에는 불교사원, 이슬람 사원, 힌두교 사원이 이웃사촌처럼 어깨를 맞대고 있다. 앙증맞은 게스트하우스들과 예술가의 작품이 걸린 작은 갤러리까지, 좁다란 골목 전체가 볼거리로 꽉 차 있다. 다양한 인종과 문화, 종교가 어울려 특별한 조화를 이룬 말레이시아의 축소판 같은 거리다.

Data Map 156B **Access** 존커 스트리트에서 한 블록 옆 골목

쿠알라룸푸르에서 떠나는 말라카 일일투어!

가족여행이나 단체여행을 하는 사람들에겐 말라카 일일투어를 추천한다. 1인당 약 180~250링깃(인원수에 따라 다름)이면 가이드의 재미난 설명과 함께 여행지를 모두 돌아보고 유명한 맛집에서 식사 후 야경까지 편하게 즐기는 알찬 여행을 즐길 수 있다.

포유말레이시아 네이버카페 cafe.naver.com/speedplanner
카카오톡 ID 포유말레이시아 **Tel** 070-7571-2725

세인트 폴 교회 St. Paul's Church

네덜란드 광장에서 도보로 약 5분 거리에 있다. 1521년 평화로운 말라카 해협이 보이는 언덕 위에 세워진 세인트 폴 교회는 말라카의 역사와 시간의 흐름을 보여주는 곳이다. 포르투갈 식민시대에 지어진 교회로 동양에 가톨릭을 전파한 성 프란시스 사비에르의 유해가 안치되었던 곳이자 기독교를 이 땅에 전파한 거점으로 알려져 있다. 그러나 영국과 네덜란드의 공격을 받아 지금은 앙상한 골격만 남았다.

Data Map 156B
Access 네덜란드 광장에서 언덕으로 도보 5분

네덜란드 광장&크라이스트 교회
Dutch Square&Christ Church

말라카 여행의 시작은 바로 여기부터라고 말할 수 있는 곳이다. 네덜란드 식민지 시절 지어진 붉은 교회와 시계탑, 여행자들을 기다리는 화려한 트라이쇼, 그리고 말라카 여행을 시작하는 여행자들의 기대에 찬 눈빛이 교차하는 곳이 바로 이곳이다. 교회와 광장이 만들어진 200년 전, 이곳이 이렇게 세계적으로 유명한 여행지가 될 거란 걸 알고 있었을까?

Data Map 156B
Access 말라카 시내 중심에 붉은 건물들이 서 있다

산티아고 요새 Porta de Santiago

포르투갈은 말라카에 많은 것들을 남기고 갔다. 세인트 폴 교회 바로 아래쪽에 교회만큼이나 애처롭게 겨우 자리를 지키고 서 있는 산티아고 요새. 1511년 말라카를 점령한 포르투갈군이 만든 요새이지만 네덜란드와의 전쟁에서 패한 흔적으로 문에 네덜란드의 문장이 새겨져 있다. 식민지 쟁탈에 열을 올리던 시절의 치열했던 역사를 느끼게 해준다. 산티아고 요새는 1970년대에 한 번 복원을 했지만 관리가 허술한 탓에 지금도 조금씩 손실이 되고 있다.

Data Map 156C
Access 세인트 폴 교회에서 언덕 아래쪽으로 도보 5분

존커 스트리트 Jonker Street

오후가 되면 약속이나 한 듯 여행자들이 모여드는 거리다. 말라카의 허름한 골목을 찾아다니며 한가로이 산책을 즐기다가 이곳으로 오면 순간 당황하게 된다. 이렇게 많은 여행자들이 도대체 어디에 있었던

Data Map 156B
Access 네덜란드 광장에서 다리 건너 도보 3분

것인지, 그리고 말라카가 이토록 인기 있는 여행지였는지 되묻게 된다. 존커 스트리트는 말라카의 차이나타운이라 불린다. 이 길은 온갖 잡다한 물건들을 파는데, 정말 저렴한 가격에 살 수 있다. 옆 사람과 어깨를 부딪혀야만 걸을 수 있는 작은 골목이지만 아기자기한 쇼핑 거리로 여행의 즐거움이 두 배가 된다. 금요일과 토요일 저녁이면 노점이 가득한 야시장으로 변신한다.

쳉훈텡 사원 Cheng Hoon Teng Temple

하모니 스트리트에 있는 말레이시아에서 가장 오래된 불교 사원이다. 1646년에 명나라 장군 정화를 기리기 위해 세워진 이후 신앙이 두터운 중국인들의 발길이 잦은 사원이 되었다. 작은 문을 지나 안쪽으로는 의외로 규모가 큰 사원이 있는데, 특별한 도자기로 장식한 화려한 지붕과 중국 특유의 붉은 기운이 넘쳐나는 곳으로 여행자들의 필수 코스로 자리 잡았다.

Data Map 156B
Access 하모니 스트리트의 끝에 위치
Open 09:00~17:00
Web www.chenghoonteng.org.my

깜풍 클링 모스크 Kampung Kling Mosque

하모니 스트리트에 있는 이슬람 사원이다. 언뜻 보면 어떤 종교의 사원인지 알아보기 힘든 이 모스크는 건물만 보아도 다문화가 섞인 말레이시아 종교의 단면을 볼 수 있다. 이 모스크는 인도계 이슬람교도들에 의해 1748년 목조건물로 세워졌으나 1872년 벽돌로 다시 쌓았다. 현재 말라카에서 가장 전통 있는 모스크로 꼽히고 있다. 화려한 대형 모스크에 비하면 소박하지만 수마트라, 중국, 힌두, 포르투갈에 말레이 양식까지 여러 나라의 건축 양식이 혼재되어 있다. 지어질 당시의 모습을 지금까지 잘 간직하고 있어 역사적으로 중요한 보호 건축물로 지정되어 있다.

Data Map 156B
Access 쳉훈텡 사원 바로 옆에 위치
Open 09:00~18:00

스리 포야타 비나야가 무르티 사원
Sri Poyyatha Vinayaga Moorthy Temple

깜풍 클링 모스크와 담벼락 하나를 사이에 두고 세워진 힌두교 사원
이다. 깜풍 클링 모스크보다 조금 늦게 지어졌지만 이곳 역시 말레이
시아에서 가장 오래된 힌두교 사원으로 알려졌다. 화려한 컬러로 층
층이 입혀진 색깔이 너무 고와 지은 지 200년이 넘었다는 게 믿기지
않는다. 이곳에서는 힌두교에서 행운의 신이라 알려진 코끼리 머리
에 사람 몸을 가진 가네샤를 볼 수가 있다.

Data Map 156B
Access 깜풍 클링 모스크 바로
옆에 위치
Open 09:00~18:00

더 오랑우탄 하우스 The Orangutan House

하모니 스트리트가 시작되는 곳에 있는 커다란 오랑우탄이 그려진
파스텔톤 건물이다. 말라카의 유명한 예술가 찰스 참의 작업실이자
갤러리다. 찰스 참은 5세 때 화가가 나오는 영화를 보고 영감을 받아
그때부터 그림을 그리기 시작했다. 그는 프랑스, 뉴욕 및 여러 나라
에서 작품 활동을 하다가 1995년 고향인 말라카에 정착을 했다. 사
람과 자연에 대한 교감을 주제로 한 화려한 색감의 작품들이 많아서
작품을 감상하는 재미가 있다. 맘에 드는 작품은 티셔츠로 바로 제
작해준다.

Data Map 156B
Access 존커 스트리트 옆 블록
하모니 스트리트가 시작되는 곳
Add 59 Lorong
Hang Jabat, Melaka
Open 10:00~16:00(수요일 휴무)
Tel +60 (0)6-282-6872
Web www.charlescham.com

말라카 박물관 Melaka Sultanate Palace Museum

한때 해상 무역의 중심지로 승승장구하던 말라카와 그로 인해 외세 열강의 침략이 잦았던 말라카의 아픈 역사를 보여주는 곳이다. 말레이 왕조부터 포르투갈, 네덜란드, 영국의 지배를 받던 시대의 유물들이 흥미롭게 전시되어 있다. 박물관 건물은 독특하고 웅장한 말레이시아 전통양식으로 지어졌다. 본래 왕궁이었던 곳을 1985년 복원해서 박물관으로 개관했다.

Data Map 156F
Access 산티아고 요새 바로 옆에 위치 **Add** Kompleks Warisan, Melaka **Open** 09:00~17:30 **Cost** 성인 5링깃, 2~12세 2링깃 **Tel** +60 (0)6-282-6526

세인트 프란시스 사비에르 교회
St. Francis Xavier's Church

붉은색으로 지어진 네덜란드 식민시대의 건물들 사이에서 유난히 눈에 띄는 교회다. 멀리서도 한눈에 들어올 만큼 높은 쌍둥이 탑이 우아하게 뻗어 올라간 이 교회는 말라카는 물론 아시아에 기독교를 전파한 성인 프란시스 사비에르를 기리기 위해 세워진 교회다. 지금도 주일이면 어김없이 신자들의 예배가 시작된다.

Data Map 157C
Access 말라카 시내 초입, 크라이스트 교회에서 도보 2분
Add Bandar Hilir, Melaka

말라카 해상 모스크 Melaka Stratis Mosque

바다 위에 떠 있는 모습이 마치 시드니 오페라하우스처럼 보이는 모스크다. 이 모스크는 2006년 말레이시아 국왕에 의해 지어졌다. 말라카 시내와는 좀 거리가 있지만 아름다운 모스크의 모습을 보기 위해 많은 관광객들의 발길이 끊이질 않고 있다. 해 질 녘이나 혹은 만조가 되어 모스크가 물 위에 떠 있는 듯한 시간에 방문하면 더욱 환상적인 모스크의 모습을 볼 수 있다.

Data Access 다운타운에서 택시로 10링깃
Add Masjid Selat, Melaka

해양 박물관 Maritime Museum, MuziumSamudera

말라카 해안에 침몰된 포르투갈의 선박을 본떠 만든 박물관으로 14세기 술탄 지배 시기부터 독립 전까지의 말라카 역사를 볼 수 있는 곳이다. 박물관 내에는 배 모형, 지도, 말라카의 역사적으로 중요한 인물의 사진 등이 전시되어 있다. 또 과거 말라카의 모습도 재현해 놓았다.

Data Map 156F
Access 네덜란드 광장에서 도보로 5분. 말라카 리버 크루즈 선착장 옆 위치
Add Muzium Samudera, Jalan Quayside, Melaka
Open 09:00~17:30
Cost 성인 5링깃, 학생 3링깃, 6세 이하 무료
Tel +60 (0)6-284-7090

⚬ EAT

말라카에는 말라카만의 특별한 먹을거리가 있다. 말레이시아 여행을 하다 보면 흔히 볼 수 있는 음식도 음식 위에 말라카에서만 볼 수 있는 고명을 얹어내 왠지 더 특별해 보이게 한다. 길거리 음식도 말라카만의 특별한 맛을 진하게 담아낸다. 말라카에서만먹을 수 있는 음식부터 강바람을 느끼며 쉬어갈 수 있는 카페까지 말라카를 맛보자.

칼란테 아트 카페 Calanthe Art Café

존커 스트리트 근처의 한적한 골목에 있다. 알록달록한 색상과 깜찍한 소품들이 눈길을 끌어당기는 카페다. 아기자기한 카페를 구경하며 카페 놀이를 즐기는 사람은 물론 커피 마니아들에게도 강력 추천하는 곳! 말레이시아 13개 주에서 각기 로스팅 한 다른 맛의 다양한 커피를 즐길 수 있다. 말레이시아에서 꼭 맛봐야 하는 화이트 커피를 비롯해서 전통방식으로 로스팅한 최고급 아라비카 커피, 매장에서 갓 볶은 신선한 로부스타 커피 등을 판다. 가격은 4링깃 내외다. 출출한 배를 채울 간단한 메뉴까지 있어 여행자에게는 고마운 곳이다.

Data Map 156B
Access 존커 스트리트 안쪽 카스투리 스트리트에 있다
Add 11, Jalan Hang Kasturi, Melaka
Open 08:30~11:30
Cost 커피 3.95링깃~
Tel +60 (0)6-292-2960

청와 치킨 라이스 볼 Kedai Kopi Chung Wah

담백하고 고소한 맛으로 가장 인기 많은 집. 족히 1시간은 기다려야 먹을 수 있다. 그나마도 점심시간이 끝나면 재료가 떨어져 오후 3시 이전에 문을 닫는 경우가 많으니 꼭 이 레스토랑에 가고 싶다면 서두를 것!

Data Map 156B
Access 네덜란드 광장에서 다리 건너 하드록 카페와 붙어 있다 **Add** 18, Jalan Hang Jebat, Melaka
Open 09:00~15:00 즈음 재료가 떨어질 때까지 **Cost** 1인 10링깃~

> **Tip** 맛 좋고 저렴한 말라카의 명물 치킨 라이스 볼
> 말라카에서 빠뜨리지 않고 꼭 먹는 음식 중에 하나가 바로 치킨 라이스 볼이다. 말 그대로 치킨과 동그랗게 밥을 뭉친 라이스 볼이 나오는데, 부들부들 삶은 닭과 닭 국물로 지은 찰진 밥을 맛볼 수 있다. 맛도 맛이지만 10링깃 안팎의 착한 가격이라 가격 대비 만족도도 높다. 여행자들 대부분이 찾는 메뉴라 말라카에서는 치킨 라이스 볼 레스토랑을 쉽게 찾아볼 수 있다. 그중 청와 치킨 라이스 볼Kedai Kopi Chung Wah과 파모사 치킨 라이스 볼 레스토랑Famosa Chicken Rice Ball Restoran이 가장 유명하다.

파모사 치킨 라이스 볼 레스토랑
Famosa Chicken Rice Ball Restoran

으리으리한 규모에 빨간색으로 치장한 인테리어가 인상적인 레스토랑. 치킨 라이스 볼의 맛도 좋고, 로스트 포크, 피시 볼 수프, 두부요리 등 중국요리도 함께 맛볼 수 있다. 아이가 있거나 단체 여행자들에게 추천한다. 가격은 다른 곳보다 약간 비싼 편이다.

Data Map 156B
Access 존커 스트리트로 진입, 초입 부분에 위치 **Add** 21, Jalan Hang Jebat, Melaka
Open 월~목 09:00~21:00, 금~일 09:00~22:00
Cost 메뉴당 10~15링깃
Tel +60 (0)6-286-0121

존커 스트리트의 길거리 음식

말라카의 차이나타운 존커 스트리트에서는 '불타는 금요일'과 '화끈한 토요일'을 몸소 체험할 수 있다. 평소엔 그저 작은 레스토랑과 상점이 즐비한 좁은 길이지만 주말 오후 5시부터 서서히 노점들이 들어차기 시작한다. 이때부터는 물건을 사는 것보다 길거리 음식을 먹는 재미가 훨씬 좋다. 1링깃이면 맛있는 쿠키를, 2링깃이면 따끈한 딤섬을, 3링깃이면 망고 한 개가 통째로 들어간 진한 주스를 마실 수 있다. 그 외에도 사테, 과일, 디저트까지 모든 길거리 음식 섭렵이 가능한 곳이다.

Data Map 156B
Open 야시장 금·토 18:00~23:00

존커 88 Johnker 88

말라카에서 가장 많은 여행자들이 몰리는 존커 스트리트. 그중에서도 가장 많은 사람들이 들락거리는 곳이 바로 존커 88일 듯하다. 이 레스토랑은 작은 입구 양쪽에서 정신없이 얼음을 갈고 면을 삶는 모습이 인상적이다. 이 집에서는 말레이시아 누들인 바바락사Baba Laksa와 우리네의 팥빙수 격인 아이스 카창Ice Kacang, 첸돌Chendol을 맛볼 수 있다. 음식은 가격이 저렴하고 초라한 모습으로 등장하지만 그 맛은 절대 초라하지 않다. 코코넛 향이 강하게 풍기면서 칼칼한 육수의 락사는 말레이시아 최고의 맛을 자랑한다 해도 과언이 아닐 정도! 다만 더운 날씨에 뜨거운 국물의 락사를 먹기가 힘들다는 사람들이 더러 있다. 하지만 이 때문에 카창과 첸돌이 유난히 맛있게 느껴지는지도!

Data Map 156B
Access 존커 스트리트 내에 위치
Add 88 Jalan Hang Jabat, Melaka
Open 월~목 10:00~17:30, 금·토 10:00~20:00, 일 10:00~18:00
Cost 첸돌, 카창 3링깃~, 락사 5링깃~
Tel +60 (0)19-251-7667
Web www.facebook.com/jonker88

> **Tip** 과일이 들어간 첸돌과 카창이 가장 인기 있는 메뉴다. 두리안 맛이 궁금하다면 도전해볼 것!

🛎 SLEEP

말라카 여행은 부지런히 걸으면 반나절, 조금 여유 있게 돌면 하루에 중요한 볼거리는 다 돌아볼 수 있다.
하지만 말라카에 도착하게 되면 빡빡한 일정을 잡은 여행 계획이 그렇게 원망스러울 수가 없다. 노을에 물
든 말라카강을 따라 산책을 하고, 정겨운 게스트하우스에서 하루를 보내고 싶은 욕심이 굴뚝같아진다. 따
라서 시간적인 여유가 된다면 말라카에서 1박을 하면서 좀 더 내밀한 여행을 해보는 것도 좋다. 말라카에는
여행하기 좋은 위치나 말라카강 주변 풍경 좋은 곳에는 고급 호텔보다는 작은 호텔 개념의 저렴한 게스트하
우스들이 대부분 자리를 잡고 있다. 다른 지역에 비해 가격 대비 시설이 좋고 청결하다. 또 2~3명이 이용
할 수 있는 프라이빗룸도 많아서 여행경비를 아끼고 싶다면 게스트하우스 이용을 추천한다.

스타일 호텔 말라카 Styles Hotel Melaka

알록달록 세련되고 예쁜 컬러감의 룸을 가진 작은 호텔. 존커 스트리
트 초입에 위치해 있어 여행하기 가장 좋은 위치다.

Data Map 156B
Access 존커 스트리트 초입에 위치
Add Lot 19 & 21, Lorong
Hang Jebat, Melaka
Cost 140링깃~
Tel +60 (0)6-288-1921
Web www.styles-hotel.
business.site

하텐 호텔 Hatten Hotel

말라카에 가장 최근에 들어선 4성급 호텔 중 하나
다. 객실이 넓고, 청결도가 뛰어나며, 객실 컨디션
등의 만족도가 최상이다. 대형 쇼핑몰과 연결이 되
어 있어 쇼핑도 편리하다. 다만 여행지의 대부분이
몰려 있는 네덜란드 광장까지 도보 20분 거리라 조
금 멀다.

Data Map 157G
Access 네덜란드 광장에서 도보 20분, 택시로 기본요금
Add Hatten Square, Jalan Merdeka, Bandar Hilir,
Melaka **Cost** 200링깃~ **Tel** +60 (0)6-286-9696
Web www.hattenhotel.com

키사이드 호텔 Quayside Hotel

네덜란드 광장 근처 말라카강을 향해 서 있는 4성
급 호텔이다. 화려한 로비, 모던한 객실이 인상적
이다. 객실에서 보는 전망이 훌륭하다. 말라카강
건너편으로 리오 호텔이 눈앞에 펼쳐지는 야경이
특히 아름답다. 말라카 도심에 위치해 있다. 존커
스트리트 야시장이 근처에 있다.

Data Map 156F
Access 네덜란드 광장에서 도보 5분
Add No.1Jalan Merdeka, Bandar Hilir, Melaka
Cost 151링깃~ **Tel** +60 (0)6-282-8318
Web www.quaysidehotel.com.my

카사 델 리오 말라카 호텔 Casa del Rio Melaka Hotel

말라카에서 가장 화려하고 아름다운 5성급 호텔이다. 밤이면 말라
카강이 자아내는 그림 같은 풍경을 볼 수 있다. 2010년 세워진 지중
해 스타일 호텔로 럭셔리한 서비스와 룸을 이용할 수 있다. 모든 객
실에 발코니가 있는데, 말라카 해협이 보이는 인피니티풀이 환상적
이다.

Data Map 156B
Access 존커 스트리트에서 도보 5분
Add 88 Jalan Kota Laksamana,
Melaka **Cost** 550링깃~
Tel +60 (0)6-289-6888
Web www.casadelrio-
melaka.com

카사블랑카 게스트하우스
Casablanca Guest House

존커 스트리트에서 가깝지만 여행자가 많지 않은 길에 위치해 있어 조용하게 머물기 좋다. 카사블랑카만의 유니크한 문화투어도 진행하고 있다.

Data Map 156B **Access** 카사 델 리오 호텔 뒤쪽 위치. 존커 스트리트에서 도보 5분 **Add** 10-J, Jalan Laksamana 2, Taman Kota Laksamana, Melaka **Cost** 50링깃~ **Tel** +60 (0)6-293-2605 **Web** www.facebook.com/Casa-Blanca-Guest-House-203110746433226

리버 원 레지던스 River One Residence

존커 스트리트 근처에 위치. 가격 대비 전망과 시설이 가장 좋은 곳으로 알려져 있다. 여행자들의 만족도가 좋아 트립어드바이저에서 4년 연속 추천숙소로 올라 있다. 간단한 간식을 무료로 제공한다.

Data Map 156B
Access 말라카강에 위치. 존커 스트리트에서 도보 3분
Add 60-62, Jalan Kampung Pantai, Melaka
Cost 80~100링깃
Tel +60 (0)6-281-0370
Web river-one-residence.business.site

오리엔탈 리버 사이드 레지던스 게스트하우스
Oriental Riverside Residence Guest House

말라카강을 향해 있는 게스트하우스다. 싱글, 스탠더드, 디럭스 등 프라이빗룸을 가장 저렴한 가격으로 이용할 수 있는 곳이다. 조용하고 깨끗해서 여자 여행자에게 인기가 많다.

Data Map 156B
Access 존커 스트리트에서 2블록 떨어져 있다. 깜풍 클링 모스크에서 도보 5분
Add 78, Jalan Kampung Pantai, Melaka **Cost** 35링깃~
Tel +60 (0)1-4260-0867 **Web** www.orientalresidence.wordpress.com

대단하다! 겐팅!

겐팅
GENTING

겐팅은 말레이시아 사람들의 엔터테인먼트 피서지로 최고의 인기를 누리는 곳이다. 리조트 월드 겐팅Resort World Genting이라 불리는 이곳에는 거대한 호텔부터 작은 리조트, 렌털 아파트까지 12개의 숙박시설과 말레이시아의 유일한 카지노, 골프장, 공연장, 테마파크 등이 모여 있다. 여기에 동남아에서 가장 긴 케이블카까지 탈 수 있어 말레이시아에서 가장 짜릿한 시간을 보낼 수 있는 곳이다. 겐팅은 '구름 위'라는 뜻이다. 이 말의 뜻처럼 겐팅은 해발 2,000m 고원지대에 위치해 있다. 겐팅의 시작은 딸기농장부터다. 딸기는 우리나라에서 흔히 볼 수 있는 과일이다. 하지만 열대지방에서는 귀한 과일이다 보니 현지인들에게는 딸기농장이 인기 여행지로 자리를 잡았다. 각종 딸기로 만든 음식과 딸기 캐릭터를 이용한 기념품도 많이 팔아 아이들과 함께하는 여행이라면 한 번쯤 들러볼 만하다. 딸기농장에서 리조트 월드 겐팅까지는 20분간 케이블카를 타고 간다. 이 케이블카는 길이와 높이가 대단하다. 열대 숲이 우거진 산 위를 통과하는데, 그 풍경도 아름답지만 어떻게, 누가, 이런 곳에 케이블카를 만들었을까 하는 감탄이 절로 나온다. 겐팅에 오는 목적이 단지 케이블카를 타기 위해서인 사람들이 많을 정도로 꼭 한번 타볼 만하다. 케이블카를 타고 리조트 월드 겐팅에 도착했다면 그다음부터는 리조트를 누비며 그곳을 즐기는 일만 남았다. 리조트 밖, 구름이 발아래로 깔린 경치를 보며 산책을 하거나, 실내 테마파크에서 시간을 보내고, 관심이 있다면 카지노에서 게임을 경험해 보는 것도 좋다. 리조트를 다 둘러보고 시간이 남는다면 친쉬 동굴 사원The Chin Swee Caves Temple에 들러보자. 구름에 휩싸인 도교탑과 돌부처 상의 신비로운 모습을 볼 수 있는 사원이다. 사원까지 호텔에서 무료 셔틀버스를 운행하고 있다.

Data Access KL 센트럴역, 원 우타마, 무두센트럴, 카장, 푸트라 터미널, KLIA 공항에서 겐팅으로 향하는 버스를 탈 수 있다. 약 1시간 소요 **버스 운영시간** 08:00~19:00(1시간 간격) **버스 요금** 10~15링깃 **Tel** +60 (0)3-2279-8989 **Web** www.gentinghighlands.info

겐팅 스카이웨이 Genting Skyway
케이블카 요금 편도 6링깃, 익스프레스 30링깃
케이블카 운영시간 07:30~24:00(1년에 약 한 달 정도는 보수 기간으로 운행하지 않는다.)

Tip 리조트 월드 겐팅은 생긴 지가 조금 오래됐다. 전체적으로 시설이 좀 노후한 편이다. 리조트 시설에 큰 기대를 하고 가면 실망할 수도 있다. 하루면 넉넉히 둘러볼 수 있는 곳이니 숙박을 하기보다는 당일치기로 다녀오는 것을 추천한다. 주말에는 주말여행을 오는 현지인, 게임을 즐기러 오는 중국인들로 호텔 객실이 꽉 차고, 케이블카를 기다리다 진이 빠질 정도다. 가능하면 평일에 다녀오자.

신비롭고 아름다운 도시

푸트라자야
PUTRAJAYA

쿠알라룸푸르 센트럴에서 열차로 10분만 가면 전혀 다른 도시가 기다리고 있다. 말레이시아 연방정부의 행정기능을 수행하기 위해 건설한 계획도시 푸트라자야다. 이곳은 2010년부터 새 행정 수도가 되었다. 국가의 일을 처리하는 행정수도가 무슨 여행지로서의 매력이 있겠나 싶겠지만 전혀 그렇지 않다. 푸트라자야에 세워진 건축물들은 하나같이 말레이시아, 그리고 국교인 이슬람의 특색을 잘 살려 도시 전체에 감성이 흐르는 곳이다. 초록으로 가득한 푸트라자야의 한적하고 아름다운 거리, 특색 있는 건물 구경을 하며 시간을 보내는 일은 의외로 알차고 행복하다. 특히 모든 건물에 조명이 켜지는 밤 시간이면 도시 전체가 환상적인 모습으로 탈바꿈한다. 거대한 인공호수에 떠다니는 유람선과 핑크 모스크의 신비로운 자태는 이곳의 특별한 볼거리이다. 건축을 공부하거나 관심 있는 여행자라면 꼭 한번 들러보기를 권한다.

Data Map 177
Access KL 센트럴역에서 KLIA 트랜짓으로 2정거장 약 10분 소요. KLIA 공항에서 KLIA 트랜짓으로 2정거장 약 10분
Cost KL 센트럴역–푸트라자야 편도 9.5링깃(첫차 04:33, 막차 00:03), KLIA 공항–푸트라자야편도 6.2링깃(첫차 05:52, 막차 01:03, 30분 간격으로 운행)
Web www.kliaekspres.com

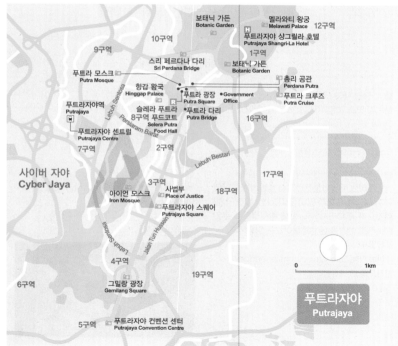

보태닉 가든
Botanic Garden
멜라와티 왕궁
Melawati Palace 12구역
푸트라자야 상그릴라 호텔
Putrajaya Shangri-La Hotel
10구역
9구역
1구역
스리 페르다나 다리
Sri Perdana Bridge
보태닉 가든
Botanic Garden
푸트라 모스크
Putra Mosque
힝갑 왕궁
Hinggap Palace
푸트라 광장
Putra Square
●Government
Office
총리 공관
Perdana Putra
푸트라 크루즈
Putra Cruise
푸트라자야역
Putrajaya
슬레라 푸트라
8구역 푸드코트
Selera Putra
Food Hall
푸트라 다리
Putra Bridge
16구역
푸트라자야 센트럴
Putrajaya Centre
7구역
2구역
Lebuh Bestari
사이버 자야
Cyber Jaya
3구역
17구역
아이언 모스크
Iron Mosque
사법부
Place of Justice
18구역
푸트라자야 스퀘어
Putrajaya Square
4구역
19구역
그밀랑 광장
Gemilang Square
0   1km
6구역
5구역
푸트라자야 컨벤션 센터
Putrajaya Convention Centre
푸트라자야
Putrajaya

푸트라자야 여행 포인트 셋!

❶ 푸트라자야 어떻게 여행할지 정하고 가자!
푸트라자야는 도로가 넓고 큰 건물이 띄엄띄엄 세워져 있다. 도보로 여행하기가 힘들고 여행자를 위한
교통시설도 정리되어 있지 않다. 계획 없이 갔다가는 땡볕에 몸 상하고 마음 상해서 오게 될 수 있다.
따라서 투어 상품을 이용하는게 좋다. 푸트라자야 센트럴에서 520번 버스(1.5링깃)를 타거나 관광버
스Sightseeing Bus(50링깃)을 이용한다. 가족여행 중이라면 택시나 여행사의 일일투어 상품을 이용하는
게 좋다.

❷ 이것만은 꼭 보고 오자!
• 한국의 청와대, 웅장한 아름다움 말레이시아의 총리공관Perdana Putra
• 무슬림의 자존심이자 '핑크 모스크'로 불리는 푸트라 모스크Putra Mosque
• 이슬람과 유럽의 건축양식이 만나 빚은 작품, 사법부 건물Istana Kehakiman
• 기세등등하게 서 있는 푸트라자야의 랜드마크, 아이언 모스크Iron Mosque
• 다리까지도 아름답게 디자인된 푸트라자야 다리Putrajaya Bridge

❸ 푸트라자야 투어 코스 이대로만 하면 OK!
푸트라자야 센트럴 → 스리페르다나 다리 → 총리 공관 → 푸트라 광장 → 푸트라 모스크 →
크루즈투어 → 푸트라 모스크 내 슬레라 푸트라 푸드코트에서 식사 → 푸트라자야 다리 →
아이언 모스크 → 사법부 건물 → 푸트라자야 컨벤션 센터 → 푸트라자야 센트럴

 푸트라자야 투어

❶ 푸트라자야 크루즈투어
푸트라 모스크 앞에서 탑승이 가능하다.
Time 월~금 10:00~18:00,
토 · 일 10:00~17:00
Cost 40~50링깃, 소요시간 40~50분

❷ 푸트라자야 한인투어
한인투어는 쿠알라룸푸르에서 출발하는 한국인
현지 여행사 투어가 많이 있다. 1인 170~180
링깃으로 푸트라자야와 함께 반딧불이나 쿠알
라룸푸르 야경을 한번에 돌아보는 일정이다.
포유말레이시아
네이버 카페 cafe.naver.com/speedplanner
카카오톡 ID 포유말레이시아
Tel 070-7571-2725

❸ 푸트라자야 관광버스투어
푸트라자야 센트럴역에서 바로 탑승이 가능하
다.
Time 매일 11:00, 15:00 출발
Cost 성인 50링깃, 12세까지 25링깃

❹ 푸트라자야 택시투어
푸트라자야 센트럴역에서 택시 쿠폰을 끊어서
이용한다.
Cost 2~4명 2시간 기준 버짓 택시 75링깃,
7인승 130링깃

온통 초록빛으로 반짝이는 그곳

카메론 하이랜드
CAMERON HIGHLANDS

쿠알라룸푸르에서 차로 4시간. 한계령을 오르듯 굽이굽이 굴곡진 급커브 길을 따라 오르면 초록빛으로 빛나는 카메론 하이랜드에 닿는다. 이곳은 해발 1,800m의 고원지대로 항상 서늘한 바람이 불어오는 곳이다. 1885년 영국인 윌리엄 카메론에 의해 피서지로 개발되기 시작한 뒤 카메론 하이랜드라는 이름이 붙여졌다. 이곳의 연간 평균 기온은 20도 안팎이다. 이처럼 서늘한 기온이라 말레이시아 평지에서 재배하기 힘든 홍차, 장미, 고구마, 딸기 등의 과일과 채소류 재배지로 알려졌다. 카메론 하이랜드의 차나 과일 농장을 찾아가는 투어는 외국인은 물론 현지인들에게도 인기가 높다. 특히 말레이시아의 특산품으로 가장 유명한 보 티 농장Boh Tea Plantation 투어가 하이라이트다. 차밭이야 우리나라의 보성, 혹은 제주도에서도 볼 수 있는 것들이라 생각할 수 있다. 하지만 이곳에서 재배한 찻잎으로 만든 차는 정말 맛있다. 한번 마셔보면 부드럽고 순한 맛에 매료되어 다른 홍차는 입에도 못 댈 정도로 중독성이 강하다. 그래서 이곳은 차 마니아들에게는 꼭 가보고 싶은 여행지로 손꼽히고 있다. 거기에 하늘 끝자락에 붙은 산, 그 안에 층층이 펼쳐진 차밭의 초록 빛깔 자태를 본다면! 차 때문에 왔다가 풍경 때문에 돌아가기 싫게 된다.

Data Map 181
Access KL 센트럴에서 타나 라타 버스터미널까지 4시간 소요
Cost 편도 35~37링깃(첫 차 08:30~13:30, 30분 간격으로 운행되나 버스회사마다 다름)
Web www.cameronhigh lands.com

Tip 카메론 하일랜드에는 버스터미널이 있는 타나 라타Tanah Rata와 주말이면 야시장으로 활기가 넘치는 브린창Brinchang 두 곳의 마을이 있다. 타나 라타가 카메론 하일랜드의 가장 번화가이다. 숙박과 식사 모두 이곳에서 해결하면 된다. 타나 라타에는 산장 같은 예쁜 호텔과 저렴한 게스트하우스까지 다양한 숙박시설이 있다. 타나 라타에서 쿠알라룸푸르로 가는 버스는 1일 4회 운행되고 요금은 35링깃을 받으며, 4시간이 소요된다. 그 외 이포, 페낭, 싱가포르는 1일 1~2회 버스가 운행되고 있다.

카메론 하이랜드 관광 포인트 셋!

❶ 카메론 하이랜드 여행의 시작은 인포메이션 센터에서

카메론 하이랜드의 타나 라타의 버스터미널 근처에는 인포메이션 센터가 있다. 따로 숙소를 못 구했더라도 그곳에서 그날 자리가 있는 호텔이나 게스트하우스를 친절히 예약해준다. 또한 카메론 하이랜드에서 즐길 수 있는 모든 투어를 가장 저렴한 가격에 예약할 수도 있다. 계획 없이 이곳에 왔다면 인포메이션 센터부터 들를 것!

❷ 저렴하게 즐기는 카메론 하이랜드의 투어들

카메론 하이랜드에는 농장을 견학하거나 산속을 트래킹을 하는 여러 가지 투어 상품들이 많다. 가격도 착하다. 보통 45링깃이면 차 농장, 정글, 딸기농장, 나비농장 등의 반나절 투어를, 80링깃 정도면 현지 마켓과 폭포, 작은 사원까지 포함된 일일투어를 할 수가 있다. 만약 투어 상품이 싫다면 혼자 티 농장을 방문해도 된다. 택시비는 약 10~15링깃. 라벤더 가든(10링깃)과 나비농장(7링깃)만 입장료가 있고 나머지 농장들은 모두 무료!

❸ 보호 티 플렌테이션, 카메론 밸리 티 하우스는 필수 방문!

카메론 하이랜드에서 가장 유명한 티 농장&카페이다. 초록이 가득한 티 플렌테이션을 바라보며 카페를 즐길 수 있어서 누구나 한 번은 방문을 하는 곳. 그림 같은 풍경을 바라보며 호사스러운 시간을 보낼 수 있다. 풍경이 더 예쁜 곳은 보호 티 플렌테이션, 스콘이 맛있는 곳은 카메론 밸리 티 하우스이다. 다양한 종류의 차와 찻잔 세트는 여행자들에게 인기 기념품이다.

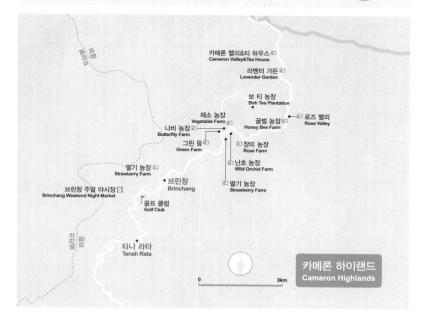

▶ PLAY

하루는 레고랜드에서, 또 하루는 쇼핑과 함께 카페에서 시간을 보내보자. 조호르바루 도심은 관광 거리가 부족한 편이지만 낮에는 조용히 즐길 수 있는 세련된 카페거리가 있다. 차분하고 여유 있는 도시를 잠시 돌아보자. 해가 지는 시간이면 현지인들의 야시장이 도시의 생기를 불어 넣는다.

그들에겐 일상, 우리에겐 여행
조호르바루 카페거리 Johor Baharu Cafe Street

JB 센트럴에서 약 도보로 10분. 도비 스트리트Jalan Dhoby와 탄횩니 스트리트Jalan Tan Hiok Nee, 두 개의 블록에 걸쳐 예쁜 카페들이 줄을 잇고 있다. 영국 식민지 시절 지어진 콜로니얼의 건물 형태를 유지하고 있다. 외부는 알록달록한 벽화로, 내부는 세련된 인테리어로 리노베이션을 거쳤다. 약 20개 남짓의 카페에서는 각기 다른 분위기에 커피와 차, 퓨전 로컬 음식, 유러피언식까지 메뉴 또한 특색이 강하다. 한번 발걸음을 하면 또 다른 카페가 궁금해져 다시 발걸음을 할 수밖에 없는 곳. 몇 번이고 현지인들에게 맛집을 물어도 모두가 조호르바루 카페거리를 가르쳐 줄 정도로 조호르바루 시민들의 핫 플레이스이다. 야시장과 붙어있어 밤이면 시끌벅적한 분위기. 한적한 여유로움을 즐기고 싶다면 낮 시간에 찾아가서 그들의 여유를 함께 즐겨보자.

Data Map 186E
Access JB 센트럴에서 남쪽으로 도보 10분
Add Jalan Dhoby, Bandar Johor Bahru

조호르바루는 쇼핑의 도시

조호르 프리미엄 아웃렛 Johor Premium Outlets

조호르바루는 말레이시아뿐 아니라 싱가포르 사람들도 쇼핑을 오는 지역이다. 싱가포르보다 현저히 저렴한 물가 때문이기도 하지만 프리미엄 아웃렛에서 브랜드 쇼핑을 즐기기 위해서이다. 프리미엄 아웃렛은 한국의 아웃렛보다는 규모는 작지만 가격이 더 저렴하다는 장점이 있다. 우리가 흔히 알고 있는 명품 브랜드와 더불어 빈치 Vincci, 파디니Padini 등의 저렴한 로컬 브랜드도 입점해있다. 환율에 따라 조금씩 다르긴 하지만 할인 폭이 크고, 신상품도 종종 큰 할인율을 자랑하고 있다. 열심히 발품을 팔면 깜짝 놀랄만한 득템의 기회가 따르는 곳이다. 도심에서 차로 약 30분 정도 떨어져 있으니 가기 전 원하는 브랜드를 검색해보고 가는 게 좋다.

Data Map 185A
Access JB 센트럴역에서 JPO1 버스 타고 1시간 소요(09:00, 11:00, 13:30, 16:00, 18:30, 21:00 1일 6회). 택시 약 30분 소요(요금 일반 택시 70~90링깃, 그랩 택시 40~60링깃)
Add Jalan Premium Outlets Indahpura, Kulai, Johor
Open 10:00~22:00
Tel +60 (0)7-661 8888
Web ww.premiumoutlets.com.my

> **Tip** 조호르바루 시티에서 쇼핑은?
>
> JB 센트럴 바로 건너편에 조호르바루에서 가장 큰 쇼핑몰 시티 스퀘어와 콤타르 JBCC가 위치해 있다. 시티 스퀘어는 각종 프랜차이즈 레스토랑과 대중적인 브랜드, 콤타르는 명품 브랜드 위주이다. 쇼핑은 물론 여행에 필요한 대부분의 것들을 찾을 수 있다.

순도 100%의 현지인 모습

야시장 Night Market

매일 밤 7~8시. 탄흑니 스트리트Jalan Tan Hiok Nee 주변으로 하나둘 상인들이 모여들며 조호르바루의 밤은 활기가 넘친다. 대낮의 한적했던 거리는 저녁을 먹기 위해, 데이트를 하기 위해, 필요한 것 쇼핑을 위해 현지인들로 가득 들어찬다. 매일 밤 열리는 시장치고는 규모가 크다. 작은 기념품부터 신발, 옷, 먹거리까지 딱 현지인의 눈높이에 맞는 것들이 즐비하게 차려진다. 우리가 살 만한 것들이 많지는 않지만 낮의 더운 시간을 피해 밤을 즐기는 순도 100% 현지인들의 일상을 들여다볼 수 있는 곳이다. 우리에겐 소소한 여행의 즐거움, 그들에겐 낯선 여행자가 흥미로운, 서로의 호기심이 교차하는 곳이다.

Data Map 186E
Access JB 센트럴에서 남쪽으로 도보 10분
Add Jalan Dhoby, Bandar Johor Bahru
Open 20:00~24:00

아이도 어른도 함께 여행을 꿈꾸는 곳

레고랜드 Legoland

조호르바루의 레고랜드는 2012년 9월 아시아 최초로 문을 열었다. 이름처럼 처음부터 끝까지 레고로 만들어진 테마파크이다. 아이들 뿐 아니라 키덜트들도 한 번쯤 가기를 꿈꾸는 곳. 레고로 만들어진 정교한 영화나 애니메이션 시리즈들은 어린 시절의 감성을 자극한다. 다달이 다양한 레고 시리즈로 전시관과 퍼레이드를 진행하고 있다. 게다가 3천만 개의 레고 블록으로 세계의 유명 랜드마크를 재현해 놓은 레고 미니랜드는 입이 떡 벌어지는 작품이니 놓치지 말자. 레고랜드에는 레고 제품을 판매하는 숍이 몇 곳 있다. 가격대는 한국보다 10~20% 저렴한 편. 레고랜드에는 몇 곳의 식당과 화이트 커피, KFC 등의 레스토랑이 있다. 근처는 허허 벌판이니 식사는 모두 레고랜드에서 해결해야 한다. 레고랜드는 호텔과 워터파크가 함께 있어 원하는 대로 선택해서 즐길 수 있다. 입장료는 일주일 전에 홈페이지를 통해 미리 구매하면 20% 할인받을 수 있다. 레고 호텔은 1박에 약 20~30만 원 선. 호텔 예약사이트에서 더 저렴하게 예약할 수 있다.

Data Map 185A
Access JB 센트럴역에서 LM1 버스 타고 50분 소요. 1시간 간격 운행(요금 4.5링깃), 택시 약 40분 소요(요금 일반 택시 50~70링깃, 그랩 택시 약 30링깃)
Add 7, Jalan Legoland, Medini, Nusajaya, Johor
Cost 레고랜드 성인 231링깃, 3~11세 185링깃, 원데이 콤보 (레고랜드+워터파크) 성인 278링깃, 3~11세 221링깃
Open 10:00~19:00
Tel +60 (0)7-597-8888
Web www.legoland.com.my

EAT

조호르바루는 우리에겐 조금 생소하면서도 다양한 맛집으로 입이 즐거운 도시이다. 한번 조호르바루의 음식에 빠져들기 시작하면 조호르바루를 떠나기가 아쉬울 정도! 맛집과 카페는 JB 센트럴 근처에 모두 가까이 위치해 있어 도보로 이동이 가능하고 찾기도 쉽다.

어두육미, 그 말이 정답!
캄롱 커리 피시 헤드 Kam Long Curry Fish Head

2대째 같은 자리에서 대를 이어오는 레스토랑. 메뉴도 한 가지. 도미의 머리로 요리한 생선 커리를 맛볼 수 있다. 한국인에게 커다란 생선 머리가 들어간 커리는 좀 낯선 음식이지만 말레이시아에서는 흔히 볼 수 있는 메뉴이다. 생선의 비린내 하나 없이 순하고 부드러운 커리 국물은 깊은 맛을 낸다. 밥 한 숟갈 비벼 먹으면 '어두육미'라는 말에 고개를 크게 끄덕일 수밖에 없다. 생선 커리 맛의 감흥이 오래도록 계속되어 가도 가도 또 가고 싶은 맛집. 조호르바루 시민들에게도 최고의 맛집으로 알려져 있다. 줄 서는 건 기본, 착석을 하면 인원수에 맞게 커리와 밥이 나온다.

Data Map 186E
Access 시티 스퀘어에서 도보 3분
Add No.74 Jalan Wong
Ah Fook, Johor Bahru
Open 08:00~16:00
Cost 생선 커리 20링깃
Tel +60 (0)16-752-8382

말레이시아 최고의 치킨 촙
잇 루 카페 It Roo Cafe

말레이시아의 인기 로컬식 중 하나인 치킨 촙Chicken Chop 전문점이다. 치킨 촙은 말레이시아식 치킨커틀릿이다. 2003년 '말레이시아 최고의 치킨 촙' 수상을 한 후 지금까지 꾸준하게 성업 중이다. 두툼한 허벅지살에 튀김옷을 입혀 튀기거나 구운 것 중 선택하면 된다. 말레이시아 음식이 좀 기름지다 보니 담백한 맛은 떨어지지만, 우리 입에는 아주 익숙한 맛이다. 육즙 가득하고 보들보들한 고기를 바삭하게 튀겨 직접 만든 소스와 함께 나온다. 푸짐한 양에 친절한 주인의 인심까지 가득 담겨있다. 조호르바루 최고의 치킨 촙 레스토랑으로 누구나 인정하는 곳. 빈티지한 레스토랑의 느낌도 인상적이다.

Data Map 186E
Access 조호르바루 카페거리에 위치
Add 17, Jalan Dhoby, Bandar Johor Bahru **Open** 12:00~21:30
Cost 치킨 촙 1인분 18링깃 **Tel** +60 (0)7-222-7780

음식도, 인테리어도 비주얼 최고!

더 리플레이스먼트 로지&키친
The Replacement·Lodge&Kitchen

조호르바루 카페거리에서 가장 분위기 좋은 곳을 찾는다면 이곳을 추천한다. 깔끔하고 고급지게 인테리어된 더 리플레이스먼트 로지& 키친은 카페 분위기만큼이나 멋진 메뉴가 가득하다. 하루 종일 브런 치 메뉴를 즐길 수 있다. 가격은 좀 있는 편이지만 멋진 플레이팅과 근사한 맛으로 충족을 시킨다. 특히 게 한 마리가 통째로 들어간 소프트 쉘 크랩 바오Soft Shell Crab Bao는 비주얼도, 맛도 인상 깊은 인기 메뉴이다. 한 번 앉으면 일어나기 싫은 카페이다 보니 카페 이용 규칙 도 있다. 식사를 할 땐 최대 90분의 시간제한을, 주말엔 10링깃 이 상 주문을 해야 한다.

Data Map 186E
Access 조호르바루 카페거리에 위치 **Add** 33, Jalan Dhoby, Bandar Johor Bahru **Open** 월~목 10:00~18:00, 금~일 09:00~23:00 **Cost** 브런치 22.9링깃~, 커피 8링깃~ **Tel** +60 (0)16-720-0068 **Web** www.facebook.com/thereplacementlodgeandkitchen

세 그릇도 거뜬해!

암파와 보트 누들 다운타운
Amphawa Boat Noodle Downtown

보트 누들은 태국의 전통 음식 중 하나로 태국식 할랄 푸드 레스토랑이다. 수상시장에서 한 입에 후루룩 먹고 떠나는 길거리 음식에서 시작되었는 데, 얼마 전부터 말레이시아에도 하나둘 보트 누 들 레스토랑이 생겨나고 있다. 딱 두 입이면 끝낼 수 있는 치킨, 비프, 톰얌 보트 누들이 기본 메뉴. 망고 샐러드, 치킨, 해산물 요리, 디저트까지 다양 한 태국 음식을 맛볼 수 있다. 가격도 저렴해 혼자 서도 여러 음식을 즐길 수 있다.

Data Map 186E **Access** 조호르바루 카페거리에 위치 **Add** No.40, Jalan Ibrahim, Bandar Johor Bahru **Open** 11:30~22:30 **Cost** 보트누들 1.9링깃 **Tel** +60 (0)7-220-0060 **Web** www. facebook.com/AmphawaBoatNoodle

밀크티와 함께, 오후의 행복

차이왈라 컨테이너 카페
Chaiwalla&Co. Container Café

커피와 주스 등 다양한 음료를 즐길 수 있는 카페. 그중에서도 달콤한 차이가 유명하다. 차이는 말레 이시아 외에도 많은 아시아 국가에서 국민 차로 불리는 대중적인 밀크티다. 말레이시아 어디서나 맛볼 수 있는 차이가 입소문이 난 건 차에 들어가는 진한 홍차와 신선한 우유의 황금비율 때문. 저렴한 가격에 둘이 나눠마셔도 될 만큼 양이 넉넉하다.

Data Map 186E
Access 조호르바루 카페거리에 위치
Add 36, Jalan Tan Hiok Nee, Bandar Johor Bahru **Open** 09:30~22:30
Cost 일~목 12:00~00:00, 금·토 12:00~01:00
Tel +60 (0)12-735-3572
Web www.facebook.com/chaiwalla.co

SLEEP

조호르바루 시티는 JB 센트럴역 근처가 중심가이다. JB 센트럴을 마주하고 조호르바루의 가장 큰 쇼핑몰이 있다. 쇼핑몰 뒤쪽으로 조호르바루 카페거리와 야시장이 형성되어있으니 시티에서 숙소를 구할 땐 JB 센트럴 근처에 묵는 게 좋다. 대형 고급 호텔부터 2성급의 작은 호텔까지 다양하게 밀집되어 있어 호텔 고르기가 수월하다.

JB 센트럴에서 가장 가까운 대형 호텔
더블트리 바이 힐튼 호텔 조호르바루
Doubletree by Hilton Hotel Johor Bahru

체크인 시 따끈한 웰컴 수제 쿠키로 유명한 더블트리 바이 힐튼. 4성급 호텔로 333개의 객실을 보유하고 있다. JB 센트럴에서 가장 가깝게 위치한 대형 호텔로 조호르바루에서 가장 평점이 높다. 2016년에 준공이 되어 모든 객실과 풀장 및 부대시설이 깨끗하게 관리가 되고 있고, 조식의 퀄리티 또한 훌륭하다. 풀장의 규모는 작은 편이지만 예쁘고 편하게 쉬기 좋은 환경을 제공한다. 특히나 유아용 침대 제공, 장애인 시설 객실, 비즈니스 라운지 이용이 가능한 이그제큐티브룸 등 객실 등급의 차별화로 선택의 폭이 넓다. 도보로 JB 센트럴, 대형 쇼핑몰, 야시장 등 모두 이동이 가능해서 여행하기 좋은 위치이다.

Data Map 185A
Access JB 센트럴에서 도보 10분
Add Menara Landmark, 12, Jalan Ngee Heng, Bandar Johor Bahru
Cost 킹룸 340링깃~, 디럭스룸 400링깃~
Tel +60 (0)7-268-6868
Web www.doubletree3.hilton.com

위치보다는 분위기!
홀리데이 빌라 조호르바루 시티 센터
Holiday Villa Johor Bahru City Centre

JB 센트럴까지 차로 약 7분. 걸어갈 수 없다는 것이 큰 단점이지만 요금 대비 훨씬 더 좋은 컨디션의 호텔에 머물 수 있다는 건 큰 장점이다. 25층에 위치한 파노라마 뷰의 인피니티 풀, 헬스장, 넓고 전망좋은 객실, 근사한 조식 뷔페까지 완벽하다. 숙박요금에 비하면 황송한 호텔 컨디션을 보유하고 있어 위치의 단점이 있어도 호텔 이용만족도가 최상이다. 여행에서 관광보다 숙박이 중요한 여행자, 호텔에서 푹 쉬고 싶은 여행자에겐 이만한 곳이 없다. 345개의 객실을 가진 4성급 호텔로 슈피리어, 디럭스, 프리미엄 스위트룸 3개의 객실 타입이 있다.

Data Map 185B
Access JB 센트럴에서 북쪽으로 4km, 차로 7분 **Add** 260, Jalan Dato Sulaiman, Taman Abad **Cost** 슈피리어룸 260링깃~ **Tel** +60 (0)7-290-3388 **Web** www.holidayvillahotels.com

가성비 최고의 호텔
벨로 호텔 JB 센트럴 Belllo Hotel JB Central

49개의 객실을 가진 3성급 호텔로 비슷한 가격대에서는 가장 좋은 컨디션을 가지고 있다. 2인실부터 가족 숙박이 가능한 4인실을 보유하고 있다. 객실 사이즈가 작고 평범하지만 객실에서 초고속 와이파이 사용이 가능하고, 청결도와 스태프들의 고객 응대가 좋다. 대형 쇼핑몰인 시티 스퀘어 바로 옆에 위치해 있고, JB 센트럴과 조호르바루 카페거리의 중간 지점에 위치해 어디로든 쉽게 도보로 이동이 가능한 것도 장점. 호텔만 나서면 레스토랑도 즐비하다. 조호르바루 여행하기 최적의 장소. 가격 대비 가성비 최고의 호텔이다.

Data Map 186E
Access 시티 스퀘어 옆 블록 **Add** 21, Jalan Meldrum, Johor Bahru **Cost** 디럭스룸 120링깃~ **Tel** +60 (0)17-293-3866 **Web** www.belllohotel.com

말레이시아의 천국으로 불리는 꿈의 휴양지

쁘렌띠안
PERHENTIAN

쿠알라룸푸르에서 비행기를 타고 한 시간, 다시 차를 타고 한 시간, 또다시 보트를 타고 한 시간. 너무나 멀리 꼭꼭 숨어있는 동말레이시아의 작은 섬이다. 그럴싸한 호텔도 없고, 리조트라 불리는 숙소조차 편치 않은 곳. 전기도 종종 끊기고 인터넷 한번 쓰려면 '참을 인'이 삼 세 번쯤 필요하다. 게다가 말레이시아 평균 물가의 30% 정도 비싼 물가를 자랑한다. 그럼에도 사람들의 발길이 끊이지 않는 여행지가 바로 쁘렌띠안이다. 하늘 아래 천국이 이곳이라며 다녀온 사람마다 극찬 일색이다. 도착하는 순간 눈앞에 펼쳐지는 투명한 바다는 꿈에서나 그려보던 바다이다. 그뿐인가! 얕은 바닷속 사람들의 시선이 익숙한 듯 식사를 즐기는 거북이와 열대어, 바다를 따라난 바위를 걸으면 발걸음을 함께하는 도마뱀, 나무그늘 아래 사람들의 간식을 나눠달라고 졸라대는 다람쥐까지 인생에 한 번이라도 쁘렌띠안을 만났다면 당신의 여행은 성공적이다.

Perhentian
GET AROUND

어떻게 갈까?

쿠알라룸푸르에서 쁘렌띠안으로 가는 방법은 두 가지가 있다. 항공을 이용해서 코타 바루Kota Bharu까지 간 후 쿠알라 베슷Kuala Besut까지 차량으로 이동하는 방법과 버스를 이용해서 쿠알라 베슷까지 바로 가는 방법. 그 후 보트를 타고 쁘렌띠안으로 들어가는 방법은 동일하다. 비용 면에서는 버스를 이용하는 것이 저렴하지만 약 8시간 거리에, 당일 쁘렌띠안을 들어가기 위해서는 야간 버스를 이용해야 한다. 본인의 예산과 체력에 맞는 방법으로 쁘렌띠안으로 입성하자.

1. 항공

❶ 쿠알라룸푸르 → 코타 바루행 항공 이용
에어아시아 1일 4~5회, 1시간 소요, 60~150링깃

❷ 코타 바루 → 쿠알라 베슷 보트 터미널
택시(70~80링깃, 60분 소요) 혹은 일반 버스(639번, 6링깃, 90분 소요)를 이용

❸ 쿠알라 베슷 → 쁘렌띠안 보트 이용
스피드 보트(편도 35링깃, 30분 소요), 일반 보트(편도 20링깃, 90분 소요), 오전 8시부터 오후 4시까지 1~2시간에 한 대씩 운행

2. 버스

❶ 쿠알라룸푸르 TBS 버스터미널 → 쿠알라 베슷
오전 9시~10시, 밤 9시~10시 사이에 5개의 버스 회사가 버스를 운행하고 있다. 편도 40~60링깃, 7~8시간 소요

❷ 쿠알라 베슷 → 쁘렌띠안 보트 터미널
스피드 보트(편도 35링깃, 30분 소요), 일반 보트(편도 20링깃, 90분 소요), 오전 8시부터 오후 4시까지 1~2시간에 한 대씩 운행

> **Tip** 쁘렌띠안에서는 섬입장료(성인 30링깃, 6~12세 15링깃)를 받는다. 쿠알라 베슷에서 쁘렌띠안으로 향하는 보트는 오후 4시가 마지막이다. 버스를 타고 온다면 야간 버스를 타고 이동하는 게 좋다. 오후 4시 이후에 도착하면 쿠알라 베슷에서 하루를 묵어가야 한다. 쿠알라 베슷 보트 터미널 근처에는 1박 100링깃 정도의 작은 호텔과 레스토랑, 편의점 등이 있다.

버스 예약 www.busonlineticket.com
쁘렌띠안 여행 정보 www.perhentian.com.my

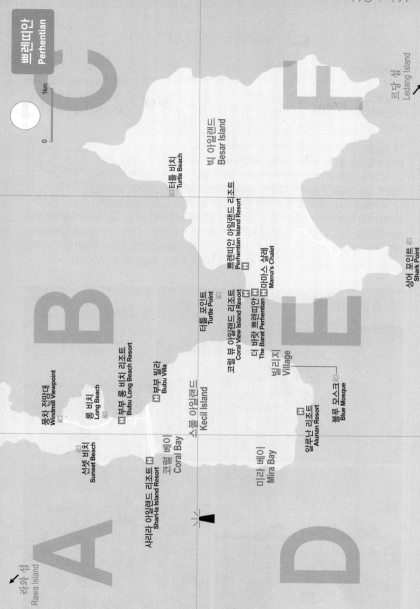

쁘렌띠안
Perhentian

0 1km

라와 섬
Rawa Island

풍차 전망대
Windmill Viewpoint

선셋 비치
Sunset Beach

롱 비치
Long Beach

부부 롱 비치 리조트
Bubu Long Beach Resort

부부 빌라
Bubu Villa

샤리라 아일랜드 리조트
Shari-la Island Resort

코럴 베이
Coral Bay

스몰 아일랜드
Kecil Island

터틀 포인트
Turtle Point

코럴 뷰 아일랜드 리조트
Coral View Island Resort

더 바랏 쁘렌띠안
The Barat Perhentian

빌리지
Village

미라 베이
Mira Bay

알루난 리조트
Alunan Resort

블루 모스크
Blue Mosque

터틀 비치
Turtle Beach

쁘렌띠안 아일랜드 리조트
Perhentian Island Resort

마마스 샬레
Mama's Chalet

빅 아일랜드
Besar Island

상어 포인트
Shark Point

르당 섬
Ledang Island

쁘렌띠안 여행 포인트 다섯!

❶ 쁘렌띠안은 두 개의 섬으로 이루어져 있다

두 개의 섬은 스몰 아일랜드Kecil Island와 빅 아일랜드Besar Island로 불린다. 스몰 아일랜드는 작고 저렴한 호텔이 많고, 밤이면 펍으로 소란스럽다. 백패커들이 모여드는 섬이다. 상대적으로 조용하고 차분한 분위기의 빅 아일랜드는 가족이나 연인이 즐겨 찾는 섬이다. 두 섬은 택시 보트(10~15링깃)로 이동이 가능하고, 5~10분이 소요된다. 취향에 따라 머무를 곳을 정하자.

❷ 스노클링과 다이빙의 천국!

바다에 얼굴을 들이밀 때마다 화려한 산호의 모습에 감탄사가 터져 나온다. 가까운 바다부터 깊은 바다까지 형형색색 산호로 뒤덮여 있다. 대부분의 앞바다에서 자유롭게 스노클링도 가능하며, 다양한 스노클링 포인트를 다니는 투어도 많이 있다. 포인트에 따라 거북이와 상어, 어류 중 가장 큰 물고기로 이름을 올린 나폴레옹 피시까지 특별한 바다 생물을 볼 수 있다. 반나절 동안 3곳의 포인트를 가는 스노클링투어가 보통 40~60링깃. 가장 추천하는 포인트는 배로 약 20분 거리에 있는 라와섬Rawa Island 스노클링투어이다. 섬의 곳곳에 다이빙숍이 있고, 1회 펀 다이빙(유자격증자)이 90링깃으로 저렴하게 이용이 가능하다. 미리 예약할 필요는 없다. 도착 후 여러 투어 예약 카운터 혹은 호텔에서 예약이 가능하다.

❸ 쁘렌띠안의 성수기는 3~10월이다
그 외의 시기엔 비바람으로 인한 파도가 높아 섬이 문을 닫는다. 쁘렌띠안의 교통수단인 작은 보트들이 운행을 할 수 없기 때문이다. 성수기 중에서도 가장 좋은 시기는 4~8월이다. 가장 파도가 잔잔하며 맑은 바다를 볼 수 있다. 시기를 잘 맞추어 여행 계획을 세우자.

❹ 섬 안쪽은 걸어서 이동이 불가능하다
두 섬 모두 섬의 안쪽은 숲을 이루고 있고, 비치가 있는 곳에 리조트들이 들어서 있다. 양 섬 모두 섬 안쪽에서 걸어서 이동할 수 있는 비치는 한두 곳뿐이다. 그 외에 비치는 같은 섬이라 해도 보트 택시로 이동을 해야 한다.

❺ 섬 안의 물가는 비싸다
모든 것들을 본토에서 작은 배로 공급을 받는 섬이다 보니 일반 말레이시아 물가의 약 30% 이상 비싼 편이다. 호텔은 가격 대비 낮은 편이다. 식사는 저렴한 현지식으로 한 끼를 해결해도 평균 4,000~5,000원 선, 보통 한 끼에 8,000~10,000원 정도의 비용이 필요하다. 보트 택시도 기본이 1인 약 5분 거리에 10링깃부터이다. 시간이 된다면 쿠알라 베슛에서 필요한 것들을 사가지고 들어가는 것이 좋다.

쁘렌띠안 EATING

쁘렌띠안 여행 중 맛집을 찾기는 힘들다. 그저 끼니를 채울 레스토랑이 있을 뿐이다. 대부분의 리조트나 호텔은 레스토랑을 함께 운영하고 있다. 투숙하지 않아도 자유롭게 이용이 가능하다. 현지식은 10~15링깃, 웨스틴식은 30~50링깃으로 가격은 조금 비싼 편. 현지식이 궁금하다면 스몰 아일랜드 롱 비치 중앙에 위치한 몇 곳의 현지 레스토랑이 몰려 있는 게 전부다. 빅 아일랜드의 더 바랏 쁘렌띠안The Barat Perhentian 옆 마마스 레스토랑과 차이니스 레스토랑이 있다. 저녁의 근사한 다이닝을 원한다면 빅 아일랜드에서는 쁘렌띠안 아일랜드 리조트와 코랄 뷰 아일랜드 리조트, 스몰 아일랜드에서는 쿠부 롱비치 리조트에서 식사를 즐기자. 식사시간이 지나면 스몰 아일랜드의 롱 비치는 파티 플레이스로 흥이 넘친다.

SLEEP

섬의 곳곳의 비치에는 바다를 끼고 있는 리조트부터 샬레Chalet라고 부르는 작고 저렴한 숙소, 텐트를 제공하는 캠핑장까지 종류도 숙박 요금도 다양하다. 리조트나 호텔은 인터넷으로 예약이 가능하지만 1인 30~40링깃의 저렴한 샬레나 캠핑장 등은 가서 직접 예약을 해야 하는 곳들이 많다. 조용히 머물고 싶다면 빅 아일랜드, 떠들썩한 분위기를 원한다면 스몰 아일랜드로 숙소를 구하자.

빅 아일랜드의 터줏대감
쁘렌띠안 아일랜드 리조트 Perhentian Island Resort

빅 아일랜드의 터줏대감이자 가장 좋은 비치를 차지하고 있는 리조트이다. 바다는 가장 예쁜 바다색과 함께 거북이 살고 있는 비치로 스노클링 투어 중 터틀 포인트이다. 해변의 모래는 곱고, 조용히 누워 선탠을 하기 좋다. 대체적으로 호텔과 리조트의 평점이 낮은 쁘렌띠안에서 호텔 시설에 대한 평점도 좋은 편이다. 넓고 모던한 객실과 잘 차려진 조식 뷔페가 제공된다. 가족이나 커플 여행자들에게 추천하는 호텔이다.

Data Map 197E
Access 빅 아일랜드 서쪽 비치에 위치 **Add** Pulau Perhentian Besar, Kuala Besut
Cost 디럭스룸 480링깃~
Tel +60 (0)3-2144-8530
Web www.perhentianisland resort.net

쁘렌띠안 여행이 편해지는 곳
더 바랏 쁘렌띠안 The Barat Perhentian

빅 아일랜드의 중저가 호텔 중 가장 인기 좋은 호텔이다. 객실 상태만 빼면 다 좋은 숙소이다. 도보로 쁘렌띠안 아일랜드 비치로 이동이 용이하다. 해먹이 걸린 야자나무가 늘어선 비치와 맛있는 식사를 할 수 있는 레스토랑이 있다. 다양한 스노클링 투어를 판매하며, 숙박 요금도 저렴한 편. 보트 택시로 롱 비치를 다니기도 가깝다. 다만 객실이 좁고 관리 상태가 좋지 않은 편이다. '호텔에서는 딱 잠만 자겠다'라는 여행자에게 권한다.

Data Map 197E **Access** 쁘렌띠안 아일랜드 리조트에서 도보 5분
Add Seberang Genting, Lot 136, Pulau Perhentian Besar, Kuala Besut **Cost** 스탠더드룸 200링깃~ **Tel** +60 (0)9-691-1288
Web www.thebarat.com

근사한 바다가 손에 잡힐 듯
코럴 뷰 아일랜드 리조트 Coral View Island Resort

파란색 지붕이 인상적인 리조트로 90개의 객실을 가진 대형 리조트
이다. 리조트라지만 부대시설과 객실은 평범하다. 이곳이 인기가 좋
은 이유는 조용한 빅 아일랜드에서 저녁이면 사람들이 모여드는 근
사한 레스토랑을 함께 운영을 하고 있다는 것. 레스토랑이 차지한 비
치, 분위기, 음식까지 모두 근사한 리조트. 머물지 않더라도 저녁이
면 한 번씩 발걸음을 하게 되는 곳이다.

Data Map 197E
Access 더 바랏 쁘렌띠안 옆
Add Daerah Besut, Pulau
Perhentian Besar, Kuala Besut
Cost 스탠더드룸 200링깃~
Tel +60 (0)9-697-4943
Web www.coralviewisl
andresort.com.my

롱비치의 격이 있는 리조트
부부 롱 비치 리조트 Bubu Long Beach Resort

스몰 아일랜드의 메인 비치인 롱 비치에서 가장 인기 좋은 리조트가 부부 롱 비치 리조트. 숙박료는 조금 비
싼 편이지만 쁘렌띠안에서는 보기 드문 격이 있는 곳이다. 바다 바로 앞에 위치해 있어 누워서도 바다가 바
라다 보이는 바다뷰 객실은 인기 최고. 객실은 작은 편이지만 깔끔하고 고급스러운 인테리어와 서비스로 비
싼 값의 이유를 몸소 느낄 수 있다. 다이닝을 즐길 수 있는 근사한 비치 레스토랑을 함께 운영하고 있다.

Data Map 197B
Access 스몰 아일랜드 롱 비치에
위치 **Add** Long Beach, Pulau
Perhentian Kecil, Kuala Besut
Cost 디럭스룸 600링깃~
Tel +60 (0)3-2142-6688
Web www.buburesort.com

스노클링, 선셋 모두 즐기는
샤리라 아일랜드 리조트 Shari-la Island Resort

스몰 아일랜드 코럴 베이에 위치해 있으며, 선셋이 근사하게 보이는
비치 앞에 위치한 리조트이다. 숲속 산장의 모습을 하고 있어 휴가
분위기를 내기에 그만이다. 조식도 맛깔스럽게 나오는 편. 앞 바다에
서 스노클링을 자유자재로 할 수 있는 것도 강점이다.

Data Map 197A **Access** 스몰 아일랜드 코럴 베이에 위치
Add Coral Bay, Pulau Perhentian Kecil, Kuala Besut
Cost 스탠더드룸 140링깃~ **Tel** +60 (0)9-697-7500
Web www.sharilaresort.com

고양이 도시, 사라왁 주의 주도
쿠칭
KUCHING

이름부터 왠지 호기심이 생기는 이 도시는 고양이의 도시라 부른다. 쿠칭은 말레이시아어로 '고양이'를 뜻하기 때문이다. 쿠칭이라는 이름의 어원은 과일 이름이다, 동네 작은 마을 이름이다, 쿠칭의 첫 통치자인 제임스 브룩이 도시에 고양이가 많아서 지은 이름이라는 등 많은 설이 내려오고 있다. 어느 것이 확실한지 알 수 없지만 시민들은 모두 쿠칭이라는 이름을 사랑한다. 도시의 곳곳에서 볼 수 있는 고양이 동상은 그들의 각별한 애정을 더욱 실감하게 된다. 쿠칭은 사라왁 주의 주도로 사라왁에서 가장 인구밀도가 높은 도시이며, 열대우림이 도시를 둘러싸고 있다. 쿠칭의 도심은 눈에 띄는 볼거리는 많지 않다. 쿠칭은 현재와 전통의 모습이 조화롭게 공존한다. 여러 갈래의 강이 도시를 나누고, 그 강에는 수 십 년 혹은 수 백 년이 지난 나룻배가 여전히 교통수단으로 이용이 되고 있다. 보기만 해도 마을이 평화로워지는 풍경이다. 도심을 돌아보았다면 도시를 둘러싼 밀림으로 들어가 보자. 쿠칭의 신비로운 자연환경은 여행의 또 다른 즐거움을 준다.

쿠칭
Kuching

0   2km

다마이 비치
Damai Beach

산투봉 국립공원
Santubong National Park

사라왁 컬처 빌리지
Sarawak Cultural Village

바코 국립공원
Bako National Park

Sungai Sibu

벙라 사락
Batang Salak

숭가이 산투봉
Sungai Santubong

쿠바 국립공원
Kubah National Park

페트라 자야
Petra Jaya

사라왁강
Sarawak River

쿠칭 시티
Kuching City

보르네오 컨벤션 센터 쿠칭
Borneo Convention Centre Kuching

쿠칭 국제공항
Kuching International Airport

Kuching
GET AROUND

어떻게 갈까?
한국에서의 직항은 없다. 말레이시아에서 들어간다면 코타키나발루, 쿠알라룸푸르, 페낭에서 직항 노선을 이용하자. 코타키나발루에서는 1시간 30분, 쿠알라룸푸르에서는 1시간 50분, 페낭에서는 2시간 정도 소요된다.
Web 에어아시아 www.airasia.com, 말린도에어 www.malindoair.com

쿠칭 국제공항에서 쿠칭 시티로 이동하기

1. 택시
약 14km로 15분이 소요된다. 요금 약 30링깃. 말레이시아 택시 서비스인 그랩 카Grab Car를 이용하면 일반 택시의 반값으로 이동이 가능하다.

2. 버스
공항에서 쿠칭 시티로 가는 3A, 6, 8G, 9번 4개의 노선이 운행하고 있으니 노선을 확인하고 탑승하자. 소요시간 30분, 8링깃으로 저렴하게 이용이 가능하지만 공항에서 버스정류장까지의 거리가 좀 있는 편이다. 짐이 많다면 추천하지 않는다. 2인 이상이면 그랩 카가 더 경제적이다.

어떻게 다닐까?
쿠칭 시티는 도보로 다니기 좋다. 차가 많지 않은 편이고, 여행지 사이의 거리가 멀지 않아 걸어 다녀도 힘들지 않다. 그 외에 바코 국립공원, 사라왁 민속촌, 포트 마르게리타 등을 다닐 때 그랩 카, 버스, 삼판(나룻배) 등의 대중교통을 이용하면 된다.

> **Tip** **그랩Grap 어플을 깔아요!**
> 말레이시아 여행 중엔 콜택시 '그랩Grap' 어플이 아주 유용하다. 일반 택시비의 절반 정도로 이동이 가능해 여행 인원이 2~3명이라면 대중교통보다 저렴하게 이용할 수 있다. 쿠칭 외 쿠알라룸푸르 페낭, 랑카위, 조호르바루 등 대부분의 도시에서 사용이 가능하다.

Kuching
ONE FINE DAY

쿠칭을 열심히 걷는다면 시티의 볼거리는 하루면 충분하다. 눈에 띄는 볼거리를 찾기보다는
도시의 분위기를 탐닉하는 여행을 즐기자. 거리 정돈이 잘 되어있어 도보여행이 편하고,
대부분의 박물관이 무료인 것도 여행자들에겐 매력으로 다가온다.

워터프런트 — 삼판(나룻배) 2분 → 포트 마르게리타 — 삼판(나룻배) 2분+ 도보 10분 → 투아펙콩 사원

도보 1분 ↓

더 올드 코트 하우스 ← 도보 3분 — 메인 바자르 ← 도보 3분 — 중국 역사 박물관

도보 1분 ↓

섬유 박물관 — 도보 2분 → 인디아 거리 — 도보 5분 → 반다라야 모스크

도보 10분 ↓

워터프런트 노을 감상 ← 도보 7분 — 사라왁 박물관 ← 도보 12분 — 이슬람 박물관

0   200m

사라왁 왕궁
Sarawak Astana

사라왁강
Sarawak River

사라왁 주의회 의사당
Sarawak State Counnty Hall

더 올드 코트 하우스
The Old Court House

엘렉트라 하우스
Electra House

인디아 거리
India Street

메인 바자르 Main Bazaar

워터프런트 Waterfront

라우 야 켕 푸드코트
Lau Ya Keng Food Court

반다라야 쿠칭 모스크
Masjid Bandaraya Kuching

플라자 메르데카
Plaza Merdeka

섬유 박물관
Textile Museum

차이나 스트리트
Jalan China

Jalan Carpenter
카펜터 스트리트

난 신 카페
Nyan Shin Cafe

중국 역사 박물관
Chinese History Museum

Jalan McDougal

Jalan P Ramlee

이슬람 박물관
Islamic Heritage Museum

사라왁 박물관
Sarawak Museum

Jalan Tun Abang Haji Openg

Jalan Tabuan

Jalan Taman Budaya

• 리저보어 공원
Reservoir Park

요세프 대성당
ST. Joseph's Cathedral

C

D

Jalan Brooke

사라왁강
Sarawak River

🏛 르게리타
argherita

임페리얼 리버뱅크 호텔
Imperial Riverbank Hotel

그랜드 마르게리타 호텔
Grand Margherita Hotel

Ⓗ

Ⓗ

Jalan Tunku Abdul Rahman

Ⓡ 누로맨 카페
Nuromen Café

리버사이드 마제스틱 호텔
Riverside Majestic Hotel

Ⓢ 사라왁 플라자
Sarawak Plaza

Ⓗ

Ⓗ 힐튼 쿠칭
Hilton Kuching

콩 사원
Kong Temple

G

Ⓡ RJ 아얌 바카르
RJ Ayam Bakar

Ⓡ DP 아이스크림 굴라 아퐁
DP Ice Cream Gula Apong

Ⓗ 풀먼 쿠칭
Pullman Kuching

Ⓡ 탑스폿 푸드코트
Topsopt Food Court

K

Jalan Ban Hock

L

Jalan Tabuan

PLAY

하루는 쿠칭 시티를 돌아보고, 하루는 쿠칭 외곽의 바코 국립공원과 사라왁 컬처 빌리지에서 시간을 보내 보자. 쿠칭의 생생한 과거와 여유로운 현재의 모습, 그리고 생동감이 넘치는 자연까지 쿠칭의 다양한 모습을 경험할 수 있다.

쿠칭 여행의 여운을 남기는
워터프런트 Waterfront

사라왁 강의 남쪽, 1993년에 조성된 900m 길이의 워터프런트는 천 천히 흐르는 사라왁 강물처럼 항상 느긋한 모습이다. 주민들에겐 태 극권이나 무술 등의 시연 혹은 그룹모임을 위한 열린 공간으로서의

Data Map 206F Access Jalan Main Bazaar, Kuching

역할을 하고 있으며, 여행자들은 여유롭게 시간을 보내는 장소이다. 낮에는 강 건너에 위치한 사라왁 왕 궁과 포트 마르게리타, 휘황찬란한 사라왁 주의회 의사당이 그림처럼 자리한 모습이, 저녁에는 강 너머로 붉게 물드는 노을의 모습에 쿠칭의 매력은 극에 달한다. 여행이 끝난 후에도 아주 오랜 여운을 만드는 곳. 쿠칭 여행 중이라면 해 질 녘 워터프런트 산책은 필수이다.

Tip **사라왁 주의회 의사당** Sarawak State County Hall
워터프런트 강 건너 가장 눈에 띄는 금빛 건축물. 2009년에 완공된 주의회 의사당이다. 사라왁과 쿠 칭을 대표하는 최고의 랜드마크. 내부는 일반인 출입이 통제되고 있다. 낮에도 밤에도 반짝이는 건물은 워터 프런트의 아름다움을 극대화한다.

사라왁의 역사를 품은
포트 마르게리타 Fort Margherita

1879년 쿠칭을 탐하는 해적 감시용으로 세워진 요새이다. 장난감처럼 예쁘게 세워진 건물. 사라왁의 역사상 가장 중요한 기념물로 보호되고 있다. 영국의 정치인이자 사라왁의 초대 국왕이었던 제임스 브룩James Brooke의 아내 이름을 따서 만들어진 곳. 나지막한 건물 옥상에서 보이는 쿠칭 시내는 평화롭지만 제2차 세계대전 당시 쿠칭을 점령한 일본인들이 포로들을 처형했던 장소이다. 2016년에 요새 안쪽에 브룩 갤러리Brooke Gallery가 오픈했다. 사라왁 왕국의 초대 시절의 모습이 담긴 사진, 그림, 문서 등을 볼 수 있다.

Data Map 207C
Access 워터프런트에서 삼판(나룻배)으로 3분, 강 건너 도보로 약 10분.
요금 2링깃 **Add** Fort Margherita, Petra, Jaya Kuching
Open 월~금 09:00~16:45, 토 · 일 · 공휴일 10:00~16:00
Cost 성인 20링깃, 7~12세 10링깃 **Tel** +60 (0)16-310-1880 **Web** www.brookegallery.org

시민들의 근사한 엔터테인먼트 공간
더 올드 코트 하우스 The Old Court House

1874년, 영국 통치 시절에 지어진 콜로니얼 건축물이다. 세워졌을 당시 법원과 주의회 의사당 등 나랏일을 하던 건물이다. 정문엔 1883년에 세워진 바로크 양식의 시계탑이 있다. 지금은 시민들을 위한 엔터테인먼트 장소로 탈바꿈 되었다. 4개의 블록이 정원을 둘러싸고 있으며, 세련되고 근사한 레스토랑, 갤러리, 카페가 이어진다. 여행 중 무더운 오후에 커피 한 잔, 늦은 저녁 분위기 있는 다이닝 공간을 찾는다면 이곳으로 가보자.

Data Map 206B
Access 메인 바자르 도로 끝에 위치 **Add** Jalan Tun Abang Haji Openg, Kuching **Open** 10:00~23:00 **Tel** +60 (0)82-417-601

쿠칭 최고의 풍수 위치
투아펙콩 사원 Tua Pek Kong Temple

1843년에 세워진 쿠칭의 가장 오래된 중국 사원이다. 1886년 쿠칭에는 큰 화재가 있었는데 그때 살아남은 몇 개 안 되는 건축물 중 하나이다. 붉은빛이 화려한 이 사원이 자리한 곳은 최고의 풍수 위치로 알려져 있다. 투아 펙 콩大伯公을 주신으로 모시는 사원으로 중국계 말레이시아 신도들에게 가장 사랑받는 사원이다. 매년 다양한 불교 축제가 열린다.

Data Map 206F
Access 워터프런트 중국 역사 박물관 건너편
Add Jln Tunku Abdul Rahman, Kuching **Open** 24시간 **Cost** 무료

알록달록 기분 좋은
인디아 거리 India Street

짧은 길에 늘어선 쇼핑거리이다. 상인도, 손님도 인도계와 말레이시아인들이 딱 반반씩 차지하고 있다. 무슬림들이 쓰는 히잡이나 인도인들의 액세서리, 각종 향신료들이 주를 이룬다. 여행자들이 살 물건이 많은 편은 아니지만 사람들을 향해 환하게 웃어주는 사람들, 그리고 표정만큼이나 알록달록한 건물은 기분이 좋아지는 풍경이다.

Data Map 206E
Access 더 올드 코트 하우스와 섬유 박물관 사이길
Add India Street, Kuching **Open** 09:00~17:00

점심시간, 출출할 때 들러 봐요
차이나타운 Chinatown

쿠칭엔 차이나타운으로 부르는 2개의 도로가 있다. 차이나 스트리트 Jalan China와 카펜터 스트리트 Jalan Carpenter. 두 개의 도로는 가깝게 위치해 있다. 중국계 말레이시아인의 평범한 일상을 볼 수 있는 동네이다. 저렴하고 맛있는 중국식 레스토랑, 게스트하우스, 불교 사원 등이 모여 있다. 쿠칭을 상징하는 고양이 상도 이곳에서 찾아볼 수 있다.

Data Map 206F
Access 메인 바자르의 안쪽 블록
Add Jalan China&Jalan Carpenter, Kuching

쿠칭의 아름다운 랜드마크
반다라야 쿠칭 모스크
Masjid Bandaraya Kuching

1847년에 지어진 쿠칭의 첫 번째 모스크이자 쿠칭을 대표하는 모스크이다. 핑크색 외벽, 황금색 돔으로 이루어진 모스크는 멀리서 봐도 한눈에 들어오는 아름다운 랜드마크이다. 4,000명을 수용하는 모스크는 2개 층으로 이루어져 있는데 위층은 여자 신도, 아래층은 남자 신도가 사용을 하고 있다. 모스크도 아름답지만 모스크에서 바라보는 저녁노을과 도시의 경관이 아름답다.

Data Map 206E **Access** 인디아 거리에서 도보 5분
Add Jalan Datuk Ajibah Abol, Kampung No3,
Kuching **Open** 월~목 08:00~16:00,
금 08:00~11:00, 14:00~16:00 **Cost** 무료

수공예품과 골동품이 가득한 거리
메인 바자르 Main Bazaar

워터프런트를 따라 길게 늘어선 거리. 150년 이상 된 쿠칭에서 가장 오래된 거리이다. 전에는 쿠칭의 심장부로 가장 상업화된 곳이었다. 지금은 수공예품과 골동품 위주로 여행자들을 위한 기념품 숍 거리로 변모되었다. 몇 대째 내려오는 수공예 장인들의 숍이 많아 품질이 좋은 기념품을 찾기 쉽다. 다른 지역에 비해 가격이 저렴한 것도 큰 장점. 워터프런트, 차이나 스트리트, 카펜터 스트리트와 연결이 되어있어 오며 가며 들르기 좋다.

Data Map 206F
Access 워터프런트의 서쪽 도로
Add Jalan Main Bazaar, Kuching
Open 10:00~18:00(일요일은 대부분 가게 문 닫음)

쿠칭의 무료 박물관 4

쿠칭은 중국인과 말레이인의 문화가 강하게 뒤섞인 지역이다. 두 인종의 역사와 문화, 그리고 종교가 조화를 이루며 살고 있다. 쿠칭 주 정부에서는 이런 쿠칭의 모습을 여행자들에게 알리고자 대부분의 박물관을 무료 공개하고 있다.

중국 역사 박물관 Chinese History Museum

1912년에 지어진 핑크빛 건물은 당시 중국 상공회의소로 사용하였다. 1993년에 박물관으로 개관하며 사라왁으로 건너온 중국 이민자들의 역사와 생활을 비디오, 사진, 여러 가지 유물과 함께 전시해 놓았다. 1900년대 초반 낯선 땅으로 건너온 여러 중국인들이 살아가는 다양한 모습을 볼 수 있다.

Data Map 206F **Access** 투아펭콩 사원 건너편
Add Jalan Tunku Abdul Rahman, Kuching
Open 월~금 09:00~16:56
Tel +60 (0)83-231-520

섬유 박물관 Textile Museum

사라왁의 주요 부족들이 만들어낸 실제 직물이 전시되어 있다. 전통적으로 직조 직물을 만드는 과정, 부족마다 다른 의상과 장신구가 함께 전시되어 있다. 1907년에 세워진 작은 규모의 건축물이지만 영국 르네상스와 콜로니얼의 스타일이 합해진 박물관 건물은 역사적으로도 의미가 있는 곳이다.

Data Map 206F **Access** 더 올드 코트 하우스 옆 건물
Add 5, Jalan Tun Abang Haji Openg, Kuching
Open 월~금 09:00~16:45, 토 · 일 10:00~16:00
Tel +60 (0)82-244-232

사라왁 박물관 Sarawak Museum

1891년에 지어진 건축물로 영국 빅토리아 시대의 영향을 받았다. 여러 번의 보수공사와 확장공사가 있었음에도 본래의 모습을 고스란히 유지하고 있다. 보르네오섬과 사라왁 지역의 민속학, 자연사가 주된 전시품이다. 전통 부족의 집이 실제 크기와 비슷하게 전시되어 있다.

Data Map 206E **Access** 플라자 메르데카 쇼핑몰에서 도보 7분 **Add** Jalan Tun Abang Haji Openg, Kuching **Open** 월~금 09:00~16:56
Tel +60 (0)82-244-249

이슬람 박물관 Islamic Heritage Museum

우리에게 쉽게 접하기 힘든 종교인 이슬람 문화를 가까이 느낄 수 있는 곳이다. 1931년 식민지 시대에 대학교 건물로 지어진 후 교육청으로 사용이 되었다가 1992년 박물관으로 개조되었다. 사라왁의 이슬람 역사, 건축, 과학, 의류, 무기, 예술품, 코란 등 7개의 섹션이 박물관을 구성한다.

Data Map 206E **Access** 반다라야 모스크에서 도보 7분 **Add** Jalan P. Ramlee, Kuching **Open** 월~금 09:00~16:45, 토 · 일 · 공휴일 10:00~16:00
Tel +60 (0)82-244-378

동식물 희귀종의 집결지
바코 국립공원 Bako National Park

1957년에 오픈한 사라왁에서 가장 오래된 국립공원이다. 쿠칭 여행 중이라면 꼭 가야 하는 필수 여행지. 사라왁의 많은 지역은 영국과 일본의 식민시대를 거치며 성장하였고, 이로 인해 환경이 많이 훼손되었다. 하지만 바코 국립공원만큼은 정부의 보호 속에 처음의 모습 그대로 천연 자연을 보존해가고 있다. 바코 국립공원이 특별한 이유는 청정지역에만 서식하는 야생 식물과 보르네오섬에서만 볼 수 있는 희귀한 동물을 볼 수 있다는 것이다. 특히 맹그로브 숲에 서식하는 멸종 위기의 희귀종 긴코원숭이와 여행자 주변을 맴도는 순한 멧돼지 등은 트래킹을 하며 종종 만날 수 있는 인기 동물. 사라왁 주를 대표하는 코뿔새도 볼 수 있다. 보트를 타고 드넓은 맹그로브 숲을 지나 정글에 도착하면 바로 트래킹을 시작할 수 있다. 트래킹을 하기 전 공원 안내 센터에 들러 트래킹 명부를 작성하자. 30분 코스부터 8시간 코스까지 원하는 코스를 선택해서 트래킹을 할 수 있다. 트래킹 코스가 험하니 운동화, 모기약, 생수는 필수품! 가이드 동반 트래킹(1일 295링깃)도 안내 센터 혹은 웹사이트에서 신청이 가능하다. 공원 안쪽에 저렴한 숙박시설이 있어 트래킹을 좋아한다면 산장에서 묵어가는 것도 좋은 방법이다. 웹사이트에서 예약이 가능하다.

Data Map 203B

Access 쿠칭 시티 내 쇼핑센터 엘렉트라 하우스Electra House 버스정류장에서 빨간 버스 1번을 타고 약 40분(그랩 카 약 30링깃)
Add Bako National Park, Sarawak **Open** 08:00~15:00
Cost 공원 입장료 20링깃, 보트 왕복 40링깃
Tel +60 (0)82-370-434
Web www.bakonationalpark.com

사라왁의 전통이 여전히 살아 숨쉬는
사라왁 컬처 빌리지 Sarawak Cultural Village

신비로운 느낌의 산투봉 산자락에 위치해 있다. 점점 현대적으로 변화하며 사라져가는 사라왁의 문화유산을 보존하고, 전시하기 위한 목적으로 설립이 되었다. 사라왁의 고유한 다민족 문화와 전통을 체험할 수 있다. 지금까지 150여 명의 주민이 살고 있는 삶의 터전이기도 하다. 요즘엔 보기 힘든 사라왁 주의 7개의 부족과 그들이 생활하던 전통가옥의 모습을 그대로 재현해 놓았다. 전통 수공예품과 전통 요리 방법 등을 보고 체험할 수 있는 시간은 꽤나 흥미롭다. 은둔 생활을 즐기는 진정한 밀림의 유목민인 페난 헛Penan Hut, 재주 많은 어부들의 부족인 멜라유 톨Melanau Tall, 용맹하며 다른 부족과의 싸움 후 적의 머리를 베어 집안에 걸어 놓는 걸로 유명한 이반Iban 부족 등 각 부족의 특징을 알고 보면 더욱 즐거운 곳이다. 하루 2번 오전 11시와 오후 4시, 2번의 실감 나는 전통공연은 사라왁 민속촌의 가장 큰 볼거리이니 놓치지 말자. 민속촌 바로 건너편에 위치한 다마이 비치Damai Beach도 함께 돌아보자.

Data Map 203A
Access 쿠칭 시티에서 차로 약 40~50분(그랩 카 약 35링깃), 쿠칭 시티 호텔 그랜드 마르게리타 Hotel Grand Margherita에서 하루 2회 셔틀버스 운행
Add Pantai Damai, Santubong, Sarawak
Open 09:00~17:00
Cost 성인 60링깃, 2~12세 30링깃
Tel +60 (0)82-846-108
Web www.scv.com.my

ⵕⵕ EAT

중국계 말레이인이 많은 쿠칭은 상상이상으로 저렴하고 맛있는 로컬 음식점이 가득하다. 한국인 입맛에도 잘 맞는 중국 누들과 죽의 일종인 포리지, 해산물 등 하루 세 끼가 아쉬울 정도. 가격도 가볍게 한 끼를 해결할 수 있어 여행이 더 즐겁다. 차이나타운의 푸드코트는 대부분의 음식이 중간 이상의 맛을 낸다.

해산물 천국!
탑스폿 푸드코트 Topspot Food Court

다녀온 사람들이 입을 모아 칭찬하는 쿠칭의 시푸드 푸드코트. 약 30곳의 레스토랑이 모여 있다. 각종 조개류, 새우, 게 로브스터까지 먹고 싶은 모든 해산물이 다 있다. 원하는 해산물을 그램 수대로 고르고, 볶거나 튀긴 후 소스를 골라서 주문하면 된다. 적은 양도 주문이 가능해서 소수끼리 가도 여러 가지 해산물을 즐길 수 있다. 다양한 채소를 골라 탕으로 끓여내는 베지터블 수프도 곁들여 먹기 좋다. 대부분 비슷한 음식의 퀄리티와 메뉴를 갖추고 있으며, 어디를 가야 할지 모르겠다면 6번과 25번으로 가보자. 친절한 주인 덕분에 주문이 더 쉽다.

Data Map 207G
Access 풀먼 쿠칭에서 도보 5분
Add Off, Jalan Padungan, Kuching
Open 17:00~23:00
Cost 1인 30~50링깃
Tel +60 (0)19-888-5940

더운 날씨 입맛을 살려내는 묘약
RJ 아얌 바카르 RJ Ayam Bakar

말레이어로 아얌Ayam은 닭이고 바카르Bakar는 구이라는 뜻이다. 이곳의 메인 메뉴는 치킨 BBQ. 현지 치킨 레스토랑 치고는 너무 세련되고 예쁜 카페 분위기 때문에 비싸겠지? 맛이 그냥 그렇겠지?라는 의문이 드는 곳. 한번 맛보면 그런 의심은 싹 날아간다. 토실토실한 닭 한 조각에 달콤하고 짭짜름한 소스를 발라 잘 구워낸 치킨 BBQ는 더운 날씨에 없는 입맛도 살려내는 묘약이다. 한적한 거리에 위치해 있지만 저녁시간이면 줄을 서야 할 정도. 술은 팔지 않는다.

Data Map 207H
Access 리버사이드 마제스틱 호텔에서 도보 5분
Add 291, Jalan Abell, Kuching
Open 17:00~02:00
Cost 아얌 바카르 9~12링깃
Tel +60 (0)82-414-797

아침엔 포리지, 저녁엔 핫폿
누로맨 카페 Nuromen Cafe

아침 점심 저녁 각기 다른 인기 메뉴를 가진 곳이다. 중국식 말레이시아 음식으로 아침엔 죽 종류인 포리지Porridge, 점심엔 소고기나 시푸드가 올라간 면 요리, 저녁엔 말레이시아식 샤부샤부인 핫폿Hotpot을 맛볼 수 있다. 저렴한 가격에 비해 음식의 모양새도 양도 맛도 아주 만족스러운 집이다. 한번 방문으로는 성에 안차는 곳.

Data Map 207H Access 리버사이드 마제스틱 호텔에서 도보 5분 Add 163, Jalan Chan Chin Ann, Kuching Open 08:00~14:00, 17:30~22:00 Cost 포리지 6.5링깃~, 누들 6.5링깃~, 핫폿(2인) 25링깃~ Tel +60 (0)82-238-346

진짜 굴라 아퐁 레시피대로!
DP 아이스크림 굴라 아퐁
DP Ice Cream Gula Apong

굴라 아퐁은 쿠칭의 독특한 아이스크림이다. 아이스크림에 천연 팜슈가로 만든 시럽을 뿌리고, 기본으로 오레오와 땅콩 혹은 콘플레이크 등의 토핑이 올라가있다. 몇 곳의 굴라 아퐁 전문점이 있는데 오리지널 레시피로 통한다. 한국처럼 디저트 가게가 많지 않은 쿠칭에서는 현지인에게도 여행자에게도 엄지 척 올라가는 아이스크림집이다.

Data Map 207H Access 사라왁 플라자에서 도보 5분 Add Jalan Chan Chin Ann, Kuching Open 13:00~01:00 Cost 소 2링깃, 대 5링깃 Tel +60 (0)19-824-9829

맛집 모아 모아 현지식 푸드코트
라우 야 켕 푸드코트 Lau Ya Keng Foodcourt

차이나타운에 위치한 푸드코트. 말레이시아식 꼬치구이인 사태Satay와 누들, 차 등 여러 가지의 메뉴를 파는 작은 음식점들이 모여 있다. 그중에서도 가장 인기있는 집은 19번지. 푹 고아진 돼지고기가 먹음직스럽게 쌓여있다. 음식의 이름은 퀘찹 Kueh Chap. 고소한 돼지고기와 야들야들한 껍데기, 곱창 등이 섞여 있는 중국식 쌀국수. 입에 짝~ 달라붙는 고기와 국물 맛은 한 그릇이 부족할 정도. 음식이 한국인의 입맛에 잘 맞고 저렴하다.

Data Map 206F Access 차이나타운 카펜터 스트리트에 위치 Add 19, Carpenter Street, Kuching Open 10:00~23:00(금요일 휴무) Cost 1인 5~10링깃

야들야들 소고기 누들
냔 신 카페 Nyan Shin Cafe

중국의 남부, 학카 지방의 누들을 맛볼 수 있는 곳. 워낙 유명하고 오전에만 반짝 영업을 하는 곳이라 부지런하지 않으면 한 끼 식사도 힘든 맛집이다. 쫀쫀한 면발에 갖은 고기 고명을 얹어주는 가정식 누들을 선보인다. 소고기, 돼지고기, 양고기 완탕 등 취향에 따라 고기를 고르면 된다. 가장 인기 있는 메뉴는 소고기 누들. 입에서 살살 녹을 정도로 푹 삶아진 고기와 꼬들꼬들한 면발의 식감이 근사한 맛을 낸다.

Data Map 206F Access 차이나타운 카펜터 스트리트에 위치 Add 64, Carpenter Street, Kuching Open 06:00~11:00 Cost 누들 4~8링깃

SLEEP

쿠칭에서의 숙박은 저렴하게 묵어갈 수 있는 차이나타운 근처의 숙소와 워터프런트 근처로 몰려 있는 호텔이 편하다. 다른 지역에 비해 호텔 요금이 많이 저렴한 곳이니 고급 호텔을 저렴하게 즐기는 것도 좋은 여행법이다.

워터프런트가 내려다보이는 뷰
그랜드 마르게리타 호텔 Grand Margherita Hotel

4성급 호텔로 288개의 객실을 보유한 대형 호텔이다. 객실 상태가 깔끔하고, 워터프런트 앞에 위치해 여러모로 흠잡을 곳이 없다. 객실은 슈피리어부터 주니어 스위트룸까지 5개의 종류가 있으며, 2인실 위주의 객실이다. 객실의 뷰는 물론 야외 수영장의 뷰까지 좋아 현지인의 웨딩이나 특별한 날 파티 장소로도 인기가 좋다. 편의성이 좋아 단체 관광객이 많다 보니 여행자가 많이 몰리는 시기에는 조금 복잡한 편이다. 쿠칭에서 동일한 요금, 비슷한 컨디션의 호텔 중에서는 가장 추천하는 호텔이다.

Data Map 207G
Access 사라왁 플라자 옆
Add Jalan Tunku Abdul Rahman, Kuching
Cost 155링깃~
Tel +60 (0)82-532-111
Web www.grandmargherita.com

저렴하지만 다 갖춘 호텔
임페리얼 리버뱅크 호텔 Imperial Riverbank Hotel

3성급으로 109개의 객실을 보유하고 있다. 중형급 호텔치고 저렴해도 너무 저렴하다. 숙박 요금을 보면 객실에 뭐가 있을까 싶은데, 생수에 각종 욕실 어메니티까지 완벽하게 구비를 해놓았다. 호텔 스텝들의 친절함, 위치, 잘 관리되어 있는 객실로 여행의 불편함이 전혀 없다. 다만 2인실만 있고, 인원 추가되는 객실이 없다. 객실 인테리어는 올드한 편이다. 워터프런트의 삼판 타는 곳이 바로 앞에 위치해 있어 강 건너로 이동이 편하고, 워터프런트를 따라 산책하기도 좋다.

Data Map 207G
Access 워터프런트 동쪽 끝
Add Jalan Tunku Abdul Rahman, Kuching
Cost 105링깃~
Tel +60 (0)82-230-033
Web www.imperial.com.my

Kota Kinabalu
BEST OF BEST

볼거리 BEST 3

세계 3대 석양이란 바로 이런 것!
선셋 감상

먹을 것 많고 볼 것 많은
코타키나발루 **시장 구경**

동남아의 히말라야,
키나발루산

먹을거리 BEST 3

날마다 날마다 가고 싶은 곳,
웰컴 시푸드

맛있는 딤섬을 무한대로!
실크 가든

누구나 입을 모아 칭찬하는
진짜 맛집, **이펑락사**

투어 BEST 3

에메랄드빛 바다 속에서 노니는
오색 열대어와의 만남,
툰구 압둘 라만 해상공원 섬투어

동화책 이야기 속으로 떠나는
자연주의 여행, **반딧불이투어**

말레이시아의 문화 체험,
마리 마리 컬처 빌리지

Kota Kinabalu
GET AROUND

 어떻게 갈까?

코타키나발루까지는 대한항공, 아시아나항공, 이스타항공, 진에어가 매일 직항 편을 운항하고 있다. 비행시간은 5시간 30분. 동남아 휴양지 가운데 비교적 비행시간이 짧은 편이다. 보통 코타키나발루 공항에 밤 11시 이후 도착하는 스케줄로 운영된다. 코타키나발루 공항은 규모가 작아 이용하는 데 크게 불편함이 없다.

코타키나발루 국제공항에서 시내로 가기

코타키나발루 국제공항은 시내에서 약 13km 거리다. 차로는 10분 거리다. 시내에서 거리가 가까워 대부분 택시를 이용한다. 시내와 공항에서 가까운 거리의 리조트는 대부분 30링깃이면 갈 수 있다. 택시는 출국장을 나서자마자 보이는 택시 카운터에서 쿠폰을 사서 이용하면 되는데, 요금은 정액제다. 밤 12시 이후에는 할증요금을 받는다.

〈공항에서 주요 여행지까지의 택시 요금〉

시내	30링깃	*42링깃
샹그릴라 탄중 아루 리조트	30링깃	*42링깃
수트라 하버 리조트	30링깃	*42링깃
노보텔 호텔	50링깃	*70링깃
넥서스 리조트	75링깃	*105링깃
샹그릴라 라사 리아 리조트	90링깃	*126링깃

* 표는 할증요금

 어떻게 다닐까?

코타키나발루는 시내버스가 있기는 하지만 노선이 많지 않다. 배차간격도 띄엄띄엄 있어 여행자가 이용하기에는 어려움이 많다. 시내는 도보로 관광이 가능하다. 그 외의 지역으로 이동할 때는 택시를 이동하는 게 좋다. 일반 택시를 이용하면 미터 요금 대신 정찰 금액을 받는데 약간 비싼 편이다. 간혹 바가지 요금을 부르는 기사도 있으니 목적지까지의 요금을 알고가는 게 좋다. 시내에서 시내 혹은 수트라 하버로 이동할 경우 약 15링깃, 시내에서 탄중아루 샹그릴라 리조트, 공항 등은 25~30링깃 정도이다. 그랩 택시 어플을 이용하면 이보다 약 40% 정도 더 저렴하게 이용이 가능하다. 대형 리조트에는 시내까지 셔틀버스를 운행하는 곳이 많다. 셔틀버스를 잘 이용하면 교통비를 절감할 수 있다.

코타키나발루 전도
Kota Kinabalu

0   2km

샹그릴라 라사 리아 리조트 Ⓗ
Shangri-La's Rasa Ria Resort

Ⓡ 가양 시푸드 레스토랑
Gayang Seafood Restaurant

넥서스 리조트&스파 가람부나이
Nexus Resort&Spa Karambunai

세팡가섬
Sepangar Island

남중국해
South China Sea

원 보르네오 Ⓢ
1Borneo

•말레이시아 대학 사바 캠퍼스
University of Malaysia Sabah Campus

Ⓗ 가야 아일랜드 리조트
Gaya Island Resort

가야섬
Gaya Island

사바 주 청사
Sabah Foundation Building

사피섬
Sapi Island

리카스 베이
Likas Bay

리카스 모스크
Likas Mosque

툰쿠 압둘 라만 해상공원
Tunku Abdul Rahman Marine Park

제셀톤 포인트(페리)
Jesselton Point

키나발루산
Mt. Kinabalu ↗

코타키나발루 시티 센터
Kota Kinabalu City Centre

마누칸섬
Manukan Island

239p

▢ 수상가옥

사바 주립 모스크
Sabah State Mosque

마무틱섬
Mamutik Island

슬룩섬
Suluk Island

그레이스 빌
Grace Ville

Ⓗ 수트라 하버 리조트
Sutra Harbour Resort

탄중 아루 비치
Tanjung Aru Beach

✈ 기차역 Railway Station
Ⓔ Railway Station

샹그릴라
Ⓗ

코타키나발루 국제공항
Kota Kinabalu International Airport

탄중 아루 리조트&스파
Shangri-La's
Tanjung Aru Resort&Spa

Pekan Putatan

Penampang

Kota Kinabalu
FIVE FINE DAYS

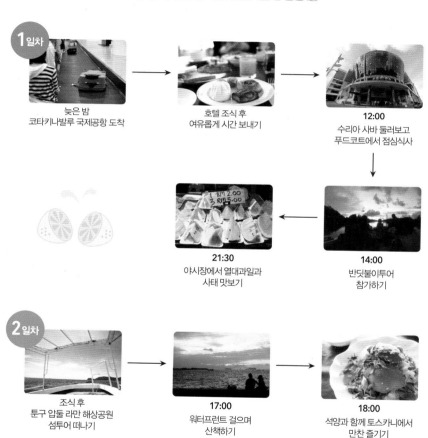

1일차

늦은 밤
코타키나발루 국제공항 도착

호텔 조식 후
여유롭게 시간 보내기

12:00
수리아 사바 둘러보고
푸드코트에서 점심식사

21:30
야시장에서 열대과일과
사태 맛보기

14:00
반딧불이투어
참가하기

2일차

조식 후
툰구 압둘 라만 해상공원
섬투어 떠나기

17:00
워터프런트 걸으며
산책하기

18:00
석양과 함께 토스카니에서
만찬 즐기기

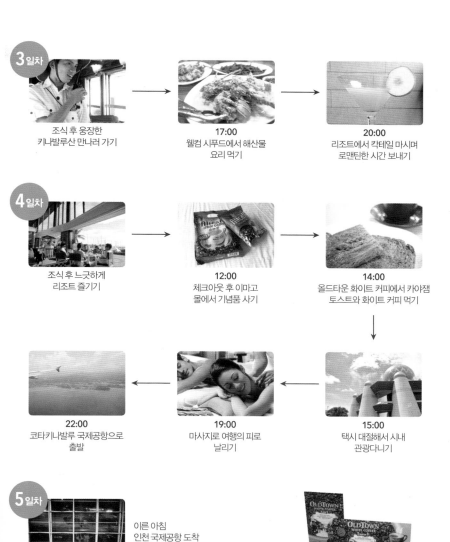

3일차

조식 후 웅장한
키나발루산 만나러 가기

17:00
웰컴 시푸드에서 해산물
요리 먹기

20:00
리조트에서 칵테일 마시며
로맨틴한 시간 보내기

4일차

조식 후 느긋하게
리조트 즐기기

12:00
체크아웃 후 이마고
몰에서 기념품 사기

14:00
올드타운 화이트 커피에서 카야잼
토스트와 화이트 커피 먹기

22:00
코타키나발루 국제공항으로
출발

19:00
마사지로 여행의 피로
날리기

15:00
택시 대절해서 시내
관광다니기

5일차

이른 아침
인천 국제공항 도착

▶ PLAY

저자 추천 코타키나발루 5개의 보석
툰구 압둘 라만 해상공원 Tunku Abdul Rahman Marine Park

코타키나발루 여행의 백미는 해상공원 섬투어다. 제셀톤 포인트에서 스피드 보트를 타고 10~20분만 가면 코타키나발루가 자랑하는 5개의 섬이 있다. 이 섬을 순례하며 스노클링을 즐기거나 휴양지의 여유와 낭만을 만끽한다. 유리알처럼 투명한 바다와 눈부시게 빛나는 해변, 남국 휴양의 상징 야자수가 그림처럼 어우러진 섬에서 휴식을 취하면 이곳이 진짜 천국이란 생각이 저절로 든다. 툰구 압둘 라만 해상공원은 사피Sapi, 마누칸Manukan, 마무틱Mamutik, 가야Gaya, 술룩Suluk

등 5개의 섬으로 이루어져 있다. 이 가운데 가장 큰 가야섬은 휴식환경이 좋지 않아 관광객들의 물놀이보다는 주로 스쿠버 다이빙 교육장소로 이용되고 있다. 스노클링으로 인기가 좋은 섬은 사피섬, 마누칸섬, 마무틱섬 3곳이다. 이들 섬은 밖에서 보면 그 섬이 그 섬처럼 비슷비슷해 보인다. 하지만 바닷속 풍경은 조금씩 다르다. 아이들과 함께

스노클링을 즐기고 싶다면 수심이 얕은 사피섬과 마누칸섬을 추천한다. 조금 깊은 바다를 즐기고 싶다면 마무틱섬을 추천한다. 열대어는 어디나 상상 이상으로 많으니 걱정하지 않아도 된다. 아이들이 사람을 무서워하지 않는 컬러풀한 열대어와 교감하며 방글방글 웃음보를 터트리는 모습은 상상만으로도 행복하다.

💬 툰구 압둘 라만 해상공원 섬투어

툰구 압둘 라만 해상공원 섬투어는 자유여행과 여행사의 패키지를 이용하는 두 가지 방법이 있다. 5개의 섬 가운데 2~3곳을 방문하며 물놀이를 하는 일정은 같다. 다만, 패키지는 호텔 픽업, 장비 대여, 바비큐 점심 등이 포함되어 있다. 비용을 생각하면 자유여행이, 바비큐 점심까지 여유 있게 즐기려면 패키지를 신청하는 게 낫다.

❶ 자유여행 섬투어

섬투어를 할 수 있는 티켓 카운터는 제셀톤 포인트Jesselton Point와 수트라 하버 씨 퀘스트Sutra Harbour Sea Quest 두 곳에 있다. 어느 곳에서 출발하더라도 오전 10시에 첫 번째 섬, 정오에 두 번째 섬에 들어갔다가 오후 3시쯤 나오는 일정으로 짜는 게 베스트다. 국립공원 입장료는 첫 번째 섬에 입장할 때만 지불하면 된다. 입장권은 혹시 모르니 보관해두자. 입장료는 성인 20링깃, 6~18세는 15링깃이다. 구명조끼와 스노클링, 오리발 등은 각각의 섬에서 따로 대여해야 한다. 대여료는 10링깃이다. 섬 안에 작은 레스토랑이 있어 식사와 간단한 음식을 먹을 수 있다. 그래도 간식과 비치타월을 따로 준비해가는 것이 좋다.

제셀톤 포인트

코타키나발루 시내에 있는 티켓 카운터다. 이곳에서 가고 싶은 섬과 시간을 지정해 보트를 예약할 수 있다. 보트는 08:30부터 20~30분 간격으로 운행된다. 가장 빨리 출발하는 보트로 예약하는 것이 좋다. 섬에서 나오는 보트는 12:00~17:00까지 1시간 간격으로 운행된다. 나오는 보트도 지정이 가능하다.

[보트 요금]
섬 1곳 성인 23링깃, 어린이 18링깃
섬 2곳 성인 33링깃, 어린이 23링깃
섬 3곳 성인 43링깃, 어린이 28링깃
터미널 이용료 성인 7.2링깃,
어린이 6링깃(1회만 지불)
운행시간 08:30~17:00(20~30분 간격으로 운행)
Web www.jesseltonpoint.com.my

수트라 하버 씨 퀘스트

수트라 하버 리조트 내에 있는 선착장이다. 이곳에서도 사피, 마무틱, 마누칸섬으로 가는 보트를 운행한다. 시간은 제셀톤 포인트와 같다. 하지만 요금은 조금 더 비싸다. 이곳에서는 패러세일링이나 제트스키, 스쿠버 다이빙 등 여러 해양 스포츠도 예약할 수 있다.

[보트 요금]
섬 1곳 성인 50링깃, 어린이 30링깃
섬 2곳 성인 65링깃, 어린이 40링깃
터미널 이용료 성인 7.2링깃,
어린이 6링깃(1회만 지불)
운행시간 08:30~17:00(1시간 간격으로 운행)
Web www.seaquesttours.net

❷ 여행사 패키지 투어

패키지 섬투어는 여행사를 통해서 예약할 수 있다. 가장 저렴한 곳은 제셀톤 포인트의 보트 티켓 부스로 현지인들이 판매하는 투어이다. 해상 공원의 섬 두곳과 스노쿨링 장비 돗자리 구명조끼 입장료 등이 포함된 간단한 투어 요금이 1인 50~60링깃, 한인 업체를 이용하면 이보다 비싸지만 바비큐 런치 뷔페, 선베드, 호텔 픽업 등이 포함 되어있다. 한인 업체 투어는 보통 200링깃 전후로 한인 가이드가 동행한다. 보통 오전 9시에 출발해서 오후 3~4시경 돌아오는 일정으로 진행된다.

• 포유말레이시아
요금 220링깃~
네이버 카페 cafe.naver.com/
speedplanner
카카오톡 ID 포유말레이시아
Tel 070-7571-2725

• KK데이
요금 150링깃~
Web www.kkday.com

바람 아래의 땅, 그 속의 파라다이스
만타나니섬 Mantanani Island

코타키나발루는 그곳 자체로 여행자를 매료시키기에 충분하다. 하지만 코타키나발루에서 가장 아름다운 섬으로 꼽는 섬은 따로 있다. 바로 만타나니섬이다. 이 섬은 코타키나발루를 찾은 여행자들이 가고 싶어 하는 섬 1순위이다. 섬투어라면 툰구 압둘 라만 해상공원에 있는 5개의 섬으로도 충분할 텐데 이곳까지 가면 뭐가 다를까?라고 속단하지 마시라. 일단 만타나니섬에 가면 평화롭고 고요한 풍경에 감동하게 될 것이다. 만타나니섬에는 파란 형광물감을 풀어놓은 듯한 바다가 있고, 맑은 눈과 순박한 표정으로 여행자들을 바라보는 평화로운 사람들이 살고 있다. 이 섬에서 시간을 보내다 보면 바쁜 일상만 있는 도시에서 영원히 도망치고 싶은 마음이 굴뚝같다. 만타나니섬에서 휴식하는 것은 여느 섬투어와 크게 다르지 않다. 바다에서 스노클링을 하고, 야자수에 걸쳐 놓은 해먹에 누워 건들건들 휴식을 취한다. 스노클링은 해변에서 멀리 떨어져 수심이 약 3~5m 정도 되는 깊은 곳에서 한다. 깊은 바다가 조금 두렵지만 친절하고 몸 좋은 훈남 가이드들이 친절하게 스노클링 하는 것을 도와주기 때문에 크게 걱정하지 않아도 된다. 스노클링을 하다 허기가 지면 맛 좋은 바비큐 점심으로 에너지를 충전한다. 그다음 살랑살랑 흔들리는 해먹에 누워 휴식을 즐기다 보면 이대로 모든 것이 멈추어주었으면 하는 바람이 간절하다.

만타나니섬 패키지 투어

만타나니섬은 대부분 여행사 패키지로 간다. 차 타고 2시간, 보트 타고 1시간으로 가는 길이 만만치 않기 때문이다. 여행사마다 조건은 다르지만, 왕복 이동시간이 길어서 노약자 혹은 임산부에겐 추천하지 않는다. 보통 만타나니섬 투어는 왕복 픽업 차량과 섬으로 향하는 스피드 보트, 구명조끼 외 스노클링 장비, 식사와 현지 가이드가 포함되어있다. 요금에 따라 식사와 픽업 차량의 차이가 있다. 장시간 이동을 하는 것이니 편한 차량으로 픽업을 하는지 확인할 것.

투어 서비스 제공 업체

• 포유말레이시아

요금 300링깃
네이버 카페 cafe.naver.com/speedplanner
카카오톡 ID 포유말레이시아
Tel 070-7571-2725

• KK데이

요금 215링깃
Web www.kkday.com

동화 속 그 느낌 그대로
저자추천
반딧불이투어 Firefly Tour

청정 지역에서만 볼 수 있는 반딧불이. 말레이시아는 세계에서 가장 큰 반딧불이 서식지 중 한 곳이다. 쿠알라룸푸르와 코타키나발루에서는 반딧불이를 보러 가는 투어가 이미 필수 코스 가운데 하나로 자리 잡았다. 반딧불이는 날이 어두워지면 맹그로브 나무의 진을 먹기 위해 모여든다. 이때 반딧불이는 서로 교감을 하면서 불빛을 내는데, 그 모습이 마치 크리스마스 트리 장식처럼 환상적이다. 수백 수천 마리 반딧불이가 깜빡이며 빛을 발하는 모습은 동화 속의 한 장면 그대로다. 그 신비로운 모습을 보고 나면 아이들은 물론, 어른들도 잊었던 동심으로 돌아간다.

코타키나발루에서는 나나문강Nanamoon River과 클리아스강Klias River 외 여러 곳에서 반딧불 서식지에서 투어를 진행하고 있다. 모두 보트를 타고 강가에서 반딧불이투어를 한다. 원숭이를 보거나 식사 후 일몰을 관람하고, 해가 진 후 반딧불이를 보는 일정이다. 투어에 따라서 예쁜 바닷가를 가거나 현지인 마을 체험을 하는 등 프로그램이 조금씩 다르니 취향에 맞는 일정을 선택하면 된다. 투어는 점심시간쯤 시작해서 밤 9시 정도에 끝난다.

투어 서비스 제공 업체

• **포유말레이시아(한인 여행사)**
요금 180~280링깃
네이버 카페 cafe.naver.com/speedplanner
카카오톡 ID 포유말레이시아
Tel 070-7571-2725

• **KK데이**
요금 139링깃~
Web www.kkday.com

• **현지 여행사**
시티 내의 제셀톤 포인트에 가면 보트 티켓을 파는 창구가 많이 있다. 그곳에서 툰구 압둘 라만 해상공원 혹은 만타나니섬으로 가는 보트나 반딧불이투어를 예약할 수 있다. 모든 일정이 현지인에 의해 이루어진다. 한인 여행사에서 진행하는 투어보다 식사 등의 퀄리티가 떨어지지만, 한인 여행사의 절반 가격에 예약이 가능하다. 반딧불이투어 100링깃~

> **Tip** 반딧불이투어는 야간에 보트를 타고 야외에서 움직이기 때문에 생각보다 기온이 떨어져 쌀쌀하게 느낄 수 있다. 긴팔 옷을 챙겨 가자. 또 맹그로브 숲엔 모기가 많이 서식한다. 뿌리거나 바르는 모기약을 챙기는 것은 필수다.

으쌰으쌰!
키울루강 래프팅 Kiulu River Rafting

키울루강 래프팅은 코타키나발루의 대자연을 온몸으로 즐길 수 있는
레포츠다. 코타키나발루에는 여러 곳에서 래프팅을 할 수 있다. 이
가운데 키나발루산에서 발원하는 키울루강이 시내에서 가깝고, 무
난하다. 거친 물살을 헤치며 급류를 타는 것은 아니지만 그래도 빠른
물살을 타고 내려오면서 속도감과 짜릿한 쾌감을 느끼기에 부족함이
없다. 둘이 참가했다면 낯선 사람들과 마음 맞춰 노를 젓는 재미가
있다. 가족이 단체로 참가했다면 래프팅을 하며 돈독한 가족애를 쌓
을 수 있다. 물살이 비교적 잔잔한 편이고, 전문 강사가 함께 탑승해
초보자도 안전하게 래프팅을 할 수 있다. 투어는 오전 9시에 시작해
오후 2시쯤 끝난다. 요금은 성인 180링깃, 어린이 150링깃이며, 중
식이 포함됐다.

투어 서비스 제공 업체
• 포유말레이시아
요금 180링깃
네이버 카페 cafe.naver.com/
speedplanner
카카오톡 ID 포유말레이시아
Tel 070-7571-2725

• KK데이
요금 180링깃
Web www.kkday.com

운이 좋은 그대, 돌고래를 만나리!
바다 낚시 Sea Fishing

툰구 압둘 라만 해양 공원은 스노클링으로만 유명한게 아니다. 스노클링만큼이나 낚시로도 이름을 날리는 곳이다. 낚시는 바다가 깊고 사람이 적은 슬룩섬과 가야섬 근처에서 대부분 이루어진다. 보기만 해도 사랑스러운 바다에서 맛보는 짜릿한 손맛은 상상 이상이다. 운이 좋은 날에는 떼 지어 몰려오는 돌고래와 다랑어가 보트를 휘감는 환상적인 장면도 만날 수 있다.

투어는 반나절 또는 하루 종일 등의 진행 시간, 스노클링 또는 식사 등의 포함 유무, 인원수에 따라 요금이 다르다. 시푸드 식사가 포함된 반나절 투어를 선택하면 지루하지 않게 낚시를 즐기며 사진도 찍을 수 있다. 낚시 장비와 구명 조끼를 제공하기 때문에 즐거운 마음만 가지고 참여하면 된다. 바다의 상태는 배를 타고 나가 봐야 안다. 멀미를 심하게 하는 사람이나 임산부, 어린아이를 동반한 여행자에겐 추천하지 않는다. 인원이 여러 명이라면 프라이빗 보트를 빌려서 하는 낚시 투어도 가능하다.

투어 서비스 제공 업체
• KK데이
요금 320링깃~
Web www.kkday.com

> **Tip** **고기가 잘 잡힐까?**
> '낚시 경험이 없는 초보인데 잘 될까?' 하는 걱정은 하지 말자! 노련한 선장이 어군 탐지기를 이용하기 때문에 낚싯대만 넣어도 고기가 쑥쑥 올라온다.

코타키나발루 파헤치기

마리 마리 컬처 빌리지 Mari Mari Cultural Village

영어로 'Come! Come!'이라는 뜻의 마리 마리 컬처 빌리지는 민속촌 같은 곳이다. 이곳은 열대식물이 무성한 정글 속에 조성한 마을로 사바주의 전통가옥과 문화를 체험할 수 있다. 마리 마리 컬처 빌리지에서는 꽤나 흥미로운 프로그램들이 진행된다. 원주민 모습을 하고 있는 로컬들과 함께 마을을 돌아보면서 대나무 마찰을 이용해 불 붙이기, 전통음식이나 술 먹어보기 등 다양한 체험을 한다. 특히, 어깨춤이 절로 나오는 전통 민속공연 관람은 빼놓을 수 없는 볼거리다. 입에 썩 맞지는 않지만 정성껏 차린 전통음식으로 점심도 함께 한다. 마리 마리 컬처 빌리지는 여행자들로 넘쳐나 점점 변화되는 코타키나발루에서 그나마 이곳의 전통을 느낄 수 있는 곳이다. 그것이 연출된 모습이라 할지라도 사라져가는 원주민들의 삶과 문화를 느낄 수 있는 소중한 곳이다.

예약 방법

마리 마리 컬러 빌리지 홈페이지에서 직접 예약이 가능하다. 마리 마리 컬처 빌리지 입장료에는 코타키나발루 내의 호텔 픽, 드롭, 식사, 현지인 가이드 비용이 포함되어 있다. 입장 시간은 1일 3회(10:00, 14:00, 18:00)로 정해져 있다. 입장 1시간 전부터 픽업이 시작된다.
Web www.marimari culturalvillage.com
요금 성인 180링깃, 5~11세 160링깃

해발고도 4,095m, 동남아의 히말라야!
신비로운 키나발루산 '내 인생의 고산' 만들기

동남아의 히말라야!
키나발루산 Mt. Kinabalu

신비로움이 가득한 코타키나발루의 자연은 바다와 하늘에서
만 느낄 수 있는 게 아니다. 산과 숲에서도 느낄 수 있다. 코타
키나발루 시내에서도 한눈에 보이는 키나발루산! 이 산이 있어
훼손되지 않은 원시 생태계의 보고로 불리는 코타키나발루의
진정한 자연미가 완성된다. 키나발루산은 코타키나발루 시내
에서 차량으로 1시간 40분 거리에 있다. 산 전체가 국립공원
으로 지정되어 있으며, 2000년에는 말레이시아 최초로 유네
스코가 정한 세계문화유산에 등재되었다. 이 산의 높이는 해

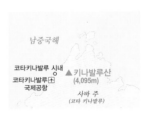

발 4,095m로 동남아 최고봉이다. 깊은 밀림에서 우뚝 솟은 산세는 마치 하늘을 뚫고 올라갈 듯이 남
성미가 넘친다. 이 산의 정상부는 구름과 안개에 싸여 있을 때가 많아 신비감을 준다. 키나발루산에는
원시의 자연을 느낄 수 있는 다양한 체험 코스가 기다리고 있다. 밀림의 숲 위에 설치한 출렁다리를 거
니는 짜릿한 체험(캐노피 워크웨이)과 직경이 1m가 넘는 세계에서 가장 큰 꽃을 볼 수 있다. 트레킹으
로 지친 몸과 다리를 위로해주는 온천도 있다. 이 체험 코스는 당일여행으로도 충분하다. 또 전망대에
서는 키나발루산의 기묘한 자태와 평원과 협곡이 조화를 이룬 밀림을 감상할 수 있다. 좀 더 여유 있게
즐기고 싶다면 산속에 자리한 리조트나 산장 호텔에서 1박을 하며 쉬어 갈 수 있다.

Tip 말레이시아 몇몇 국립공원에서는 사진을 찍을 경우 입장료 외에 촬영료를 따로 받는다. 여기에 는 핸드폰 카메라도 포함된다. 키나발루 국립공원 사진 촬영료는 5링깃이다.

키나발루산 여행 포인트 넷!

1. 포링온천Poring Hot Spring Station에서 족욕하기

키나발루산 중턱에는 유황온천이 분출되는 노천온천이 있다. 한국 처럼 세련되고 놀 것 많은 온천은 아니다. 수온이 각기 다른 여러 종류의 탕이 있는 정도다. 온천수는 50~60도로 옷을 입은 채 온천욕이 가능하다. 전신욕이 부담스럽다면 따끈따끈한 온천물로 족욕을 즐겨보자. 트레킹을 하며 쌓인 발의 피곤을 푸는 데 그만이다. 국립공원 위쪽에 있는 캐노피 워크웨이를 다녀온 후 이용하면 좋다.

2. 캐노피 워크웨이 걸어보기

캐노피 워크웨이는 밀림의 허공에 난 출렁다리를 따라 거니는 짜릿한 체험이다. 키나발루산에는 수령이 500년을 넘고, 높이가 수십 미터에 달하는 거대한 나무들이 밀림을 이루고 있다. 이 거대한 나무와 나무 사이를 출렁다리로 연결해서 여행자들이 걸을 수 있게 했다. 10m 높이의 공중에 설치된 출렁다리는 모두 5개. 바닥에는 혼자 걷기도 벅찬 판자가 깔려 있고, 옆에는 가슴 높이까지 그물이 쳐져 있다. 허공 위를 걷는 느낌은 짜릿하면서도 스릴이 있다. 출렁다리를 건너가면 나무 위에 전망대가 있어 밀림을 감상하며 쉬어갈 수 있다.

3. 세상에서 가장 큰 꽃 라플레시아Rafflesia 관람하기

라플레시아는 동남아시아와 말레이반도에 분포되어 있는 희귀한 꽃으로 키나발루산이 서식지 중 한 곳이다. 라플레시아는 세상에서 가장 큰 꽃을 가지고 있는 식물이다. 꽃은 직경 1m까지 자란다. 하지만 이 꽃을 보기가 쉽지 않다. 1년에 10개월을 기다려 단 일주일만 꽃을 피우기 때문이다. 키나발루산에 있는 라플레시아 박물관에 전시된 것들도 항상 꽃이 피어 있지는 않다. 특이한 것은 꽃의 크기에 따라 박물관의 입장료가 조금씩 달라진다는 것! 입장료는 20링깃 정도이다.

© 말레이시아 관광청

4. 키나발루산에서 하룻밤 머물기

키나발루산에는 리조트나 산장들이 곳곳에 있다. 꼭 정상 등반을 하지 않더라도 키나발루산의 품에서 하루쯤 머물며 휴식하는 여행자들도 많이 있다. 온천욕과 밀림 트레킹, 키나발루산 조망, 박물관 견학 등 흥미로운 체험거리가 많아 하루를 알차게 보낼 수 있다. 수트라 하버에서 관리하는 리조트들은 수트라 하버에서 패키지를 이용하거나 숙소만 예약이 가능하다. 그 외 포링온천 내에 위치한 작은 호텔과 게스트하우스를 이용할 수 있다. 메실라우 네이처 리조트와 라반 라타 레스트 하우스 등이 인기가 많은 산장 호텔이다.

© 말레이시아 관광청

• 수트라 하버 리조트 **Web** www.suteraharbour.com
• 메실라우 네이처 리조트 **Web** www.mountkinabalu.com
• 라반 라타 레스트 하우스 **Web** www.mountkinabalu.com
(더 많은 숙소 찾기 www.borneopackages.com)

키나발루산 트레킹

키나발루산은 정상을 등반하는 패키지와 당일로 돌아보는 데이투어 프로그램이 운영된다.
정상 등반 패키지는 고소적응을 위해 해발 3,200m의 산장에서 1박을 하는 일정으로 진행된다.
산행 경험이 많지 않은 초보자는 자신의 능력을 충분히 고려한 뒤에 등반 여부를 결정하는 것이 좋다.

1박 2일 정상 등반 패키지

정상 등반 패키지는 1박2일 일정으로 진행된다. 이 패키지는 현지 산악 가이드가 동반한다. 첫날은 키나발루 국립공원을 출발해 해발 3,200m에 위치한 산장에서 고산증 적응을 하며 1박을 한다. 산장에서는 다음날 등반을 위해 보통 저녁 8시에 취침한다. 둘째날은 새벽 2시에 기상해 정상을 향해 출발한다. 키나발루산 정상에는 오전 6시에 도착해 일출을 감상한다. 일출을 본 뒤 조식을 먹고, 하산 길에 산장에 들려 중식을 먹는다. 코타키나발루 시티에는 오후에 돌아온다. 정상 등반 패키지에는 현지 산악 가이드, 단독 밴 왕복 픽업, 산장 등반 허가증, 등정증, 국립공원 입장료, 보험, 5끼 식사가 포함되어 있다. 요금은 2,000~2,800링깃으로 인원수에 따라 달라진다. (**예약** www.kkday.com) 키나발루산 정상 등반은 1일 200명으로 숫자가 제한되어 있다. 정상 등반을 하려면 몇 달 전에 미리 예약을 해야 한다.

> **Tip** 키나발루산 정상 등반은 아무나 할 수 없다. 산행 경험이 풍부하고 체력이 충분해야 도전할 수 있다. 전문 산악 가이드가 동반하지만 안전에 대한 1차적인 책임은 본인의 몫이다. 키나발루산은 해발 4,000m가 넘어 고산증을 겪을 확률이 높다. 고산증은 보통 해발 3,000m 이상부터 나타난다. 또 정상부는 기후가 급변하기 때문에 악천후에 대한 대비도 필요하다. 겨울에는 정상부에 눈이 오기도 한다. 특히, 키나발루산 정상부는 거대한 암벽으로 이루어져 있다. 등산로가 가파른 구간도 많다. 따라서 1박 2일의 험한 산행 일정을 이겨낼 수 있는 체력이 필수다.

© 말레이시아 관광청

© 말레이시아 관광청

키나발루산 데이투어

데이투어는 당일로 키나발루산의 여행 포인트를 찾아다니는 프로그램이다. 비록 산 정상에는 오를 수 없지만 늠름한 자태로 솟은 키나발루산의 자태를 감상하며 다양한 체험을 할 수 있다. 오전 8시 호텔 픽업을 시작해 키나발루 전망대와 로컬마켓, 공원 트레킹, 캐노피 워크웨이 걷기, 포링온천 온천욕, 점심식사, 키나발루국립공원 트레킹, 라플레시아박물관 관람 등의 일정으로 진행된다. 투어에는 왕복 교통, 국립공원 입장료, 포링온천, 캐노피 워크웨이 입장료, 점심식사 등이 포함된다. 단, 라플레시아 박물관 입장료와, 공원 사진 촬영료는 불포함이다. 투어 시간은 08:00~18:00.

투어 서비스 제공 업체

• **포유말레이시아**
요금 180링깃
네이버 카페 cafe.naver.
com/speedplanner
카카오톡 ID 포유말레이시아
Tel 070-7571-2725

• **KK데이**
요금 172링깃~
Web www.kkday.com

코타키나발루 시티

저자추천 누구나 느끼는 감동의 그 순간
워터프런트 Waterfront

세계 3대 선셋으로 불리는 코타키나발루의 일몰! 이곳에서는 굳이 선셋을
보기 위해 분위기 좋은 레스토랑, 혹은 칵테일 바 같은 명당을 찾아다닐 필
요가 없다. 코타키나발루 시내에 위치한 워터프런트에서 상쾌한 바닷바람
을 맞으며 걷다가 만난 석양, 그게 바로 누구나 감동하는 그 선셋이다. 황금

Data Map 239A
Access 코타키나발루 시티
내 해안도로

빛 태양이 바다 멀리 내려앉기 시작하면 세상은 다른 모습으로 변해간다. 하늘과 바다가 분홍빛, 보랏빛, 주
홍빛으로 변하면서 누군가가 여행자를 위해 일부러 틀어놓은 황홀한 영상처럼 아름다운 선셋 풍경이 펼쳐진
다. 그 모습을 보고 있으면 시간이 느릿느릿 흐른다는 코타키나발루에서 왜 선셋 시간만 빨리 흐르는지 야속
하기만 하다. 가슴이 뭉클해지는 석양을 보는 것만으로도 코타키나발루 여행의 이유가 된다. 이 감동은 비단
여행자를 위한 것만은 아니다. 이곳에 사는 로컬들도 석양 무렵이면 모두 하늘에 흘린 듯 같은 곳을 바라보며
눈길을 떼지 못한다. '세계 3대 석양'이라는 타이틀은 괜히 붙은 게 아니다. 이 아름다운 풍경이 공짜라니 것이
오히려 미안하기까지 하다. 그 선셋을 즐기는 일, 바로 워터프런트를 거니는 일이다.

코타키나발루 시티
Kota Kinabalu City

남중국해
South China

Signal Hill
시그널 힐

0 ————— 200m

B

A

C

D

실크 가든 Silk Garden
만다라 스파 Mandara Spa
수트라 하버 리조트 Sutera Harbour Resort
수트라 하버 골프 클럽 Sutera Harbour Golf Club

KK 타임스 스퀘어 KK Times Square
이마고 Imago
하버 시티 Harbour City
아시아나 스파 Asiana Spa
사바 주립 모스크 Sabah State Mosque
마리 하우스 Mari House

밍가든 호텔&레지던스 Ming Garden Hotel&Residences
사바 오리엔탈 호텔 Sabah Oriental Hotel
시티텔 익스프레스 코타키나발루 Citel Express kota Kinabalu
에팔 호텔 Epal Hotel
더 팰리스 호텔 The Palace Hotel
사바 박물관 Sabah Museum

위아산 플라자 Wawasan Plaza
아피 아피 센터 Api Api Centre
탕 다이너스티 호텔 Tang Dynasty Hotel
아피아피 아파트 Api Api Apartment
웰컴 시푸드 레스토랑 Welcome Seafood Restaurant
아시아 시티 Asia City
푹옌 Fook Yuen
위스마 부다야 Wisna Budaya

더 클라간 호텔 The Clagan Hotel
프롬나드 호텔 Promenade Hotel
마리나 코트 Marina Court
더 클라간 호텔 The Clagan Hotel
워터프런트 Waterfront
토스카니 Toscani's
워리산 스퀘어 Warisan Square
센터 포인트 사바 Center Point Sabah
세리 셈팡 Seri Sempang
푹옌 Fook Yuen
레스토랑 세리 믈라카 Restaurant Seri Melaka
쑤청 시푸드 레스토랑 Sucheon Seafood Restaurant

핸드크래프트 마켓 Handcraft Market
헬렌 뷰티 리플렉스 Helen Beauty Reflex
웻 마켓 Wet Market
센트럴 마켓 Central Market
나이트 마켓 Night Market
르 메르디앙 Le Meridien
하얏트 리젠시 키나발루 Hyatt Regency Kinabalu
업스타 Upperstar
KK 플라자 KK Plaza
호라이즌 호텔 Horizon Hotel
시티 파크 City Park

고려원
위스마 사바 Wisma Sabah
가야 센트레 호텔 Gaya Centre Hotel
위스마 메르데카 Wisma Merdeka
리틀 이탈리 Little Italy
신키 바쿠테 Sin Kee Bah Kut Teh
패티 키 Fatty Kee
선데이 마켓 Sunday Market
이푱 락사 Yea Fung Laksa
드림텔 Dreamtel

페리티마 님불 Secret Recipe
제셀톤 포인트 Jesselton Point
수리아 사바 Suria Sabah
시그니처 사바 푸드 코트
수리아 사바 푸드 코트
시그널 힐 전망대 Signal Hill Observatory
관광 안내소 Tourism Board
푹옌 Fook Yuen
레스토랑 뉴 만타이 Restaurant New Men Tai
더 제셀톤 호텔 The Jesselton Hotel
더 팰리스 호텔

잘란 바칼 폴리스 Jalan Bakal Polis
잘란 가야 Jalan Gaya
잘란 판타이 Jalan Pantai
잘란 스트리트 Alan Tunku
잘란 툰쿠 압둘 라만 스트리트 Alan Tunku

코타키나발루의 모든 여행자들이 거쳐가는 곳

제셀톤 포인트 Jesselton Point

코타키나발루를 대표하는 항구이자 페리 선착장이다. 이곳은 19세기 말 영국군이 말레이시아를 식민지로 삼기 위해 최초로 발을 들인 곳이다. 영국 식민지 당시 코타키나발루는 '제셀톤'이란 지명이 붙었다가 1963년 독립하면서 코타키나발루라는 지명으로 바뀌었다. 그 시절의 유산이 지금 이 항구의 이름으로 남아 있다. 제셀톤은 코타키나발루에서 인근 섬으로 가는 페리가 운항되는 선착장이다. 툰구 압둘 라만 해상공원 섬투어를 떠나는 페리부터 만타나니섬, 스쿠버 다이빙 포인트로 유명한 라부안섬과 브루나이섬으로 가는 배편도 이곳에서 출발한다. 제셀톤을 코타키나발루 여행의 중심이라 해도 과언이 아니다. 건물 안에는 작은 여행사들이 밀집되어 있어 직접 투어 상품을 예약할 수가 있다. 또 보트가 늘어선 풍경을 감상하며 식사를 즐기는 곳으로도 인기가 좋다.

Data Map 239B
Access 코타키나발루 시내 끝, 수리아 사바 쇼핑몰 옆에 위치
Add Jalan Haji Mat Saman, Kota Kinabalu
Open 06:00~22:00
Tel +60 (0)88-240-709
Web www.jesseltonpoint. com.my

Tip 코타키나발루 시내 중심 가에서 벗어난 곳에 있는 여행지는 대중교통을 이용하거나 도보로 여행하기가 어렵다. 시티 투어를 하고 싶다면 약 2~3시간 정도 택시를 대여해서 한꺼번에 돌아보는 것이 좋다. 택시비는 시간당 약 40 링깃 내외로, 3시간에 100링깃이면 적당하다. 택시투어로 찾아가기 좋은 곳은 사바 주립 모스크, 수상가옥 빌리지, 리카스 모스크, 사바주 청사, 시그널 힐 전망대 등이다.

자부심과 행복지수가 높은 사람들이 살고 있는
수상가옥 Floating Village

코타키나발루에는 몇 곳의 수상가옥이 촌락을 이루고 있다. 세금도
내지 않고, 전기도, 물도 공급이 안 되는 가장 가난한 사람들이 살고
있는 곳이다. 하지만 수상가옥에 사는 사람들은 의외로 자부심과 행
복지수가 높다. 이들은 지역의 가장 어렵고 힘든 일을 도맡아 하며
살고 있다. 허름한 집에서 뛰어나온 아이들의 표정은 행복이 넘치는
밝은 모습이다. 여행자를 향해 힘껏 손을 흔들며 포즈까지 잡아주니
누추한 남의 집을 엿본다는 생각에 조금은 불편했던 마음이 싹 사라
진다. 바다 위의 수상가옥은 배를 타고 가는 패키지를 이용하면 볼
수 있다. 일반 수상가옥은 사바 주립 모스크 바로 옆에 있어 택시투
어를 하며 같이 둘러볼 수 있다.

Data Map 223C **Access** 시내에서 차로 10분 거리. 사바 주립 모스크 근처

태풍 없는 코타키나발루?!
사바주 청사 Sabah Foundation Building

아슬아슬하게 긴 원형으로 지어진 독특한 건물이 멀리서도 눈에 띈다.
사바주 청사는 72개 면이 2,159개의 유리로 둘러싸인 32층의 건물로
코타키나발루 시내의 랜드마크이다. 건물 전체가 단 하나의 기둥에 의존
하는 방식으로 지어졌다. 코타키나발루가 태풍 등의 자연재해로부터 안
전하다는 것을 보여주는 상징적인 건물이다. 멀리서 보면 건전지 같은
느낌이라 손바닥에 올리거나 건물을 안은 듯한 자세로 유치하면서 재미
있는 인증샷을 찍을 수 있다. 일반인들은 내부 출입을 할 수 없다.

Data Map 223B **Access** 시내에서 차로 10분 거리. 리카스 베이에 위치
Add Likas Bay, Kota Kinabalu **Tel** +60 (0)88-326-300

세상에서 가장 우아한 모습으로
리카스 모스크 Likas Mosque

물 위에 우아한 모습으로 떠 있는 독특한 모스크다. 파란색 돔 때문에 '블루 모스크'라 불리기도 하며, 사람들의 관심만큼 애칭도 참 많은 모스크이다. 순백색의 사원은 16개의 작은 돔들이 감싸고 있다. 주변의 친환경적인 모습과 어우러져 여느 평화로운 휴양지의 리조트보다 더 아름답다. 리카스 모스크는 사바주에서 가장 큰 모스크이기도 하다. 지붕의 돔을 비롯하여 사원 안쪽의 벽면이나 기둥의 코란 글씨도 순금으로 치장했다. 모스크 앞에 단정하고 넓은 앞뜰도 있어 웅장함이 더한다.

Data Map 223D
Access 시내에서 차로 10분.
리카스 베이에 위치
Add Likas Bay, Kota Kinabalu

코타키나발루 젊은이들이 사랑을 속삭이는
시그널 힐 전망대 Signal Hill Observatory

가야 스트리트 시계탑 뒤쪽에는 향긋한 숲을 따라 짧지만 기분 좋게 오를 수 있는 계단이 있다. 5분이면 오를 수 있는 이 계단은 시그널 힐 전망대로 이어진다. 시그널 힐은 코타키나발루 시내가 내려다보이는 언덕이다. 전망대라 부르지만 높지 않은 곳이라 시내 전경이 생각보다 멋지지는 않다. 하지만 이곳은 코타키나발루 젊은이들의 데이트 코스로 사랑을 받는 곳이다. 이곳은 또 코타키나발루 시가지 너머로 지는 석양을 볼 수 있는 곳이기도 하다. 별다른 볼거리나 시설은 없지만 한적한 산책을 즐기는 사람이라면 올라보는 것도 좋다. 한낮에 오르기에는 좀 덥다.

Data Map 239D
Access 가야 스트리트 투어리즘
센터 뒤쪽으로 오르는 길이 있다.
시내에서 택시로 약 10분 거리

패셔너블한 너!

사바 주립 모스크 Sabah State Mosque

흔히 우리가 보던 모습의 모스크가 아니다. 패셔너블하고 화려한 모스크의 모습이 뭔가 최첨단 시설이 숨겨져 있을 것만 같다. 사바 주립 모스크는 1977년에 완공되어 약 40년이란 시간이 흘렀지만 흠집 하나 없다. 깨끗하고 세련된 건물은 며칠 전에 완공되었다고 해도 믿을 것 같다. 모스크 안쪽에는 사바주 회교도의 문서와 자료를 소장한 작은 박물관이 있다. 특별한 모습의 모스크 건물을 보고 싶다면 가볼 만한 곳이다.

Data Map 223C
Access 시내에서 차로 10분
Add Tingkat 10, Block Awisma MUIS Locked Bag No 107, Kota Kinabalu
Tel +60 (0)88-222-435

💬 시내 관광 일정

수상가옥 → 사바 주립 모스크 → 리카스 모스크

사바주 청사

시그널 힐 전망대

제셀톤 포인트

언제 가도 즐거운 코타키나발루 마켓 탐험

코타키나발루에는 일요일만 열리는 선데이 마켓 외에도 시내와 워터프런트를 따라 다양한 시장이 있다. 재래 시장이다 보니 깨끗한 맛은 없지만 누구보다 부지런히 하루를 살아가는 로컬들을 만날 수 있다. 또 가장 작은 돈으로 가장 큰 행복과 넉넉함을 가져갈 수 있는 곳이기도 하다. 매일매일이 즐거운 코타키나발루의 시장을 찾아가 보자.

일요일마다 만날 수 있는
선데이 마켓 Sunday Market

매주 일요일 오전이면 가야 스트리트Gaya Street에 길게 늘어서는 현지인들의 시장이다. 이제는 널리 알려져 여행자들의 인기 관광지가 되었다. 파는 사람과 사려는 사람, 구경하는 사람과 사진 찍는 사람들로 선데이 마켓은 항상 북적거린다. 옷과 모자, 생활용품, 각종 잡동사니에 싸구려 기념품까지, 말 그대로 없는 것 빼고 다 있다. 품질이 좋다기보다는 현지인들에게 꼭 필요한 물건들을 싸고 다양하게 팔고 있으니 사는 재미가 있고 구경하는 재미가 있다. 사바주에서 나오는 특산 먹거리와 열대 과일을 가장 저렴하게 살 수 있는 곳이기도 하다.

Data Map 239D
Access 코타키나발루 시티 가야 스트리트
Open 매주 일요일 06:00~12:00

수공예품이 가득한
핸드크래프트 마켓 Handcraft Market

사바주의 핸드 메이드 공예품 숍이 줄지어 있는 곳이다. 두 사람이 지나다니기도 힘든 작은 골목골목에 코타키나발루에 왔다는 것을 증명해 줄 수 있는 소소한 기념품들이 주렁주렁 걸려 있다. 기념품은 진주로 만든 액세서리, 나무 장식품, 작은 악기 등 자잘한 것들로 손이 갈 만큼 탐나는 물건은 많지 않다. 오히려 건물 밖, 골동품 같은 미싱으로 옷을 수선하는 사람들의 모습을 보는 게 더 흥미롭다.

Data Map 239B
Access 르 메르디앙 호텔 건너편, 나이트마켓 바로 옆
Open 10:00~22:00

현지인들의 먹거리 시장
센트럴 마켓 Central Market

나이트 마켓, 핸드 크래프트 마켓, 센트럴 마켓은 일자로 나란히 붙어 있는 시장
이다. 그중에서도 센트럴 마켓은 주로 현지인들만 찾는 곳이라 다른 곳에 비해
한산한 편이다. 야채, 과일, 간식, 건어물 등을 파는데, 구경할 것은 없고 살 것
만 있다. 하지만 여행 좀 해본 사람은 이런 곳이 알짜배기라는 걸 알고 있다. 다른
곳보다 생긴 건 좀 못 났어도 과일도, 간식도 더 저렴하게 사 먹을 수 있다. 투어
를 하며 먹을 간식을 찾는다면 이곳으로 오자. 의외로 맛있는 간식들이 많다.

Data Map 239B
Access 르 메르디앙
호텔 건너편, 핸드
크래프트 마켓 옆
Open 05:00~17:00

밤마다 왁자지껄~
나이트 마켓 Night Market

필리피노 마켓이라 불리기도 한다. 필리핀 이주민들이 모여 장사를 시작한 곳이
라 필리피노 마켓이라는 이름이 붙었지만 지금은 필리핀 상인이 많지 않다. 낮에
는 조금 조용한 분위기로 식료품 등을 판다. 하지만 밤이 되면 사람들이 모여드
는 왁자지껄한 먹거리 장터로 바뀐다. 옥수수나 삶은 콩 등 간단한 간식부터 열
대 과일, 싱싱한 해산물, 면 요리, 사태까지, 말레이시아에서 볼 수 있는 모든 음
식들을 한자리에서 다 맛볼 수 있다. 한국인을 알아보고 익살스럽게 말을 건네며
호객행위를 하는 장면도 심심치 않게 보인다. 구경하는 재미, 흥정하는 재미, 여
기에 먹는 재미까지 더해져 두둑하게 저녁을 먹었다 해도 이곳을 보고 싶은 유혹
을 참을 수가 없다.

Data Map 239B
Access 르 메르디앙
호텔 건너편
Open 17:00~24:00

💬 | Theme |

코타키나발루 마사지숍 BEST 3

휴양지에서의 마사지는 여행의 부족한 2%까지 완벽히 채워주는 힐링의 시간이다.
마사지는 하면 할수록 몸과 마음이 돈맛(?)을 알아간다. 코타키나발루에는 몸과 마음은 물론,
정신까지 쉬어가게 해주는 고급스러운 마사지부터 싼 맛에 찾는 길거리 마사지숍까지
다양하게 있다. 이 가운데 최고로 치는 마사지숍 3곳을 소개한다.

헬렌 뷰티 리플렉스 Helen Beauty Reflex

헬렌은 마사지숍이 몰려 있는 와리산 스퀘어에서 10년째 터줏대감 역할을 하고 있는 곳이다. 이곳에 모여 있는 마사지숍 중 비교적 큰 규모로 2개의 숍을 함께 운영하고 있다. 오후에는 예약이 꽉 차서 더 이상 손님을 안 받는 경우가 대부분이라 예약은 필수이다. 발 마사지와 보디 마사지가 포함된 90분짜리 패키지가 가장 인기다. 스톤 마사지나 헬렌 브랜드의 아로마 오일을 사용하는 오일 마사지를 권한다. 마사지 방법은 문지르고 누르는 스타일이다. 마사지를 받다 보면 몸이 노곤해지면서 여행의 피로가 사라지는 기분이다.

Data Map 239A
Access 르 메르디앙 건너편, 와리산 스퀘어 G층
Add Jalan Tun Fuad Stephens, Kota Kinabalu **Open** 12:00~23:00
Cost 보디 마사지 90분 80링깃, 보디 마사지 60분+발 마사지 30분 70링깃
Tel +60 (0)88-447-172

아시아나 스파 Asiana Spa

코타키나발루의 부촌 그레이스 빌에 위치한 고급 마사지숍이다. 마사지로 유명한 카다잔 두순족의 전문 마사지사 20명이 상주하고 있다. 인테리어가 깔끔하면서 마사지의 테크닉도 뛰어난 곳. 여자들이 좋아하는 핫 스톤 마사지를 전문적으로 하고 있다. 수트라 하버 리조트 맞은편에 위치해있다. 수트라 하버 리조트는 왕복 무료 픽업 서비스, 코타키나발루 시티 호텔에서는 편도 무료 픽업 서비스가 가능하다. 마사지를 좋아하는 사람이라면 추천하는 퀄리티 있는 숍이다. 카카오톡으로 예약하면 할인 쿠폰도 받을 수 있다.

Data Map 239A
Access 수트라 하버 리조트 건너편
Add 2, Lorong Grace Square 1, jalan pantai sembulan, Kota Kinabalu **Open** 11:00~23:00
Cost 발 마사지 65링깃, 전신 마사지 78링깃, 핫 스톤 마사지 168링깃
Tel +60 (0)88-241-879
(카카오톡 ID kotamari) **Web** www.asianahotel.com.my

만다라 스파 Mandara Spa

수트라 하버 리조트에는 세계적 명성의 고급 스파 브랜드인 만다라 스파가 있다. '진수의 공간'이라는 뜻을 가진 만다라 스파는 이름처럼 웰빙 스파의 진수를 맛볼 수 있다. 만다라 스파는 오랜 전통과 노하우를 가지고 1 대 1 맞춤 서비스를 제공한다. 마사지를 하기 전 손님의 몸 상태와 취향에 맞추어 아로마와 스크럽을 선택해서 진행을 한다. 신선한 10여 가지 이상의 천연 재료를 사용해 자연치유 효과와 더불어 미용, 재생 효과도 탁월하게 마사지를 해준다. 비싼 만큼 돈값은 톡톡히 한다. 친구나 연인과 함께 나란히 스파를 할 수 있는 룸이 준비되어 있는데, 그중 바다 조망이 가능한 룸도 있으니 미리 예약하는 것도 좋다. 바다를 바라보면서 전문 테라피스트에게 마사지를 받다 보면 천국이 따로 없다. 현지 한인 여행사 마리 하우스를 통해 80분 이상의 스파를 예약하면 50% 할인해준다.

Data Map 239A
Access 수트라 하버 마젤란 수트라 Level 1
Add 1 Sutera Harbour Boulevard, Kota Kinabalu
Open 10:00~21:00
Cost 발리니즈 마사지 80분 360링깃, 만다라 마사지 80분 655링깃
Tel +60 (0)88-318-888
Web www.suteraharbour.com

Tip **저렴한 마사지 어디서 받을까?**

코타키나발루는 태국이나 필리핀처럼 마사지가 발달한 곳이 아니다. 동남아의 이름난 휴양지라고 하니까 다들 한 번씩 마사지를 받고 가다 보니 자연스럽게 마사지숍이 많이 생겨난 것뿐이다. 이 때문에 다른 나라에서 테크닉 좋은 테라피스트에게 제대로 된 손맛을 봤던 사람들은 간혹 불평을 하기도 한다. 따라서 코타키나발루에서 마사지를 받을 때는 살짝 기대치를 낮추는 게 좋다. 코타키나발루의 저렴한 마사지숍은 와리산 스퀘어 Warisan Square와 센터 포인트 Center Point에 밀집되어 있다. 이곳에서는 여행자로 보이는 사람이 지나가면 마사지~라고 크게 외치며 호객행위를 하고 전단지도 나눠준다. 여행자가 관심 있는 눈빛으로 전단지를 훑어보면 보디와 발 마사지, 이어 캔들 등 마사지 패키지를 제안하는데, 시간이 지날수록 가격은 조금씩 내려가고, 서비스는 조금씩 추가된다. 발 마사지 30분+보디 마사지 1시간에 60~70링깃 정도면 적당한 가격이다. 몇몇 곳의 잘 나가는 마사지숍 외에는 전문적인 기술을 가진 마사지사들이 없어 만족도는 비슷한 편이다. 싼 맛에 몸도 풀고 쉬었다 간다는 정도로 만족하자.

🍴 EAT

시푸드를 메뉴로 정하고 나면 얼마지? 비싸겠지? 은근슬쩍 걱정되는 게 사실이다. 시푸드는 한국은 물론 외국에서도 비싼 메뉴이다 보니 어쩔 수 없는 반사반응일 것이다. 하지만 코타키나발루에서는 그런 걱정을 접어두자. 시푸드 메뉴가 생각 이상으로 저렴하다. 맛도 출중해서 하루 세 끼를 시푸드로 먹고 싶어진다.

시푸드 레스토랑 BEST 3

저자 추천 너도나도 다 가는
웰컴 시푸드 레스토랑 Welcome Seafood Restaurant

코타키나발루에서 가장 유명한 시푸드 레스토랑은 누가 뭐라 해도 웰컴 시푸드다. 시내 한복판 아시아 시티 내에 위치해 있어 찾아가기도 쉽고, 저렴한 데다 맛도 있으니 맛집의 3박자가 딱 맞아떨어진다. 이곳은 중국인 관광객들이 많아 항상 붐비고 시끄럽다. 하지만 그런 것쯤은 아주 너그럽게 용서가 된다. 시푸드를 좋아하는 미식가에게는 정말 천국 같은 곳이다. 웰컴 시푸드는 여행자들이 그렇게 많이 찾는데도 불구하고 영어가 통하지 않아 주문하기가 좀 불편하기는 하다. 그래도 친절하고 유쾌한 직원들과 손짓 발짓해가며 시키는 것도 이곳의 재미 중 하나다. 수조에 있는 해산물을 직접 보고 골라도 되고 원하는 것을 앉아서 주문해도 인원에 맞게 알맞은 양을 권해준다. 둘이 간다면 3가지 해산물을 500g씩 시키면 넉넉하다. 이 집은 특별히 웻버터Wet Butter와 블랙 페퍼Black Papper 소스로 요리한 것이 맛이 좋다.

Data Map 239C
Access 코타키나발루 시내 아시아시티 안쪽에 위치, 센터 포인트 건너편 도보 5분 거리
Add G15-18, G/F, Complex Asia City, Phase 2A, Jalan Asia City, Kota Kinabalu
Open 14:30~24:00
Cost 게 15링깃~, 타이거 프라운 30링깃~, 로브스터 1kg에 200링깃~
Tel +60 (0)88-447-866
Web www.wsr.com.my

싱싱한 해산물 내맘대로 골라먹기
쌍천 시푸드 레스토랑 Sukcheon Seafood Restaurant

코타키나발루 시내에는 시푸드 레스토랑 5~6곳이 모여 푸드 코트를 이룬 곳이 있다. 저녁 시간이면 시푸드를 먹기 위해 여행자가 큰 홀을 가득 채울 정도로 인기가 좋다. 손님을 호객하는 종업원, 해산물을 구경하는 손님들, 열심히 게와 로브스터를 먹고 있는 여행자들이 어울려 꼭 수산시장 같은 느낌을 준다. 다른 곳에 비해 훨씬 많은 종류의 해산물이 있어 둘러보는 재미도 있다.

다 비슷한 해산물과 메뉴를 파는데 어디로 가야할지 결정하지 못했다면 쌍천 시푸드 레스토랑으로 가보자. 한국사람들에게 가장 유명한 곳으로 한국사람 취향대로 주문도 척척 잘 받는다. 크랩, 새우회, 굴소스에 볶아 나오는 가리비 등이 우리 입맛에 잘 맞는다. 메뉴와 가격은 그날의 시가에 따라 조금씩 차이가 있다. 수조에 가격이 100g 단위로 표시된 것도 많으니 주문 전에 확인하자.

Data Map 239C
Access 아시아 시티 옆 센터포인트에서 도보 3분
Add Jalan Hj Ahmad, Pusat Bandar Kota Kinabalu
Open 11:00~23:00
Cost 새우 1kg 53링깃~, 크랩 1kg 60링깃~, 음료 6링깃~
Tel +60 (0)88-223-080

시푸드, 이 정도는 먹어줘야지?
가양 시푸드 레스토랑 Gayang Seafood Restaurant

제대로 된 맛집이라면 멀더라도 꼭 가겠다는 사람에게는 가양 시푸드를 추천한다. 이 집은 코타키나발루에 있는 시푸드 레스토랑 중 가장 저렴하면서 맛있다. 게, 새우, 조개, 생선 등 모든 종류의 시푸드로 커다란 테이블을 가득 채워도 300링깃이 채 안 나온다. 여기에 다른 곳에서는 볼 수 없는 일등 보양식 바다 장어도 50링깃이면 넉넉히 먹을 수 있다. 아이들을 위한 치킨 메뉴나 면 종류 요리도 가족단위 고객에게는 인기다. 주전자 가득 얼려 나오는 망고주스도 최고의 인기 메뉴다.

Data Map 223B
Access 시내에서 택시로 20분 거리(30~35링깃), 택시 기사에게 가양 시푸드라고 하면 데려다 준다
Add Jalan Sulaman, 89200 Kota Kinabalu, Sabah
Open 11:00~15:00, 17:00~22:00(수요일 휴무)
Cost 장어 1kg 50링깃, 게 1kg 30링깃, 만티스 프라운 1kg 120링깃 (세금 6%와 봉사료 3% 별도)
Tel +60 (0)16-810-2395

💬 시푸드 주문 잘하기

코타키나발루에 있는 대부분의 시푸드 집은 중국 레스토랑이다. 그래서 간혹 영어가 전혀 통하지 않는 중국인이 서빙을 하는 경우가 있다. 친절하게 사진과 가격이 나온 메뉴판을 주면 다행이지만, 수조에 숫자만 덜렁 적혀 있는 레스토랑을 가면 당황스러울 수도 있다. 그래도 걱정하지 말자. 레스토랑마다 약간의 차이가 있지만, 조금만 알고 가면 원하는 시푸드를 원하는 양만큼 주문할 수 있다.

1 수조 앞에서 해산물을 확인하자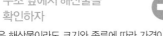

같은 해산물이라도 크기와 종류에 따라 가격이 다르다. 일반적으로 작은 사이즈의 해산물이 같은 무게라도 가격이 저렴한 편. 인원수가 적다면 작은 사이즈의 해산물로 여러 가지 메뉴를 주문하는 게 현명한 방법!

2 수조에 적힌 금액은 대부분 1kg의 가격이다

해산물은 시즌에 따라 조금씩 가격이 달라진다. 하지만 대부분 1kg 가격을 적어놓는다. 그러나 꼭 킬로그램 단위로 주문할 필요는 없다. 500g, 300g 등 원하는 무게로 주문이 가능하니 무게를 달아서 확인하자.

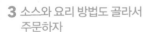

3 소스와 요리 방법도 골라서 주문하자

레스토랑마다 레시피는 조금씩 다르다. 하지만 기본적인 소스의 종류는 같다. 대부분 한국 사람 입맛에 잘 맞고, 특별한 향신료를 사용하지 않아 해산물 종류에 맞게 원하는 소스로 주문하면 좋다. 칠리Chilli, 웻 버터Wet Butter, 드라이 버터Dry Butter, 블랙 페퍼Black Papper가 인기 소스다. 이밖에 딥 프라이Deep Fried, 스팀Steamed, 솔티드Salted, 스위트&샤워Sweet&Sour 등의 소스가 있다.

4 곁들여 먹는 라이스와 채소를 고른다

해산물과 소스를 선택했다면 다음은 라이스(밥)와 채소를 고를 차례다. 밥은 흰쌀밥Plain, 볶음밥Fried Rice 중 선택한다. 채소는 우리나라 나물과 같은 사바 베지터블Sabah Vegetable과 캉콩 Kang Kong, 중식 레스토랑에서 가장 흔한 초이삼 Choisam 중에서 고르면 무난하게 먹을 수 있다. 채소의 소스는 일반적으로 매콤한 삼발소스, 짭조름한 오이스터소스, 심심한 갈릭소스 중 선택한다.

분위기 좋은 맛집 BEST 6

워터프런트 최고의 명당

토스카니 Toscani's

워터프런트는 코타키나발루 시내에서 최고의 선셋을 볼 수 있는 명당! 자리가 자리인 만큼 가격도 만만치 않은 레스토랑들이 즐비하다. 이곳의 레스토랑에서 멋진 선셋을 보며 저녁식사를 하는 것은 누구나 꿈꾸는 코타키나발루 여행의 하이라이트다. 워터프런트에서 위치도 좋고, 음식 맛도 꽉 잡은 곳이 토스카니다. 이 레스토랑의 주메뉴는 파스타와 시푸드, 간단한 맥주 안주로 좋은 핑거푸드다. 워터프런트에 있는 몇 곳의 레스토랑에서 음식에 실망한 터라 별 기대 없이 주문했던 파스타와 커리 크랩은 생각 이상으로 근사한 맛을 냈다. 또 치킨 윙스나 피시 핑거 같은 사이드 메뉴도 괜찮은 편이다. 토스카니에서 추천하는 메뉴는 여러 가지 해산물이 담겨 나오는 시푸드 플래터. 하지만 근사한 장식에 비해 맛은 좀 떨어지는 편. 오히려 먹고 싶은 메뉴를 단품으로 주문하는 게 훨씬 실속 있다. 해 질 녘에는 테라스 자리가 꽉 차는 경우가 많으니 미리 예약을 하거나 조금 이른 시간에 방문해서 식사를 한 후 선셋을 즐기는 것도 방법이다.

Data Map 239A
Access 워터프런트에 위치
Add Lot 14 Waterfront Esplanade, Sinsuran, Kota Kinabalu
Open 11:30~23:00
Cost 크랩 45.9링깃, 파스타 16.9링깃~, 치킨 윙스 10.9링깃 (세금 6%와 봉사료 10% 별도)
Tel +60 (0)88-242-879

저자 추천

리조트에서 즐기는 딤섬 만찬

실크 가든 Silk Garden

코타키나발루 최고의 딤섬 맛집으로 알려져 있는 실크 가든은 수트라 하버 퍼시픽 리조트 내에 있다. 여행 중 머무는 숙소가 아니라 해도 요트 선착장을 끼고 있는 수트라 하버는 풍경이 좋아 구경 삼아 가보는 것도 좋다. 딤섬은 점심시간에만 주문이 가능한데, 단품으로 시킬 수도 있지만 88가지의 딤섬 메뉴를 끝도 없이 즐길 수 있는 88 플레이버스88 Flavors 런치 뷔페를 추천한다. 한국인 여행자에게 워낙 인기가 많은 리조트라 한국어 메뉴판도 준비되어 있다. 딤섬은 우리나라 사람들 입맛에도 잘 맞아 누구나 부담 없이 즐긴다. 여기에 탕수어, 치킨, 소고기 등의 메뉴도 있어 아이가 있는 가족여행자에게도 좋다. 리조트에서 운영하는 레스토랑인 만큼 음식의 퀄리티도 엄지손가락을 번쩍! 추켜 올리게 만들 만큼 좋다. 88가지의 딤섬 모두를 먹어보겠다는 의지로 찾아갈 것!

Data Map 239A
Access 수트라 하버 퍼시픽 리조트 내
Add 1 Sutera Harbour Boulevard, Kota Kinabalu
Open 월~토 11:30~14:30, 일·공휴일 11:00~15:00
Cost 런치 뷔페 성인 64.10링깃, 어린이 40.8링깃
Tel +60 (0)88-318-888

에지 있게 즐기는 스테이크
어퍼스타 Upperstar

가격 대비 음식 퀄리티와 분위기가 최상인 곳. 캐주얼하며 활기찬 분위기로 멀리서부터 여행자의 시선을 사로잡는다. 이 레스토랑은 소박한 동네 분위기와는 다르게 센스 있는 인테리어와 흥겨운 음악으로 들어서는 순간 기분이 업 된다. 메뉴는 우리나라 패밀리 레스토랑과 비슷하다. 스테이크, 피자, 파스타가 주메뉴이고, 샐러드와 포테이토, 치킨 등의 애피타이저 메뉴가 있다. 여기에 각종 칵테일과 맥주 같은 알코올 메뉴도 있다. 가족 간에 부담 없이 식사하기에 적당하다. 이곳의 최고 인기 메뉴는 스테이크! 특히, 양고기 스테이크Lamb Chops는 양고기를 안 좋아하는 사람에게도 꼭 권하고 싶은 추천 메뉴이다. 부드러운 버섯소스로 양고기 특유의 냄새를 제거해 맛이 특별하다. 다양한 종류의 피자는 적당한 사이즈에 맛도 무난하다. 어떤 메뉴를 시켜도 대부분 만족스럽다. 하얏트 리젠시 건너편 야외 테라스를 갖춘 본점과 수리아 사바 G층에 위치한 분점, 2곳이 있다.

Data Map 239B
Access 하얏트 리젠시 건너편
Add Block C, Lot 8,
Ground Floor, Segama
Complex, Kota Kinabalu
Open 16:30~02:00
Cost 양고기 스테이크 17.95링깃,
피자 16.3링깃~, 맥주 6.5링깃~
(세금 6%와 봉사료 10% 별도)
Tel +60 (0)88-270-775

코타키나발루의 명물!
올드타운 화이트 커피 Oldtown White Coffee

말레이시아에서 가장 유명한 체인 카페 겸 레스토랑. 코타키나발루에서는 이미 명물 중에 명물이 되었다. 말레이 현지식 메뉴도 많지만 가장 유명한 카야 잼 토스트와 달달한 화이트 커피는 절대 놓쳐서는 안 되는 메뉴이다. 기념품으로 좋은 화이트 커피와 카야 잼도 구입할 수 있다. 와이파이도 빵빵 터져 오며 가며 쉬었다 가기도 좋다.

Data Map 239D
Access 위즈마 메르데카에서
도보 5분. 가야 스트리트에 위치
Add G/F, Menara Jubili, 53,
Jalan Gaya, Kota Kinabalu
Open 24시간
Cost 화이트 커피 3.8링깃,
카야 잼 토스트 2.3링깃
(세금 6%와 봉사료 10% 별도)
Tel +60 (0)88-259-881

맛있게 즐기는 이태리 음식
리틀 이태리 Little Italy

코타키나발루에서 정통 이태리 음식을 맛볼 수 있는 곳으로 한국까지 소문났다. 하지만 명성에 비하면 맛은 조금 떨어지는 편. 메뉴는 흔히 알고 있는 이태리 음식인 파스타와 피자가 주를 이룬다. 파스타는 면의 종류가 10가지도 넘어 원하는 면을 골라 먹을 수 있다. 피자는 터키 햄, 비프 베이컨, 참치, 새우 등 토핑을 취향대로 고를 수가 있다. 애피타이저는 바삭바삭한 부르스케타Bruschetta나 연어, 참치, 터키 햄 등을 섞어 요리한 안티파스토 미스토Antipasto Misto 등 색다른 메뉴를 곁들여서 즐겨보자. 가격도 평범한 수준이다.

Data Map 239D
Access 위스마 메르데카 건너편
Add G/F, No.23, Jalan Haji Saman, Kota Kinabalu
Open 10:00~23:00
Cost 피자 17.90링깃~, 파스타 21.90링깃~
(세금 6%와 봉사료 10% 별도)
Tel +60 (0)88-232-231

현지 젊은이들의 데이트 장소
시크릿 레시피 Secret Recipe

말레이시아의 체인 레스토랑이다. 현지 젊은이들의 데이트 장소로 최고의 인기를 누리고 있는 곳이다. 태국, 말레이, 중국 등 아시아 메뉴와 파스타 등의 퓨전 메뉴를 선보이고 있는데, 식사보다는 여러 가지의 케이크와 디저트 메뉴로 인기가 좋다. 점심시간부터 늦은 오후까지 런치메뉴, 티타임 메뉴 등을 판매한다. 해피아워에 방문하면 좀 더 저렴하게 즐길 수 있다.

Data Map 239D
Access 수리아 사바 내 위치
Add G/F, No.23, Jalan Haji Saman, Kota Kinabalu
Open 10:00~23:00
Cost 피자 17.9링깃~, 파스타 21.9링깃~
(세금 6%와 봉사료 10% 별도)
Tel +60 (0)88-487-333

여행자들은 모르는 현지인 맛집

이게 진짜 락사 맛집!
이펑 락사 Yee Fung Laksa

말레이시아 로컬 음식을 대표하는 음식, 락사를 가장 맛있게 먹을 수 있는 레스토랑이다. 코타키나발루 현지 맛집으로 이미 정평이 난 곳. 락사는 지역에 따라 요리방법과 맛이 크게 다르다. 동 말레이시아인 페낭과 이포에서는 생선으로 육수를 낸다. 그래서 여행자에게 호불호가 갈리는 편이다. 하지만 이펑락사는 치킨 육수로 맛을 내서 왠만하면 누구나 좋아한다. 톡톡 끊어지는 얇은 국수의 식감도 좋은 편. 같이 나오는 라임을 쭉 짜넣으면 구수한 향에 새콤한 맛이 더해진다. 고수가 살짝 들어가 있지만 코코넛 밀크가 들어간 국물맛에 가려 크게 향신료 맛이 나지 않는다. 고수가 싫다면 먹기전 미리 건져놓을 것. 간장 소스 치킨에 계란이 얹어져 나오는 클레이팟 치킨 라이스와 자장면 맛이 나는 드라이면 등 다양한 현지 음식을 맛보자. 오더를 하면 재빠르게 음식이 나오는 건 장점. 에어컨이 없어서 더운 건 단점이다.

Data Map 239D
Access 시티의 호라이즌 호텔 뒷골목
Add 127, Jalan Gaya, Pusat Bandar, Kota Kinabalu
Open 월~금 06:30~18:00, 토·일 06:30~16:00
Cost 락사 8링깃~, 클레이팟 라이스 8링깃~, 음료 1.30링깃~
Tel +60 (0)88-312-042

현지식도 고급스럽게

레스토랑 세리 말라카 Restaurant Seri Melaka

말레이 메뉴와 중국 메뉴, 그리고 각종 해산물 요리를 세리 말라카 만의 퓨전 레시피로 선보이는 현지인 음식점이다. 깔끔하고 고급스러운 현지인들을 위한 레스토랑으로 가족단위 외식장소로 인기만발이다. 대부분의 요리는 모두 S, M, L 사이즈로 나누어져 인원수에 맞게 양을 선택해서 주문이 가능하다. S사이즈 요리는 대부분 10링깃이다. 두 사람이라면 S사이즈의 요리를 2~3개 정도 주문하면 적당하다. 이 집은 또 소통Sotong이라 불리는 말레이시아의 오징어로 요리한 음식들이 많은데, 한치처럼 작고 부드러워 어떤 요리를 해도 맛이 좋다. 노냐 메뉴로 생선을 고등어찜처럼 요리한 아삼 피시나 버터 프라운 등 해산물 위주로 주문해보자.

Data Map 239D
Access 깜풍 아이르 건너편, 센터 포인트에서 도보 7분
Add No 9, Jalan Laiman Diki, Kampung Air, Kota Kinabalu
Open 10:00~21:00
Cost 메뉴 S 10링깃, M 18~20링깃, L 25링깃
Tel +60 (0)88-224-777

기다리는 자만이 먹을 복이 있나니

패티 키 Fatty Kee

코타키나발루 시내에 위치한 앙스 호텔 1층에 있는 중식 레스토랑이다. 작고 허름한 레스토랑 안에 다닥다닥 붙은 테이블은 문을 여는 시간부터 손님들로 가득 들어차난다. 처음 몇 번은 기다림을 포기하고 되돌아섰다. 직원들이 너무 바빠서 손님에게 찬바람이 휭~ 부는 서비스만 제공했다. 그런데도 사람들은 줄을 서서 하염없이 기다렸다. 그 이유는 치킨과 두부요리 때문이었다. 이 집은 별다른 향신료 없이도 외국인들의 입맛에 딱 맞는 요리를 내놓는다. 굴소스로 맛을 낸 치킨 윙과 걸쭉한 해물 두부 클레이팟, 그리고 그 짭조름한 소스에 비벼 먹는 볶음밥 한 그릇은 종업원이 불친절해도, 오랜 시간 기다리더라도 꼭 한 번 먹어야 할 별미다.

Data Map 239D
Access 하얏트 리젠시 호텔에서 도보 5분, 위즈마 메르데카 건너편
Add 8Lorong Bakau, Jalan Pantai, Kota Kinabalu
Open 17:00~23:30
Cost 메인메뉴 13링깃~

Tip 이 음식점은 간판에 Fatty Kee가 아닌 Ang's Hotel이라고 쓰여 있으니 주의할 것!

면의 삼박자를 갖춘 곳
레스토랑 뉴 만타이 Restaurant New Man Tai

영어도 안 통하고 영어 메뉴판도 없는 작은 레스토랑이지만 면 요리 하나로 승부하는 진정한 맛집이다. 이 음식점 안으로 들어가면 후루룩 후루룩거리며 면을 먹는 소리만이 가득하다. 이 집의 최고 인기 메뉴는 돼지고기 볶음면Pork Fried Noodle이다. 아들아들한 면발에 고소하게 삶은 돼지고기와 살짝 데친 야채가 한가득 올라가 한 그릇에 맛, 가격, 영양까지 다 담았다. 코타키나발루 시내를 걷다 허기진 오후, 뉴 만타이의 면 요리 한 그릇하고 나면 입이 행복하다.

Data Map 239D
Access 가야 스트리트에 위치. 제셀톤 호텔 옆
Add 7, Gaya Street, Kota Kinabalu **Open** 08:00~14:00, 18:00~21:00, 수요일 휴무
Cost 볶음면 9링깃~
Tel +60 (0)88-247-754

말레이시아식 돼지갈비
신기 바꾸떼 Sin Kee Bah Kut Teh

현지에 사는 중국인과 여행을 온 중국인 모두의 발걸음이 엄청나게 몰리는 바꾸떼 맛집이다. 실내석부터 임시로 깔아둔 야외 테이블까지 손님이 항상 가득 차 있어서 손님도 일하는 사람도 정신이 하나도 없다. 빠꾸떼는 말레이시아의 중국 음식이다. 돼지의 살코기부터 내장, 꼬리까지 부위별로 골라서 주문이 가능하다. 간장으로 양념이 된 드라이 바꾸떼와 국물이 함께 나오는 바꾸떼 수프 중에 고르면 된다. 정돈이 안 된 레스토랑의 모습이나 음식의 비주얼이 썩 좋지 않지만, 고소한 돼지고기를 저렴하게 맛볼 수 있다는 장점이 있다. 작은 솥에 1인분씩 나와서 혼자가도 부담없이 주문이 가능하다.

Data Map 239D
Access 하얏트 리젠시에서 도보 3분
Add 26, Jalan Pantai, pusat bandar, Kota Kinabalu
Open 15:30~23:00
Cost 바꾸떼 13링깃~
Tel +60 (0)17-764-6667

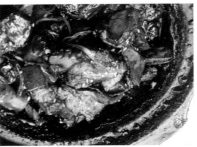

가볍게 즐기는 한 끼
폭옌 Fook Yuen

중국식 카페테리아. 중국식 면 요리와 야채, 딤섬, 치킨 등이 뷔페식
으로 진열이 되어 있고 원하는 음식을 골라 담은 후 계산을 하는 시스
템이다. 간단하고 저렴하게 한 끼 즐기는 곳으로는 맛이나 깔끔한 분
위기 모두 마음에 든다. 손님이 많아 음식 회전율이 좋다 보니 항상 방
금 요리한 음식을 즐길 수 있다. 매장은 아시아 시티와 가야 스트리트
의 올드타운 화이트 커피 옆 등 2곳에 있다. 가야 스트리트에 있는 매
장에서는 갓 구운 베이커리의 구입도 가능하다.

Data Map 239D
Access 가야 스트리트,
올드타운 화이트 커피 옆
Add Gaya Street, Menara
Jubili, G/F, Kota Kinabalu
Open 06:15~02:00
Cost 티 1.5링깃~, 누들 1.5링깃~,
베이커리 1.8링깃~
Tel +60 (0)88-245-567

저자 추천 현지인 맛집 NO.1
세리 셈플랑 Seri Semplang

센터 포인트 건너편 1층에 펼쳐진 허름한 레스토랑. 식사 시간에는 배
고픔을 달래러, 늦은 오후에는 차를 한잔 마시며 수다를 떠는 현지인
들의 공간이다. 여행자들이 가는 대부분의 레스토랑에서 내는 세금이
나 봉사료 등은 어디서도 찾아볼 수가 없다. 1인 10링깃 안쪽이면 음
료수까지 푸짐하게 말레이시아 현지 음식을 즐길 수 있다. 짜장면 같
은 호키엔미, 뷔페처럼 음식을 가져다 먹는 나시 짬뿌르 등 말레이시
아의 대표 음식을 이곳에서 즐겨보자.

Data Map 239C **Access** 센터 포인트 정문 건너편
Add G/F, Complex Asia City, Phase 2A, Jalan Asia City,
Kota Kinabalu **Open** 07:00~01:00
Cost 미고렝 6링깃, 나시고렝 7링깃 **Tel** +60 (0)13-856-9778

BUY

코타키나발루를 꽉잡은 핫 플레이스
이마고 Imago

말레이시아는 쇼핑 천국이다. 그러나 이것은 대도시 쿠알라룸푸르에 해당하는 이야기다. 휴양지인 코타키나발루는 쇼핑과는 거리가 멀다. 쇼핑몰 안이 휑~ 하거나, 너무 로컬 수준에 맞춰져 있어 작정하고 쇼핑을 하러 가도 살게 없어 돈을 쓰기 힘들 정도다. 그런 코타키나발루에서 그나마 쇼핑의 재미를 맛볼 수 있는 곳이 이마고다. 최근 오픈한 이마고는 인기 있는 중저가 브랜드와 맛집이 있어 적당히 시간 보내기 괜찮다. 이마고에는 빅토리아 시크릿, 세포라, 찰스앤키스, 사사 등 한국인에게도 인기 있는 브랜드가 입점해 있다. 또 스시잔마이, 드래곤 아이 등 알려진 맛집 체인점도 있다. 여기에 드러그 스토어, 대형 슈퍼마켓 등이 있어서 식사와 쇼핑을 동시에 즐길 수 있다. 특히 지하에 위치한 슈퍼마켓은 한국 제품 코너가 있어서 여행 중 당장 필요한 것을 살 수 있다. 쇼핑몰은 시티에서 조금 떨어진 밍가든 호텔 건너편에 위치해 있다. 시티에서는 택시로 약 7분 정도 거리이며, 요금은 10링깃이다.

Data Map 239A
Access 밍가든 호텔 건너편. 코타키나발루 시티에서 차로 약 5~7분 거리
Add Jalan Coastal, Kotakinabalu
Open 10:00~22:00
Tel +60 (0)88-486-211
Web sabahbah.com/shopping/imago-kk-times-square

쇼핑 후 바다 보이는 푸드코트로!
수리아 사바 Suria Sabah

코타키나발루 시내에서 가장 현대적이면서 알려진 브랜드가 많이 들어와 있는 쇼핑몰이다. 판도라, 망고, 코치, 록시땅 등의 브랜드 등이 있다. 하지만 세일을 안 할 때는 가격 메리트가 없다. 7~8월 메가세일이나 11~12월 연말 세일 기간에 방문하는 게 좋다. 현지인을 위한 저렴한 브랜드와 일 년 내내 할인 상품을 파는 매장들도 있는데, 눈 높은 여행자에게는 마음에 안 들지도 모른다. 둘러보다 마음에 드는 물건을 발견하면 러키! 빈치, 시드 등 말레이시아 브랜드를 모아놓은 파디니 콘셉트 스토어, 간단한 티셔츠 등을 구입하기 좋은 아웃렛 F.O.S 등이 인기 좋은 매장이다. 쇼핑 후 3층에 위치한 푸드코트에서 바다를 바라보며 식사를 하는 것도 좋다.

Data Map 239D
Access 시티 중심에서 제셀톤 포인트 쪽으로 큰길 따라 직진, 가야 센터 호텔 옆
Add 1, Jalan Tun Fuad Stephens, Kota Kinabalu
Open 10:00~22:00
Tel +60 (0)88-288-800
Web www.suriasabah.com.my

현지인도 여행자도 한 번씩 들러가는 곳
센터 포인트 사바 Center Point Sabah

시내 중심에 크게 자리 잡은 쇼핑몰. 한국 여행자의 눈에는 성에 차지 않는 쇼핑몰이다. 저렴한 현지 브랜드 숍을 비롯해 미용실, 복합 문화시설 등이 있다. 현지인의 생활과 밀접한 공간이자 데이트 장소로 로컬 분위기를 느끼는 재미가 있다. 쇼핑몰 내에는 환전소가 여럿 있다. 소소한 기념품이나 지하에 위치한 슈퍼마켓에서 간식 등을 구입하기 좋다.

Data Map 239A
Access 와리산 스퀘어 앞
Add 1, Jalan Centre Point, Kota Kinabalu
Open 10:00~21:30
Tel +60 (0)88-246-900
Web www.centrepointsabah.com

SLEEP

코타키나발루의 숙소는 특징이 확실해 여행 스타일에 따른 호텔의 선택이 쉽다. 휴양에 몰두할 것인지, 아니면 관광과 휴양을 겸할 것인지, 가격대를 우선할 것인지에 따라 분명하게 호텔을 선택할 수 있다. 여행의 극성수기인 연말과 연초, 여름휴가 기간을 제외하면 가격도 저렴한 편이다.

은둔형 휴양을 위한 리조트 BEST 5

저자 추천 마법 같은 시간이 함께하는 곳
수트라 하버 리조트 Sutera Harbour Resort ★★★★★

코타키나발루에서 가장 거대한 규모를 가진 리조트다. 수트라 하버 리조트에는 마젤란 수트라 리조트The Magellan Sutera Resort와 퍼시픽 수트라 호텔The Pacific Sutera Hotel, 2개의 리조트가 나란히 붙어 있다. 리조트는 2개로 나뉘어 있지만 수영장이나 모든 부대시설은 공동으로 사용할 수 있다. 퍼시픽 수트라 호텔은 마젤란 수트라 리조트보다 요금이 저렴하며 패밀리룸이 있어 가족여행자들에게 추천한다. 리조트 안에는 15개의 레스토랑과 5개의 테마가 다른 풀장, 27홀의 골프장, 해상공원으로 가는 보트 선착장과 해양스포츠센터인 시 퀘스트, 키즈 클럽 등이 있어서 모든 여행자들의 욕구를 충족시키고 있다. 반딧불이, 키나발루산 트레킹 등의 투어도 직접 진행해 리조트에서 바로 예약이 가능하다. 이것저것 칭찬할 것이 많은 리조트이지만 이곳에 가장 머무르고 싶게 만드는 것은 수트라 하버만의 유니크한 풍경이다. 요트 선착장을 끼고 있는 수트라 하버의 선셋은 그야말로 마법 같은 시간이다. 선착장에 빼곡하게 정박한 요트에 붉은 노을이 내려앉는 광경은 그 어떤 리조트에서도 볼 수 없는 아름다움을 선사한다.

Data Map 239A **Access** 공항에서 차로 10분(공항 택시 30링깃), 시내에서 차로 5분 **Add** 1 Sutera Harbour Boulevard, Kota Kinabalu **Cost** 퍼시픽 수트라 호텔 디럭스룸 550링깃~, 클럽룸 710링깃~, 패밀리룸 890링깃~, 마젤란 수트라 리조트 디럭스룸 620링깃~, 클럽룸 840링깃~, 스위트룸 1,570링깃~ **Tel** +60 (0)88-318-888 **Web** www.suteraharbour.com

Tip 수트라 하버 리조트 즐기기

- 코타키나발루의 리조트 중 한국인에게 가장 유명한 리조트다. 투숙객이 많다 보니 한국인 직원이 상주하고 있어 의사소통에 부담이 없다.
- 시티로 가는 셔틀버스가 08:00~21:00까지 수시로 운행한다. 요금은 성인 3링깃, 어린이 1.5링깃이다.
- 수트라 하버 멤버쉽 카드로 여러 액티비티와 리조트 내 레스토랑에서 할인 혹은 무료 서비스를 받을 수 있다.

열심히 일한 당신이 머물 만한 특급 리조트

샹그릴라 탄중 아루 리조트&스파
Shangri La's Tanjung Aru Resort&Spa ★★★★★

세계적인 특급 리조트 체인인 샹그릴라에 운영하는 리조트. 그 명성만으로도 머물고 싶은 유혹이 드는 곳이다. 이 리조트는 코타키나발루에서도 가장 아름다운 석양을 뽐내는 탄중 아루의 서쪽 바다에 자리하고 있다. 리조트에는 7층 건물에 227개의 디럭스룸과 19개의 스위트룸을 갖추고 있다. 가장 인기 좋은 키나발루 윙 씨 뷰 룸은 탄중 아루의 선셋을 가장 아름답게 볼 수 있는 객실이다. 2개의 대형 풀장과 초록 정원에 둘러싸인 어린이용 풀장에서도 바다가 보인다. 코타키나발루에는 샹그릴라가 운영하는 리조트가 탄중 아루 외에 라사 리아에도 있다. 탄중 아루는 공항에서 가깝고 어린이를 위한 시설이 많아 가족여행자에게 추천한다. 반면 시티와 떨어져 있는 라사 리아는 은둔형 휴양자에게 추천한다. 샹그릴라 탄중 아루 리조트는 말레이시아에서 가장 큰 규모의 키즈 클럽을 운영하고 있다. 아이들이 흥미로워할 만한 시설과 놀이 프로그램이 가득하다. 또 청소년을 위한 프로그램이 요일마다 각기 다르게 진행된다. 귀국하는 비행시간이 늦을 경우 체크아웃 후에도 리조트를 즐기고 샤워를 할 수 있으니 미리 문의하도록 하자.

Data Map 223C
Access 공항에서 차로 5분 거리, 탄중 아루 비치에 위치(공항 택시 30링깃)
Add No. 20, Jalan Aru, Tanjung Aru, Kota Kinabalu
Cost 탄중 윙 마운틴 뷰룸 672링깃, 탄중 윙 씨뷰룸 808링깃, 클럽룸 910링깃~, 이그제큐티브룸 1,207링깃~
Tel +60 (0)88-327-888 **Web** www.shangri-la.com/kotakinabalu/tanjungaruresort

아무도 모르게 은둔을 원한다면
가야 아일랜드 리조트 Gaya Island Resort ★★★★★

은둔형 여행을 원한다면 이곳이 딱이다. 공항에서 차로 5분, 수트라 하버 선착장에서 배로 약 15분만 가면 가야섬에 있는 리조트에 닿는다. 가야섬은 툰구 압둘 라만 해양공원에 있는 5개의 섬 중 가장 큰 섬이다. 가는 길은 조금 험해 보이지만 친절하고 편안하게 모셔다 주니 걱정할 것이 없다. 일단 도착하면 방갈로 형태로 만들어진 리조트와 그 앞으로 펼쳐진 에메랄드빛 바다에 자신도 모르게 탄성을 지르게 된다. 이곳에서 며칠간 꿈만 같은 휴식을 만끽할 생각에 황홀하기까지 하다. 가야 아일랜드 리조트는 2012년에 오픈했다. 코타키나발루에서는 가장 최신 시설을 가지고 있는 리조트다. 객실은 4가지의 형태로 되어 있으며 객실 규모도 넓은 편이다. 다만, 아이들을 위한 시설이 부족하다. 가족여행보다는 연인이나 나이 지긋한 분들의 휴양 리조트로 선호도가 높은 편이다. 이곳에서는 일출, 정글투어, 스노클링, 선셋 크루즈 등의 무료투어를 즐길 수 있다. 럭셔리 스파 체인인 스파 빌라지도 만족도가 높은 편이다. 단점이라면 리조트 안에서 식사를 모두 해결해야 하는데, 식사비용이 만만치 않다는 점이다. 2인이 식사를 한다면 한 끼에 적어도 5만 원, 보통 10만 원씩은 잡아야 한다. 자칫 식비가 숙박비 이상으로 나올 수 있다. 돈 쓰는 재미를 아는 사람들에게 추천한다.

Data Map 223A
Access 수트라 하버 선착장에서 보트로 15분 **Add** Malohom Bay, Tunku Abdul Rahman Marine Park, Kota Kinabalu **Cost** 바유 빌라 800링깃~, 캐노피 빌라 910링깃~, 키나발루 빌라 1,010링깃~ **Tel** +60 (0)01-800-9899 **Web** www.gayaislandresort.com

산의 웅장함, 바다의 평화로움, 숲의 향긋함

샹그릴라 라사 리아 리조트
Shangri-La Rasa Ria Resort ★ ★ ★ ★

코타키나발루 시내에서 가장 멀리 있는 리조트다. 가는 길이 멀어서 그렇지 일단 도착하고 나면 탄성이 절로 나온다. 걸어도 걸어도 끝이 안 보이는 아름다운 가든과 평화로운 해변은 꿈에 그리던 휴양지의 모습 그대로다. 가든에 둘러싸인 수영장도, 수심과 파도가 얕은 바다도 가족들끼리 물놀이하기는 최고다. 다른 곳에 비해 키즈 시설과 프로그램은 좀 부족한 편이지만 18홀의 아름다운 골프클럽은 키나발루 산을 배경으로 하고 있어 장관이다. 다양한 액티비티 프로그램은 리조트에 오래도록 머물러도 지루하지 않게 해준다. 특히, 보르네오섬 고유종인 오랑우탄을 만날 수 있는 투어 프로그램은 여행자들이 멀리서도 일부러 찾아오는 인기 투어이니 꼭 참여해볼 것! 대부분의 객실은 사이즈가 넉넉한 편이다. 아이들이 있는 여행자라면 정원과 테라스가 연결되어 있는 1층 가든 윙 객실을, 연인과의 로맨틱한 여행이라면 발코니에 커다란 자쿠지가 설치된 오션 윙 객실을 추천한다.

Data Map 223B
Access 공항에서 차로 40분
(공항 택시 90링깃)
Add Pantai Dalit Beach,
Tuaran, Kota Kinabalu
Cost 가든 윙 663링깃~,
오션 윙 1,156링깃~
Tel +60 (0)88-792-888
Web www.shangri-la.com/
kotakinabalu/rasariaresort

저렴하게 즐기는 5성급 리조트
넥서스 리조트&스파 가람부나이
Nexus Resort & Spa Karambunai ★ ★ ★ ★

코타키나발루에서는 가장 긴 6km의 프라이빗 해변을 가지고 있는 리조트다. 자연친화적인 환경을 가지고 있어 인기가 좋다. 가든과 바다가 보이는 346개의 객실, 잘 가꾸어진 정원, 럭셔리한 분위기에서 최고의 서비스를 받을 수 있는 보르네오 스파, 아마추어 오픈 골프 챔피언십 공식 장소인 골프클럽, 9개의 레스토랑과 바 등 부대시설이 있다. 시티에서 멀리 떨어져 있어도 리조트 안에서 모든 것을 해결할 수 있다. 2010년에 2 베드룸과 3 베드룸 풀빌라를 오픈하면서 가족여행자가 많이 늘었다. 웅장하면서 부대시설도 좋은 리조트인 반면 객실요금은 상대적으로 저렴한 편이다. 또 프로모션도 자주 해 운이 좋으면 10만 원 초반대의 놀라운 가격으로 이용할 수도 있다. 과거에는 여유롭고 한적하게 휴양을 하기에 이만한 리조트가 없었다. 그러나 최근 가격이 저렴해지자 단체 관광객이 많아지면서 예전 같은 호젓함이 사라졌다. 진짜 싼 맛에 이용하는 5성급 리조트가 된 건 좀 아쉽다.

Data Map 223B
Access 공항에서 차로 40분 (공항 택시 75링깃)
Add Off Jalan Sepangar Bay, Locked Bag 100, Kota Kinabalu
Cost 오션 윙 500링깃~, 스위트룸 660링깃~, 풀빌라 975링깃~
Tel +60 (0)88-408-888
Web www.nexusresort.com

휴양과 관광 반반! 시내 호텔 BEST 4

가장 위치 좋은 호텔
르 메르디앙 Le Merdien ★ ★ ★ ★ ★

시내에 위치한 호텔 중에서 가장 추천하는 특급 호텔이다. 가장 위치 좋고, 전망 좋고, 시설 좋고, 서비스 좋은, 뭐 하나 빠지는 게 없는 팔방미인이다. 코타키나발루 시내에서 가볼 만한 워터프런트, 야시장, 센터 포인트, 와리산 스퀘어 등이 모두 도보로 5분 거리다. 따로 차비 들이지 않고 시내 관광을 다 할 수 있다. 객실 크기도 여유로운 편이다. 객실에서 보이는 뷰가 시티 뷰인지 오션 뷰인지에 따라 객실 요금이 많이 차이 난다. 클럽과 스위트 객실 투숙객은 클럽 라운지를 이용할 수 있다. 풀장은 좀 작은 편이지만 이용객이 많지 않아 항상 한적하다. 조식도 종류가 다양해 풍성한 식사를 즐길 수 있다. 혹시라도 객실에 물건을 놓고 왔을 경우 3개월간 호텔에 보관해주는 서비스도 하고 있다.

Data Map 239B
Access 공항에서 차로 10분(공항 택시 30링깃). 센터 포인트에서 도보 2분
Add Jalan Tun Fuad Stephens, Sinsuran, Kota Kinabalu
Cost 클래식룸 360링깃~, 디럭스룸 390링깃~, 클럽룸 540링깃~
Tel +60 (0)88-322-222 **Web** www.lemeridienkotakinabalu.com

역시 핫트!
하얏트 리젠시 키나발루 Hyatt Regency Kinabalu ★ ★ ★ ★ ★

르 메르디앙 호텔과 더불어 코타키나발루 시내에 있는 특급 호텔이다. 하얏트 리젠시라는 특급 호텔 체인의 명성대로 호텔 서비스와 객실의 청결은 모두 최상. 2011년에 리노베이션을 마친 객실도 일반 객실 중 가장 넓고 클래식하며 깔끔하다. 특히, 미닫이문으로 완전 개방이 되는 욕실은 일반 룸을 스위트룸만큼이나 넓어 보이게 한다. 따져보면 르 메르디앙과 하얏트 리젠시는 서비스나 위치, 부대시설이 대부분 비슷하다. 조식과 룸 컨디션은 하얏트 리젠시가 좀 더 낫고, 소소한 차이지만 위치는 르 메르디앙이 좀 더 좋다. 다만 하얏트 리젠시는 호텔 이름값으로 요금이 약간 높은 편. 둘 중 어느 곳을 선택해야 하나 고민이라면 여행 날짜에 프로모션이 뜨는 곳으로 선택하는 것도 좋겠다.

Data Map 239B
Access 공항에서 차로 10분(공항 택시 30링깃). 위즈마 메르데카 옆 건물
Add Jalan Datuk Selleh Sulong, Kota Kinabalu
Cost 스탠더드룸 493링깃~, 클럽룸 830링깃~, 스위트룸 1,080링깃~
Tel +60 (0)88-221-234
Web www.kinabalu.regency.hyatt.com

가격 대비 시설 좋은 호텔
밍가든 호텔&레지던스
Ming Garden Hotel&Residences ★ ★ ★ ★

코타키나발루에서 가장 손님이 많은 호텔 중 하나이다. 600여 개의 객실과 356개의 레지던스를 갖춘 대형 호텔이다. 단체 손님이 많다 보니 로비는 항상 문전성시다. 호텔과 레지던스 모두 객실은 약간 작은 편. 하지만 조식이나 피트니스센터, 스파 등 기본 부대시설이 가격 대비 좋은 편이라 여행자의 만족도는 높다. 호텔보다는 가족여행을 위한 숙소로 레지던스를 추천한다. 레지던스는 침대와 소파, 주방이 분리되어 있어 객실에서 휴식하기가 좀 더 편안하다. 시티 내에 있는 호텔이라고 알려져 있지만 걸어 다니기는 조금 힘들다는 것이 단점이다. 호텔에서 운영하는 셔틀버스나 택시를 이용해야 한다.

Data Map 239C
Access 공항에서 차로 10분 (공항 택시 30링깃) **Add** Jalan Coastal, Kota Kinabalu
Cost 슈피리어 248링깃, 1 베드룸 444링깃, 2 베드룸 694링깃
Tel +60 (0)88-528-888
Web www. minggardenhotel.com

젊은 감성이 녹아 든
호라이즌 호텔 Horizon Hotel ★ ★ ★ ★

2011년 12월 오픈한 4성급 호텔로 180개의 객실을 보유하고 있다. 코타키나발루 시내에서는 가장 최근 지어진 고급 호텔로 젊은 커플 여행자들에게 선호도가 좋다. 객실은 좀 좁은 편이지만 세련되고 감각적인 인테리어로 캐주얼한 감성이 돋보인다. 바다에서 약간 떨어진 시내에 있지만 층수가 높아 바다 조망이 가능하다. 특히, 6층에 있는 풀장에서 보는 바다 풍경은 코타키나발루 모든 호텔 중 가장 근사하다. 가격이 저렴한 편이라 이용자들의 만족도가 높다.

Data Map 239D
Access 공항에서 차로 10분 (공항 택시 30링깃). 가야 스트리트에서 도보 1분 **Add** Jalan Pantai, Locked Bag 2084, Kota Kinabalu
Cost 슈피리어룸 410링깃, 디럭스룸 475링깃, 주니어 스위트룸 745링깃
Tel +60 (0)88-518-000
Web www.horizonhotel sabah.com

살뜰한 여행자를 위한 실속형 숙소

저자 추천 가족여행자들에게 최고의 여행을 선사하는
마리 하우스 Mari House

수트라 하버 근처의 부촌, 그레이스 빌에 위치했다. 현지 한인 여행사에서 운영하는 곳으로 하얗고 예쁜 3층 빌라다. 깨끗한 객실, 멋진 풀장, 맛있는 아침식사(한식), 여기에 코타키나발루의 모든 여행을 척척 도와주는 유쾌한 사장님까지 있어 쾌적함과 편리함을 동시에 느낄 수 있다. 이용자 대부분이 초특급 리조트에서 묵은 것 이상으로 만족도를 느낀다. 객실은 커플룸과 단독으로 이용할 수 있는 2 베드룸, 3 베드룸 등으로 이루어져 있다. 게스트하우스이지만 가족여행자 위주로 운영하고 있다. 투어에 참가하지 않으면 여행이 힘든 코타키나발루에서 투어 예약을 대행해줘 계획 없이 여행을 갔다거나 해외여행이 서투른 여행자도 제대로 된 여행을 할 수 있게 해준다. 시내에서 차로 5분 거리지만 근처에 저렴한 슈퍼와 푸드코트 등이 있어 편리하게 지낼 수 있다. 또 랑카위, 방콕, 쿠알라룸푸르에도 체인이 있으며, 어느 한 곳을 묵으면 다른 곳은 할인가로 이용할 수 있다.

Data Map 239A
Access 공항과 시티에서 차로 각각 5분(공항 택시 30링깃)
Add Grace Ville D-4-1-16, Jalan Sembulan, Kota Kinabalu
Cost 트윈룸 5만 5,000원, 퀸 베드룸 7만 원, 2 베드룸 12만 원, 3 베드룸 16만 원
Tel 070-4062-9592 (카카오톡 ID marisong)
Web cafe.naver.com/rumahmari

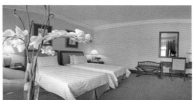

관광이 목적이라면 이곳에서
더 클라간 호텔 The Clagan Hotel ★★★

센터 포인트와 와리산 스퀘어 사이에 있는 3성급
호텔. 코타키나발루 여행의 목적이 관광인 사람들
에게는 최상의 위치다. 수영장은 없지만 같은 급의
호텔 중에서는 조식이 가장 맛있다. 최근 리노베이
션을 끝내 가구와 침구류, 레스토랑의 컨디션이 아
주 훌륭하다.

Data Map 239A Access 공항에서 차로 10분(공항
택시 30링깃), 와리산 스퀘어에 위치 Add Block D,
Warisan Square, Jalan Tun Fuad Steqhen, Kota
Kinabalu Cost 슈피리어룸 245링깃, 디럭스룸 335링깃
Tel +60 (0)88-488-908 Web www.theklagan.com

코타키나발루의 역사가 흐르는 명소
제셀톤 호텔 Jesselton Hotel ★★★

1954년에 지어진 코타키나발루 최초의 호텔이다.
과거에는 코타키나발루를 찾은 유명인사들이 주
로 애용하던 곳이다. 지금은 조금 낡은 시설이지만
고풍스러운 분위기로 빈티지함을 더한다. 가야 스
트리트에 있어 일요일이면 선데이 마켓을 둘러보
기 좋고, 시내로의 접근성도 좋은 편이다.

Data Map 239D Access 공항에서 차로 10분
(공항 택시 30링깃) Add 69, Jalan Gaya,
Kota Kinabalu Cost 슈피리어룸 205링깃,
디럭스룸 224링깃 Tel +60 (0)88-223-333
Web www.jesseltonhotel.com

합리적인 여행자에게
드림텔 Dreamtel ★★★

2013년 9월에 오픈한 깔끔한 호텔이다. 다른 부대
시설을 요구하기에는 가격이 너무 저렴하다. 알찬
조식 뷔페에 객실에서 와이파이까지 터진다. 객실
내 미니 바 같은 건 찾아볼 수 없다. 침대와 깔끔한
욕실이 전부다. 깨끗한 잠자리를 얻는 것만으로 충
분하다면 이곳을 선택하는 것이 합리적이다.

Data Map 239D Access 공항에서 차로 10분
(공항 택시 30링깃), 센터 포인트에서 도보 10분
Add 5, Jalan Padang, Kota Kinabalu
Cost 스탠더드룸 145링깃
Tel +60 (0)88-240-333
Web www.dreamtel.my

비즈니스 호텔급의 합리적인 숙박
시티텔 익스프레스 코타키나발루
Cititel Express Kota Kinabalu ★★★

코타키나발루 시티 한가운데에 위치한 비즈니스호
텔. 유명 맛집인 웰컴 시푸드, 푹옌, 세리 셈플랑 사
이에 위치해 있어 배고플 일은 없다. 침대와 객실이
전부지만 가격을 보면 아깝지 않다. 객실은 깔끔하
지만 흡연층은 담배 냄새가 심하다. 비흡연자는 비
흡연층Non Smoking Floor으로 요청할 것!

Data Map 239C Access 공항에서 차로 10분(공항 택시
30링깃), 아시아 시티에 위치 Add No.1, Jalan
Singgah Mata Pusat Bandar, Kota Kinabalu
Cost 스탠더드룸 145링깃 Tel +60 (0)88-521-188
Web www.cititelexpress.com/kk

03

랑카위
LANGKAWI

랑카위는 99개의 섬으로 이루어진
제주도 1/3 크기의 군도다. 간조 때만
드러나는 5개의 섬까지 더하면 섬은
총 104개다. 랑카위에는 유네스코에
등재된 생태공원이 있다. 섬의 반 이상을
차지하는 열대 우림은 다른 휴양지와는
다른 묘한 매력이 있다. 이런 이유로
랑카위는 '비밀스러운 중독, 랑카위
(Secret Addiction, Langkawi)', 줄여서
사랑Sa-Lang이라 부른다. 공교롭게도
한글의 사랑이라는 단어와 같은 소리가
난다. 그래서 '사랑'이라는 소리를 듣는
것만으로도 이 섬이 사랑스러워진다.

Langkawi
PREVIEW

랑카위의 최대 강점은 할 것이 그다지 많지 않다는 것이다. 그저 놀고 쉬면서 자연을 느끼는 것이
랑카위 여행의 미션! 현지 여행사 투어도 대부분 자연을 느끼는 에코투어들이다.
원하는 투어 한두 가지를 한 후 호텔에서 느긋한 시간을 보내보자.
목적 없는 여행을 즐기며 게으름을 부리는 것이 랑카위에서는 가장 현명한 여행법이다.

SEE

커다란 무언가를 기대하지는 말자. 랑카위는 때묻지 않은 자연의 독특한 풍광 그 자체로 빛을 발하는 곳이다. 청정한 공기를 내뿜는 생태공원, 잔잔한 파도가 흐르는 비치, 하늘에 맞닿은 아찔한 랑카위 전망대, 세상에서 가장 평화로운 선셋. 자연이 연출한 이 모든 것이 볼거리다.

EAT

대부분 레스토랑은 판타이 체낭과 쿠아 타운에 몰려 있다. 현지인이 이용하는 레스토랑과 관광객을 상대하는 레스토랑이 적절히 섞여 있어 다양한 음식을 주머니 사정에 맞춰 즐길 수 있다. 허름하지만 저렴한 진짜 맛집과 분위기 좋은 파인 다이닝 레스토랑을 적절하게 안배하며 즐겨보자.

BUY

랑카위는 말레이시아에서 유일한 면세 지역이다. 쇼핑몰마다 면세점이 있는데, 우리가 생각하는 고급 브랜드는 거의 없다. 그러나 술, 담배, 초콜릿은 놓치지 말 것! 맥주 한 캔은 단돈 700원. 저렴한 맥주로 밤은 더욱 시원하게, 초콜릿으로 휴가는 더욱 달콤하게!

SLEEP

여행 방식에 따라 숙소가 크게 달라진다. 휴양만을 원하는 여행자에게는 천국 같은 곳이다. 성처럼 아름답고 최고의 서비스를 받을 수 있는 특급 리조트가 섬 곳곳에 포진해 있다. 리조트에 파묻혀 오로지 힐링만 하겠다면 이보다 좋은 곳이 없다. 대신 그만큼 요금도 비싸

다. 사람 냄새나는 여행을 원한다면 판타이 체낭의 작은 호텔을 권한다.

Langkawi
BEST OF BEST

볼거리 BEST 3

이토록 마음 시린 선셋이라니!
판타이 체낭

천국을 대면한다는 게 이런 걸까?
탄중 루 비치

아찔하고 짜릿한 감동,
랑카위 케이블카

먹을거리 BEST 3

이게 바로 진정한 시푸드!
원더랜드

브런치의 오감만족,
카투스

고양이와의 특별한 만남,
본 톤 레스토랑

투어 BEST 3

랑카위의 대자연을 온몸으로
느낀다, **맹그로브투어**

로맨틱하고 은밀한 그 시간,
선셋 크루즈

물 위를 달리는 짜릿함!
제트스키투어

Langkawi
GET AROUND

어떻게 갈까?

랑카위에도 국제공항이 있다. 하지만 국제선 노선은 싱가포르와 중국의 광저우만 있다. 그 외에는 말레이시아 국내선뿐이다. 따라서 한국에서 랑카위로 간다면 쿠알라룸푸르를 거쳐야 한다. 쿠알라룸푸르에서 랑카위까지 비행시간은 1시간. 버스를 이용할 수도 있지만 페리를 갈아타는 시간까지 총 10시간 이상이 소요된다. 또 항공요금이 워낙 저렴하기 때문에 육로로 가는 것은 비추다. 랑카위는 페낭과 이웃해 있다. 시간이 넉넉하다면 쿠알라룸푸르를 시작으로 랑카위와 페낭을 같이 돌아보는 것을 추천한다. 랑카위와 페낭은 페리 혹은 항공으로 쉽게 오갈 수 있다. 랑카위 쿠아타운 제티 포인트에서 태국 사툰으로 향하는 페리도 운행된다. 사툰에서 크라비, 푸켓 등으로 갈 수 있다.

1. 항공

쿠알라룸푸르에서 랑카위로 가는 항공은 항공사에 따라 공항이 다르니 주의하자.
- 쿠알라룸푸르 국제공항 KLIA 1 – 말레이시아 항공, 파이어플라이즈, 말린도
  KLIA 2 – 에어아시아
- 수방 국제공항Subang – 말린도 항공
  – 말레이시아 항공 Web www.malaysiaairlines.com
  – 에어아시아 Web www.airasia.com
  – 파이어플라이즈 Web www.fireflyz.com

2. 페리(랑카위 ↔ 페낭)

랑카위~페낭 페리는 3시간이 걸린다. 1일 2회 운행된다. 요금은 편도 70링깃.
- 랑카위 출발 10:30, 15:00 • 페낭 출발 08:30, 14:00
Web www.langkawi-ferry.com

3. 페리(랑카위 ↔ 쿠알라 펄리스)

랑카위 쿠아 타운에 있는 제티 포인트에서 말레이시아 본토에 있는 쿠알라 펄리스Kuala Perlis까지 페리가 운항한다. 쿠알라 펄리스 페리터미널에서 도보로 3~4분 거리에 시외버스터미널이 있다. 이곳에서 쿠알라룸푸르, 말라카, 겐팅, 싱가포르, 조호르바루 등으로 가는 버스를 이용할 수 있다. 제티 포인트에서 쿠알라 펄리스까지는 07:00부터 19:00까지 1시간 15분 간격으로 페리가 운행된다. 요금은 편도 18링깃.

랑카위 국제공항에서 이동하기

공항에서 섬 내 주요 장소로 이동할 수 있는 수단은 택시가 유일하다. 공항에서 판타이 체낭까지는 약 10분, 쿠아 타운까지는 약 20여 분 거리로 비교적 가깝다. 티켓 택시와 그랩 택시를 이용할 수 있는데, 그랩 택시가 반도 더 저렴하다. 그랩 어플을 다운로드 한 후 이용이 가능하다. 티켓 택시의 경우, 출국장을 나서면 바로 티켓을 끊을 수 있다. 티켓 택시 요금은 정액제이다.

- 공항 → 판타이 체낭, 펠랑기, 아세아니아 30링깃
- 공항 → 쿠아 타운 32~40링깃
- 공항 → 다나 리조트 30링깃
- 공항 → 포시즌 리조트 40링깃

Taxi 예약 Zam Kereta +60 17-5757321

어떻게 다닐까?

랑카위는 별다른 교통수단이 없다. 이동 수단이라고는 택시와 렌터카뿐이다. 랑카위 섬을 속속들이 여행하고 싶다면 렌터카를 추천한다. 면세 지역이다 보니 렌터카와 스쿠터 렌트 요금이 저렴하다. 1일 평균 50~100링깃이면 빌릴 수 있다. 택시요금은 비싼 편이지만 목적지에 따라 요금이 정해져 있어 흥정 스트레스가 없다. 택시를 대절해서 섬투어도 가능하다. 이곳저곳 가고 싶은 목적지를 미리 정한 후 4시간 기본으로 투어를 할 수 있다.

택시투어 120링깃(4시간 기준)

판타이 체낭에서 주요 여행지까의 택시 요금

- 오리엔탈 빌리지 35링깃
- 탄중 루 비치 45링깃
- 쿠아타운 30링깃
- 안다만 다타이 리조트 75링깃

말레이시아 전도
Malaysia

태국

쁘렌띠안
Perhentian

랑카위
angkawi

말레이시아

페낭
Penang

카메론 하이랜드
Cameron Highlands

코타키나발루
Kota Kinabalu

브루나이

겐팅
Genting

쿠알라룸푸르
Kuala Lumpur

푸트라자야
Putrajaya

말라카
Melaka

조호르바루
Johor Baharu

싱가포르

말레이시아

쿠칭
Kuching

인도네시아

인도네시아

렌터카로 랑카위 여행하기

드라이브 여행의 천국, 랑카위

랑카위는 제주도 1/3 크기의 작은 섬이다. 전체 섬의 65%가 열대우림 지대다. 랑카위 지도를 들여다보면 길이 몇 개 되지 않는다. 섬을 한 바퀴 도는 길을 따라 숨어 있는 비치로 가는 길과 섬의 안쪽으로 굽이굽이 뻗어나간 몇 갈래의 길이 전부다. 운전 경력이 있고, 지도 보는 감이 좋은 사람이라면 대충만 훑어봐도 원하는 곳을 찾아갈 수 있을 정도로 길이 단순한 편이다. 운전석이 우리나라와는 반대 방향이라 처음에는 살짝 긴장할 수도 있다. 하지만 그것도 금방 익숙해지니 크게 걱정하지 않아도 된다. 한국처럼 교통체증으로 인한 스트레스나 매연, 주차의 부담이 이곳에는 없다. 그래서 초보도 멋지게 드라이브 여행을 할 수 있다. 우기에 여행을 하고 있다면 숲 속에 숨은 작은 폭포들을 만날 수 있다. 또 운전 중에 생각지 못했던 야생 동물들과도 조우할 수 있다.

아주 저렴한 렌터카 대여료와 유류비

랑카위는 면세 지역이라 렌터카 대여료와 기름값이 아주 저렴하다. 기름값은 한국의 1/3 수준이다. 하루만 렌트해도 택시비보다 저렴한 비용으로 여행이 가능하다. 렌터카 대여료는 비수기와 성수기, 차의 종류에 따라 가격이 달라진다. 저렴한 것은 50링깃, 좋은 차도 150링깃이면 보험료까지 포함해서 충분히 대여를 할 수 있다. 기름값은 고민하지 말자. 2일 동안 신나게 타고 다녀도 주유비는 30링깃 내외다. 1만 원이면 넉넉하다는 말씀! 차량을 대여할 경우에는 만약의 사고를 대비해서 보험의 유무를 꼭 확인하자. 또 정식으로 사업 허가를 받은 업체에서 대여하자. 랑카위 공항과 쿠아 타운의 제티에 위치한 렌터카 업체들은 정식 허가를 받은 곳들이다. 이들 업체는 예약 사이트가 있지만 요금이 비싸고, 사이트도 허술한 편이다. 공항이나 제티에 도착해서 바로 렌트가 가능하니 극성수기가 아니면 도착해서 렌트를 하는 게 속 편하다. 판타이 체낭에도 렌터카 업체가 있다. 이곳은 요금이 조금 저렴하기는 하지만 불법 영업을 하는 곳이 대부분이므로 주의할 것! 사고가 났을 때 보험 처리가 힘들 수 있으므로 정식 허가 업체에서 대여하기를 권한다. 연말과 말레이시아의 큰 휴가 시즌을 제외하고는 여행 중에도 렌터카 예약이 가능하니 서두르지 않아도 된다. 스쿠터 대여업체는 대부분 판타이 체낭에 있다. 가격은 1일 약 35링깃 정도. 스쿠터 역시 보험 가입 유무를 확인하고 대여하자.

랑카위 렌터카

렌터카닷컴
Web www.rentalcars.com/en

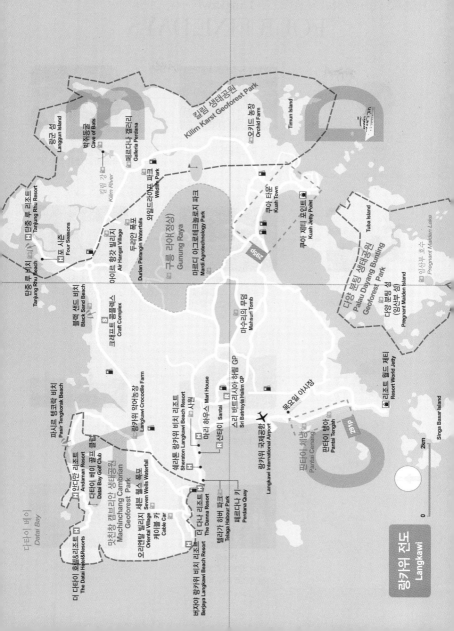

랑군 섬
Langgun Island

칼림 카르스트 생태공원
Kilim Karst Geoforest Park

Timun Island

박쥐동굴
Cave of Bats

오키드 농장
Orchid Farm

페르다나 갤러리
Galleria Perdana

칼림 강
Kilim River

와일드라이프 파크
Wildlife Park

탄종 루 비치
Tanjung Rhu Beach

탄종 루 리조트
Tanjung Rhu Resort

포 시즌
Four Seasons

아이르 항갓 빌리지
Air Hangat Village

두리안 퍼랑인 폭포
Durian Perangin Waterfalls

구눙 라야(정상)
Gunung Raya

마르디 아그로테크놀로지 파크
Mardi Agrotechnology Park

쿠아 타운
Kuah Town

쿠아 제티 포인트
Kuah Jetty Point

블랙 샌드 비치
Black Sand Beach

크래프트 콤플렉스
Craft Complex

마수리의 무덤
Mahsuri Tomb

Tuba Island

다양 분팅 생태공원
Palau Dayang Bunting
Geoforest Park

다양 분팅 섬
(임산부 섬)
Pregnant Maiden Island

임산부 호수
Pregnant Maiden Lake

2592

파시르 텡코락 비치
Pasir Tengkorak Beach

안다만 리조트
Andaman Resort

다타이 베이 골프 클럽
Datai Bay Golf Club

맛친창 캄브리안 생태공원
Machinchang Cambrian
Geoforest Park

오리엔탈 빌리지
Oriental Village

케이블 카
Cable Car

더 다타이 호텔&리조트
The Datai Hotel&Resorts

세븐 웰스 폭포
Seven Wells Waterfall

랑가위 악어농장
Langkaw Crocodile Farm

마리 하우스 Mari House

셰라톤 랑가위 비치 리조트
Sheraton Langkawi Beach Resort

산티아이 Santai

스리 바트리시아 할림 GP
Sri Batrisyia Halim GP

랑카위 국제공항
Langkawi International Airport

목요일 야시장

리조트 월드 제티
Resort World Jetty

Singa Basar Island

버자야 랑가위 비치 리조트
Berjaya Langkawi Beach Resort

더 다나 리조트
The Danna Resort

텔라가 하버 파크
Telaga Habour Park

퍼르다나 키
Perdana Quay

판타이 텡아
Pantai Tengah

판타이 체낭
Pantai Cenang

2910

2km

0

다타이 베이
Datai Bay

랑가위 전도
Langkawi

Langkawi
FOUR FINE DAYS

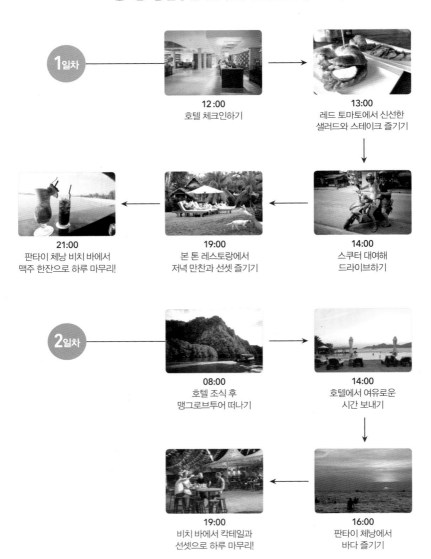

1일차

12:00
호텔 체크인하기

13:00
레드 토마토에서 신선한
샐러드와 스테이크 즐기기

14:00
스쿠터 대여해
드라이브하기

19:00
본 톤 레스토랑에서
저녁 만찬과 선셋 즐기기

21:00
판타이 체낭 비치 바에서
맥주 한잔으로 하루 마무리!

2일차

08:00
호텔 조식 후
맹그로브투어 떠나기

14:00
호텔에서 여유로운
시간 보내기

16:00
판타이 체낭에서
바다 즐기기

19:00
비치 바에서 칵테일과
선셋으로 하루 마무리!

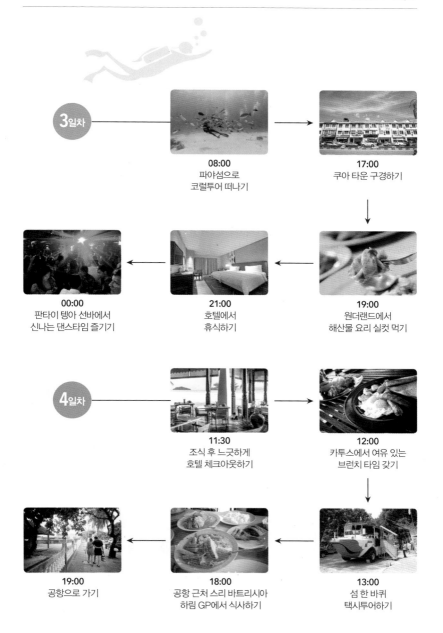

3일차

08:00
파야섬으로
코럴투어 떠나기

17:00
쿠아 타운 구경하기

00:00
판타이 텡아 선바에서
신나는 댄스타임 즐기기

21:00
호텔에서
휴식하기

19:00
원더랜드에서
해산물 요리 실컷 먹기

4일차

11:30
조식 후 느긋하게
호텔 체크아웃하기

12:00
카투스에서 여유 있는
브런치 타임 갖기

19:00
공항으로 가기

18:00
공항 근처 스리 바트리시아
하림 GP에서 식사하기

13:00
섬 한 바퀴
택시투어하기

PLAY

근사한 랑카위 투어

저자 추천 신비로운 대자연의 속살을 만끽하라
맹그로브투어 Mangrove Tour

랑카위 대자연의 신비로움을 가장 가까이 느낄 수 있는 투어가 맹그로브투어이다. 이 투어는 2007년 유네스코 생태공원으로 지정이 된 킬림 생태공원Kilim Geoforest Park의 속살까지 둘러볼 수 있다. 킬림 생태공원은 킬림강 하구와 바다가 만나는 곳에 있으며, 맹그로브 숲이 끝없이 펼쳐진 곳이다. 맹그로브는 뿌리를 통해 호흡하는 나무로, 물 위로 꽈리처럼 뒤엉킨 뿌리가 드러나 있다. 맹그로브투어는 등골이 오싹해지는 박쥐동굴에 들어가는 것부터 시작된다. 종유석 동굴에서 잠을 자고 있는 수천 마리의 박쥐가 랑카위의 더위를 싹 날려준다. 동굴을 빠져나오면 이곳에서만 볼 수 있는 해양생물을 직접 만져보는 피시 팜Fish Farm을 들른다. 그다음 보트를 타고 킬림 생태공원이 있는 안다만 해Andaman Sea를 시원하게 내달린다. 이때 뱃머리에 앉아 랑카위를 상징하는 독수리에게 직접 먹이를 던져주는 특별한 경험도 할 수 있다. 랑카위의 상징인 독수리를 쉽게 볼 수 있을까? 투어 전 이런 질문을 하는 여행자들이 많다. 답은 '그렇다'이다. 킬림 생태공원에서는 떼를 지어 다니며 바다 위의 먹이를 채가는 독수리를 쉽게 볼 수 있다. 이처럼 숲과 자연, 열대우림의 생태를 동시에 즐길 수 있어 맹그로브투어는 가족단위 여행자에게 인기가 많다.

Tip 맹그로브투어와 호핑 투어, 섬 일주 등의 투어는 체낭이나 머무는 호텔에서 바로 예약이 가능하다. 현지인이 운영하는 조인 투어로 저렴하게 투어를 이용할 수 있다. 그룹 단위 여행자는 맹그로브와 섬 일주 등 한국인 단독 가이드 투어로 예약이 가능하다. 단, 일반 투어와 요금 차이가 많이 나는 편이다. 프라이빗한 투어를 원한다면 이용해 볼 만하다.

KILIM GEOFOREST PARK

[투어 일정]
맹그로브투어는 박쥐동굴, 피시 팜, 이글 피딩, 안다만 해를 돌아보며 1시간부터 4시간 코스까지 다양한 패키지가 있다. 그중 가장 일반적인 패키지는 기본적인 4가지 코스에 탄중 루 비치에서 도시락을 먹고 숙소로 돌아오는 코스다.

픽업(09:00) ➔ 박쥐동굴 ➔
피시 팜 ➔ 크로커다일 케이브 ➔
이글 피딩 ➔ 안다만 해 ➔
탄중 루 비치 점심 ➔ 숙소(14:30)

투어 요금
• 현지 업체
Cost 100~120링깃, 단독 투어 200~300링깃(인원에 따라)

• 랑카위 매니아
Web cafe.naver.com/
langkawimania

저자추천

잊을 수 없는 바다 위의 자쿠지
선셋 크루즈 Sunset Cruise

랑카위로 휴양차 커플 여행을 왔다면 선셋 크루즈는 필수 코스이다. 판타이 텡아 끝부분 리조트 월드 제티에서 출발하는 선셋 크루즈는 로맨틱함의 절정을 맛볼 수 있다. 물론 잔잔한 바다 위에 떠 있는 크루즈를 타고 해넘이를 감상하는 선셋 크루즈는 다른 휴양지에서도 경험할 수 있다. 하지만, 랑카위에는 아주 특별한 것이 있다. 바다 위로 그물을 내려 만든 씨 자쿠지가 그것. 씨 자쿠지에 몸을 파묻고 안다만해의 바닷바람을 느끼며 맥주를 마시는 기분은 황홀함 그 이상

• 크리스탈 요트 Crystal yacht
Cost 280링깃
Web www.crystalyacht.com
• 남 크루즈 Naam Cruise
Cost 325링깃~
Web www.naam.bz

이다. 또한, 배에서 직접 요리를 해주는 특별한 디너 뷔페는 맛과 분위기 모두 100점 만점에 120점이다. 맥주와 칵테일은 무제한으로 제공된다. 안다만 바다 위로 지는 주홍빛 석양이 함께 하는 저녁식사는 세상 그 어떤 레스토랑에 비할 바가 아니다. 선셋 타임은 오후 7시부터다. 오후 7시 30분이 절정으로 하늘과 바다는 물론, 동행의 얼굴에도 노을이 붉게 물든다. 허니문을 왔다면 사랑의 맹세가 절로 나오는 시간이다. 하지만, 싱글이라면 주의해야 한다. 이 로맨틱함에 이를 악물어야 할 터이니. 선셋 크루는 오후 4시에 호텔에서 픽업하며, 오후 9시에 숙소로 돌아온다.

내 마음대로 섬 한 바퀴

랑카위 섬투어 Island Tour

섬투어는 섬에서 이곳저곳 원하는 관광지를 내 맘대로 돌아볼 수 있는 투어이다. 현지 여행사를 이용하거나 택시를 원하는 시간만큼 대절해서 투어를 진행할 수 있다. 택시를 이용할 경우 가격은 저렴하다. 하지만 일정을 스스로 짜야 하고 운전기사와 의사소통의 불편함이 있다는 걸 감안해야 한다. 현지 여행사를 이용하면 가격은 택시보다 비싸다. 하지만 가이드의 친절한 설명을 들어가며 여행을 할 수 있고, 현지인들이 즐겨 찾는 맛집에서 식사도 할 수 있다. 섬투어는 마지막 날 호텔 체크아웃을 한 후 비행시간이 늦다면 이용하기 좋다. 일반적인 투어 루트는 오리엔탈 빌리지~쿠아 타운~독수리 광장~라젠다 랑카위~과일농장~와일드 파크 순이다.

• **택시**

Cost 125링깃(4인, 4시간 기준)
Taxi 예약 Zam Kereta
+60 17-5757321

한인 가이드 단독 투어

• **랑카위 매니아**

Cost 4인까지 600링깃,
11인까지 900링깃
Web cafe.naver.com/
langkawimania

> **Tip** 랑카위의 투어는 판타이 체낭과 쿠아 타운에 있는 작은 여행사에서도 예약이 가능하다. 대체로 바가지요금은 없고, 투어도 비슷하다. 하지만 교통편이나 크루즈, 식사의 품질 등은 차이가 날 수 있다. 또 투어를 진행하는 여행자의 수에 따라 같은 투어라도 요금이 다르다. 예약 전 확인해볼 것!

저자 추천

열대어 만나러 파야섬으로 출발!
코럴투어 Coral Tour

코럴투어는 랑카위 여행 중 필수 투어로 알려졌다. 열대어가 가득한 산호바다에서 스노클링과 스쿠버 다이빙을 즐기며 행복한 하루를 보낼 수 있는 투어다. 코럴투어를 떠나는 곳은 랑카위 남쪽 끝 파야Payar섬이다. 해양국립공원으로 지정된 이곳은 쿠아 타운의 제티 포인트에서 페리로 약 1시간 거리다. 이 섬에서 스노클링을 하고 바비큐 런치를 즐기며 한나절을 보낸다. 파야섬은 산호와 열대어 등의 자연생태가 잘 보존된 곳으로 섬 일대의 경관이 아름답다. 파야섬에는 200여 명을 수용할 수 있는 대형 바지선이 있다. 이곳을 베이스캠프로 삼아 깊은 바다에서 스노클링을 한다. 깊은 수심이 두렵다면 배를 타고 1분 정도 섬으로 이동해 얕은 바다에서 즐겨도 된다. 분명한 것은 어디를 가더라도 '물 반 고기 반'이라는 말이 절로 나온다. 특히 이곳에서는 야생 상어를 볼 수 있다. 사람을 공격하지 않는 작은 상어지만 처음 상어를 보면 누구나 긴장한다. 아쉬운 점은 바닥에 약간의 머드가 섞여 있어 태국이나 필리핀처럼 투명한 바다색을 볼 수 없다는 것이다. 하지만 바닷속은 수심 10m 바닥까지 환하게 들여다 보인다. 바다에서 쉴 새 없이 열대어들과 어울리다 보면 바비큐 뷔페가 기다린다. 보통 3~4번은 기본으로 가져다 먹을 만큼 맛있다. 랑카위 스노클링의 단점은 중국 여행자들이 많아 약간은 복잡하다는 것. 그래도 신나는 스노쿨링을 즐기기엔 코럴투어만 한 게 없다.

• 랑카위 매니아
Cost 성인 300링깃, 4~11세 215링깃
Web cafe.naver.com/langkawimania

[투어 일정]

숙소 픽업(08:00) ➜ 제티 포인트 출발(09:30)
➜ 파야섬 도착(10:40) ➜ 파야섬 출발(15:00)
➜ 숙소 귀가(17:00)

(Tip) 코럴투어는 코럴투어와 코럴아일랜드투어 두 가지의 종류가 있다. 코럴투어는 바지선을 이용하며 뷔페식으로 점심을 먹는다. 반면 코럴아일랜드투어는 해변만 이용하며 점심은 도시락을 먹는다. 가격은 코럴아일랜드투어가 더 저렴하지만 일반적으로 코럴투어를 많이 이용한다.

호핑투어 Hopping Tour

랑카위에는 유네스코에서 지정한 생태공원이 3곳이 있다. 그중 한 곳이 다양 분팅 생태공원Pulau Dayang Bunting Geoforest Park은 호핑투어를 즐기는 곳이다. 랑카위 남쪽에 있는 이 공원은 랑카위에서는 두 번째로 큰 섬인 다양 분팅 섬과 주변의 군도를 포함한다. 다양 분팅 섬은 일명 '임산부의 섬'으로 불린다. 멀리서 보면 임신한 여인의 누워 있는 형상처럼 보인다고 이런 애칭이 붙었다. 이곳에서는 여인이 목욕을 하거나 호수의 물을 마시면 임신할 수 있다는 전설이 있다. 다양 분팅 생태공원에서 진행하는 호핑투어는 아주 다양하다. 물고기의 입질이 좋은 장소에 보트를 세우고 바다낚시를 하는 것은 기본이다. 누구나 짜릿한 손맛을 볼 수 있다. 또 푸짐한 해산물 바비큐 런치, 바다수영, 스피드 보트로 섬 돌아보기, 독수리 먹이주기 등 하루가 모자랄 정도로 다양한 경험을 할 수 있다. 호핑투어에는 2곳의 섬에 들른다. 처음 들르는 브라스 바사섬Beras Basah Island에서는 해변에서 바비큐 런치를 먹는다. 투어 중 잡은 물고기를 회로 요리해주거나 생선구이를 해 먹기도 한다. 두 번째 들리는 곳은 임산부의 섬이다. 임산부의 섬을 거슬러 가면 커다란 담수호가 있다. 이곳에서도 물놀이를 할 수가 있다. 담수호에서의 물놀이는 바다와는 또 다른 재미다.

• 랑카위 매니아
Cost 단독투어 성인 (인원에 따라) 220~320링깃까지
Web cafe.naver.com/langkawimania

[투어 일정]

숙소 픽업(09:30) ➡ 리조트 월드 제티 출발 (10:00) ➡ 바다 낚시 ➡ 이글 피딩 ➡ 바비큐 런치 ➡ 임산부의 섬 ➡ 숙소 귀가(16:00)

© 말레이시아 관광청

💬 | Theme |
비밀스런 랑카위 해변

랑카위의 중독성 강한 매력의 정점은 해변에 있다. 체낭 비치는 일몰이 아름답다.
탄중 루 비치는 동남아에서 가장 아름다운 비치로 단골로 등장한다.
이 밖에 다타이 비치, 블랙 샌드 비치 등 때묻지 않은 해변이 많다.

판타이 체낭 Pantai Cenang

랑카위에서 가장 많은 사람들이 찾는 해변이다. 하지만 관광
객의 손을 많이 탄 북적거리는 휴양지를 상상하지는 마시라.
부드럽게 밟히는 모래와 잔잔한 파도가 있는 이곳은 항상 느
긋하고 평화롭다. 비키니를 입고 일광욕을 하는 유럽여행자
와 히잡을 쓴 채 바닷물에 뛰어드는 무슬림 여인까지, 다채로
운 여행자들이 이 해변을 사랑한다. 판타이 체낭 비치에서는
느리게 느리게 흘러가는 시간을 즐기고 게으름을 즐기는 것이
최고의 미션이다. 늦은 오후 바닷물에 몸을 담그고 선셋을 기
다리는 시간은 더없이 행복하다. 황금빛에서 붉은빛, 보랏빛
으로 변해가는 하늘빛은 세상 그 어느 곳의 선셋보다 매력적
이다.

Data Map 279C
Access 공항에서 차로 15분

> **Tip** 판타이 Pantai는 말레이시아어로 '해변'이라는 뜻이다. 따라서 판타이 체낭은 '체낭 비치', 판타이
> 텡아는 '텡아 비치'다.

판타이 텡아 Pantai Tengah

판타이 체낭 바로 옆에 위치한 해변이지만 분위기는 확연히 다르다. 판타이 텡아는 해변 길이가 1km가 조금 안 된다. 하얀 모래가 반짝이는 비치 앞쪽으로 테푸르섬Tepur Island이 고즈넉하게 떠 있다. 이 해변은 홀리데이 빌라 비치와 라나이 비치 리조트 등 몇 개의 호텔에 머무는 사람들만 이용하다 보니 판타이 체낭보다 훨씬 한적하다. 판타이 텡아 비치와 해변을 따라 늘어선 길도 판타이 체낭보다는 고급스러운 매력이 흐른다.

Data Map 279C
Access 판타이 체낭에서 남쪽으로 차로 5분

탄중 루 비치 Tanjung Rhu Beach

고요하고 비밀스러운 탄중 루 비치. 눈을 감으면 머릿속에 그려지는 환상적인 풍경을 닮았다. 천국을 대면하는 기분이 바로 이런 걸까. 랑카위 북동쪽에 위치한 탄중 루 비치는 아시아에서 가장 아름다운 해변으로 자주 언급되는 곳이다. '만Bay'이라는 뜻의 말레이시아어 '탄중Tan Jung'과 소나무처럼 생긴 나무를 일컫는 '루Rhu'가 합쳐져 탄중 루라는 이름이 생겨났다. 이 해변의 한쪽은 랑카위 최고의 리조트인 포시즌과 탄중 루 리조트가 차지하고 있다. 반면 다른 한쪽은 누구나 드나들 수 있는 퍼블릭 비치이다. 해변 외에는 볼 것이 없는 외진 곳이다 보니 별다른 편의 시설이 없고, 햇볕을 피할 곳이 없다. 하지만, 그 덕분에 탄중 루 비치는 더욱 평화로운 풍경을 자아낸다. 마치 나만의 비밀스러운 공간을 가진 듯한 기분이 든다. 다만, 혼자라면 조금은 외로울 수도 있겠다.

Data Map 279B **Access** 랑카위섬 북쪽 판타이 체낭에서 차로 30분

SEE

여행자의 작은 마을
판타이 체낭 Pantai Cenang

이곳에 발을 들이면 '랑카위에 오길 참 잘했다!'는 생각이 절로 든다. 해변을 따라 일렬로 늘어선 소박하고 평화로운 거리는 소박하지만 랑카위에서는 여행자들을 위한 최고의 마을이다. 거리에는 자그마한 레스토랑과 비치 웨어, 액세서리 숍들이 늘어서 있고, 바다를 향해 열린 비치 카페도 즐비하다. 거리를 걷는 사람들의 표정은 행복하다. 특별히 하는 일이 없이도 길을 따라 걷기만 해도 기분이 좋아진다. 판타이 체낭에는 배낭여행자를 위한 가장 저렴한 숙소가 모여 있다. 장기간 여행하는 사람들이 머물기에는 최적의 장소다. 면세점, 작은 여행사, 스쿠터 렌털숍 등 자유여행자들이 필요로 하는 것들도 다 있다. 햇볕이 뜨거운 낮에는 예쁜 카페에서 쉬는 게 좋다. 해가 낮게 깔리는 저녁 무렵부터 해변으로 나선다. 해변을 따라 하나둘씩 불을 켜는 비치 바에서 바닷소리의 로맨틱함을 즐겨보자. 쿠알라룸푸르의 페트로나스 트윈 타워처럼 화려한 볼거리나 랜드마크가 없어도 절대 지워지지 않을 진한 추억을 얻게 될 것이다. 판타이 체낭에 머물다 보면 랑카위와 사랑에 빠지게 된다. 판타이 체낭까지는 공항에서 차로 약 10분 거리다. 택시요금은 20링깃.

아이와 함께 여행한다면
언더워터 월드 Underwater World

판타이 체낭에 있는 아쿠아리움이다. 한국에 있는 대형 아쿠아리움을 기대했다면 조금 실망할 수 있다. 그래도 랑카위 가족여행자들은 꼭 들러가는 곳 중 한 곳이다. 이곳에는 약 5,000여 종의 해양생물이 전시되어 있다. 특히, 한국에서는 볼 수 없는 열대우림 지역의 생물들을 볼 수 있다. 15m 길이의 수족관 터널을 따라 가오리와 상어 등이 오가는 모습도 볼 만하다. 수족관 외에 조류를 전시한 열대우림 정원과 숍, 쉼터 등도 있다. 자녀를 동반한 여행자들에게 추천한다.

Data Map 291D
Access 판타이 체낭에 위치
Add Zon Pantai Cenang,
Mukim Kedawang, Langkawi
Open 10:00~18:00
(공휴일 09:30~18:30)
Cost 성인 43링깃,
12세 미만 33링깃
Tel +60 (0)4-955-6100
Web www.underwaterw
orldlangkawi.com.my

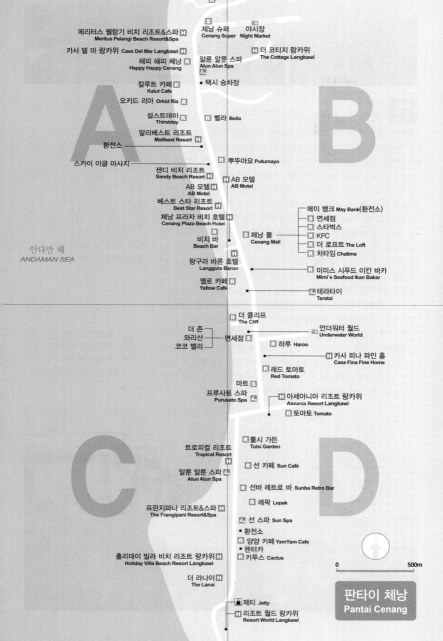

본 톤 레스토랑
Bon Ton Restaurant

메리터스 펠랑기 비치 리조트&스파
Meritus Pelangi Beach Resort&Spa

체낭 슈퍼
Cenang Super

야시장
Night Market

카사 델 마 랑카위 Cass Del Mar Langkawi

더 코티지 랑카위
The Cottage Langkawi

해피 해피 체낭
Happy Happy Cenang

알룬 알룬 스파
Alun Alun Spa

칼루트 카페
Kalut Cafe

택시 승차장

오키드 리아 Orkid Ria

설스트데이
Thirstday

벨라 Bella

말리베스트 리조트
Malibest Resort

환전소

뿌뚜마요 Putumayo

스카이 이글 마사지

샌디 비치 리조트
Sandy Beach Resort

AB 모텔
AB Motel

AB 모텔
AB Motel

베스트 스타 리조트
Best Star Resort

체낭 프라자 비치 호텔
Cenang Plaza Beach Hotel

메이 뱅크(환전소)
May Bank

면세점

스타벅스

비치 바
Beach Bar

체낭 몰
Cenang Mall

KFC

더 로프트 The Loft

차타임 Chatime

랑구라 바론 호텔
Langgura Baron

미미스 시푸드 이칸 바카
Mimi's Seafood Ikan Bakar

옐로 카페
Yellow Café

테라타이
Teratai

안다만 해
ANDAMAN SEA

더 클리프
The Cliff

더 존
와리산
코코 밸리

면세점

언더워터 월드
Underwater World

하루 Haroo

카사 피나 파인 홈
Casa Fina Fine Home

레드 토마토
Red Tomato

마트

프루사토 스파
Purusato Spa

아세아니아 리조트 랑카위
Aseania Resort Langkawi

토마토 Tomato

툴시 가든
Tulsi Garden

트로피컬 리조트
Tropical Resort

선 카페 Sun Café

알룬 알룬 스파
Alun Alun Spa

선바 레트로 바 Sunba Retro Bar

레팍 Lepak

프란지파니 리조트&스파
The Frangipani Resort&Spa

선 스파 Sun Spa

환전소

얌얌 카페 YamYam Cafe

렌터카

홀리데이 빌라 비치 리조트 랑카위
Holiday Villa Beach Resort Langkawi

카투스 Cactus

더 라나이
The Lanai

제티 Jetty

리조트 월드 랑카위
Resort World Langkawi

0   500m

판타이 체낭
Pantai Cenang

 저자 추천

하늘 아래 전망대가 있는
오리엔탈 빌리지 Oriental Village

랑카위 최고 관광지를 꼽는다면 당연히 오리엔탈 빌리지다. 랑카위 섬 북서쪽 맛친창산Mat Cincang에 자리한 오리엔탈 빌리지는 말레이시아 전통양식 건물들이 옹기종기 자리한 테마파크다. 공원 안에는 커다란 연못을 가운데 두고 액티비티와 음식점, 기념품점, 전시관 등 500여 가지의 다양한 체험거리와 숍들이 몰려 있다. 이 가운데는 전통의상을 파는 숍, 아이들을 위한 집라인, 말 타는 곳 등 다양한 구경거리와 체험거리가 있다. 하지만 이곳을 방문하는 이유는 따로 있다. 바로 해발 705m까지 올라가는 케이블카를 타기 위해서다. 오리엔탈 빌리지에 있는 랑카위 케이블카는 맛친창산의 절벽을 따라 끝도 없이 올라간다. 6인승 케이블카에서 바라보는 풍경은 감동적이다. 열대우림 숲이 펼쳐진 랑카위의 대자연이 발아래 펼쳐진다. 그러나 고소공포증이 있는 여행자에게는 오금이 저려오는 고통의 시간이 될 수도 있다. 아찔한 풍경을 등지고 20분쯤 오르면 650m 지점의 전망대에 닿는다. 케이블카는 이곳에 정차했다가 다시 정상으로 향한다. 정상에 서면 360도 파노라마가 펼쳐진다. 안다만해에 떠 있는 104개의 섬들이 구슬을 흩어놓은 것처럼 점점이 떠 있다. 맑은 날은 태국의 섬까지도 보인다고 한다. 그러나 이게 끝이 아니다. 정상에는 두 개의 봉우리를 연결한 120m의 스카이 브릿지가 있다. 하늘을 걷는 듯한 이 다리를 건너가야 짜릿함의 절정을 맛볼 수 있다.

Data Map 279A
Access 더 다나 리조트에서 차로 약 5분. 섬의 북서쪽에 위치
Add Burau Bay, Langkawi
Open 월·화·목 10:00~19:00,
수 12:00~19:00,
금~일 09:30~19:00
Cost 입장료 무료, 케이블카 성인 55링깃, 2~12세 40링깃, 스카이 브릿지 5링깃
Tel +60 (0)4-959-3099
Web www.orientalvillage.my

> **Tip** 랑카위 케이블카는 간혹 점검을 할 때가 있다. 이때는 케이블카 운행을 하지 않으니 미리 확인하고 방문하자.

💬 | Theme |

오리엔탈 빌리지 즐기기

오리엔탈 빌리지에는 케이블카 외에도 즐길 거리가 많다. 빌리지 내에서 진행되는 가벼운 체험할 거리도 있지만 ATV를 타고 정글을 탐험하거나 코끼리 타기 등의 투어도 있다. 빌리지 내에 호텔과 도미토리 같은 숙소, 아시아와 유럽, 로컬 요리를 맛볼 수 있는 식당가, 기념품숍, 스파 등의 시설도 있다.

누구나 쉽게 운전할 수 있는 세그웨이를 타고
오리엔탈 빌리지 한 바퀴 돌아보기(17링깃)

스카이 어드벤처 파크에서
ATV 타고 정글탐험하기(250링깃)

아이들을 위한 플라잉 폭스 타고
연못 건너가기(50링깃)

마차 타고
오리엔탈 빌리지 돌아보기(20링깃)

랑카위의 유일한 도심
쿠아 타운 Kuah Town

판타이 체낭이 여행자를 위한 마을이라면 쿠아 타운은 현지인들이 사는 유일한 도심이다. 도심이라고 해도 규모는 작다. 높은 건물은 3~4층 높이의 호텔이 전부다. 하지만 파스텔 톤의 알록달록한 저층 건물이 늘어선 거리가 참 예쁘다. 쿠아 타운에는 코럴투어를 할 때 페리를 타는 제티 포인트가 있다. 또 랑카위 섬투어를 할 때 꼭 들러가는 독수리 광장이 있어 관광을 하게 된다면 한 번은 꼭 들르는 곳이다. 시간이 된다면 스쿠터로 마을을 한 바퀴 둘러볼 것을 추천한다. 이국적이고 색다른 건물 구경도 좋고, 말레이시아인이 대부분인 랑카위 로컬의 삶을 느껴보는 것도 재미있다. 타운 중앙에는 현지인들이 이용하는 면세점이 있다. 이곳에서는 판타이 체낭보다 초콜릿과 술을 조금 더 싸게 구입할 수 있다. 또 타운 곳곳에 현지인들이 드나드는 진짜 맛집이 있어 그냥 스쳐 지나가기는 아쉽다. 타운 구경과 더불어 라젠다 랑카위, 독수리 광장, 오키드 팜 등의 여행지를 반나절 일정으로 돌아보는 것을 추천한다.

랑카위의 커다란 존재감
독수리 광장 Eagle Square

랑카위에는 섬에서 흔하게 볼 수 있는 갈매기가 없다. 랑카위 군도에 서식하는 독수리 때문이다. 말레이시아어로 독수리는 '랑', 갈색은 '카위'다. 즉 '갈색 독수리가 사는 곳'이 바로 랑카위인 것이다. 그만큼 이곳에서는 독수리의 존재감이 크다. 만약, 페리를 타고 랑카위로 들어온다면 독수리 광장을 가장 먼저 보게 된다. 하늘을 향해 비상하는 듯한 거대한 독수리 조형물이 시선을 사로잡는다. 이 조형물은 북한과 말레이시아 수교를 기념해 북한이 선물한 것이다. 지금은 랑카위 여행 중 인증샷을 찍는 필수 코스가 됐다. 저녁이면 선셋과 함께 조명을 비춰 더욱 멋진 분위기를 연출한다.

Data Map 295D
Access 쿠아 타운 제티 포인트 옆에 위치 **Add** Dataran Lang, Persiaran Putera, Kuah, Langkawi **Cost** 무료

쿠아 타운
Kuah Town

0 200m

Penarak Road

Peak Road

Baeringin Road

Air Hangget Road

Kuah Town Bypass

Kellbang Road

Persiaran Bunga Raya

Persiaran Mutiara 2

Persiaran Putra Road

와일드 아트 크래프트나 갤러리/
탄중 루 비치 방면

마르디 아르코테라노클리지/
랑가위 크래프트 콤플렉스/
블락 샌드비치 방면

판타이 체낭 방면

랑가위 페어 쇼핑몰
Langkawi Fair Shoppingmall

빌리온 연세점

더 웨스틴 랑가위 리조트&스파
The Westin Langkawi Resort&Spa

제티 포인트
Jetty Point

요트 클럽
Yacht Club

독수리 광장
Eagle Square

씨뷰 호텔
Seaview Hotel

이글 베이 호텔
Eagle Bay Hotel

랑가위 바론 호텔
Langkawi Baron

마이 호텔
My Hotel

리지온 호텔
Region Hotel

알하나 모스크
Al-Hana Mosque

아티센 피자
Artisans Pizza

라젠다 랑가위
Taman Legenda

타이 타운 시푸드 레스토랑
Thai Town Seafood Restaurant

아시장

코코 밸리
Coco Valley

쇼핑 센터

워터 가든 호커 센터
Water Garden Hawker Centre

베이뷰 호텔
Bayview Hotel

알룬 알룬 스파
Alun-Alun Spa

완타이 랑가위 레스토랑
Wan Thai Langkawi Restaurant

샤크 핑
Shark Fing

랑가위 몰
Langkawi Mall

랑가위 퍼레이드
Langkawi Parade

원더랜드
Wonderland

벨라 비스타 호텔
Bella Vista Hotel

그랜드 콘티넨탈
Grand Continental

스카이 이글 마사지
Sky Eagle Massage

A B C D

쿠아 모스크라고도 불러요!
알하나 모스크 Al-Hana Mosque

랑카위에서 가장 크고 신도가 많은 모스크다. 쿠알라룸푸르에 있는 웅장하고 아름다운 모스크에 비하면 규모가 작은 편. 그래도 피치색과 금색으로 칠한 양파 모양의 돔이 아기자기하고 귀여운 모습이다. 1959년 무어 양식으로 지었으며, 1993년에 재단장했다. 다른 모스크처럼 화려한 맛은 없지만 잔잔한 멋이 흐른다.

Data Map 295D
Access 쿠아 타운 라젠다 랑카위 근처에 위치
Add Bandar, Kuah, Langkawi
Cost 무료

17개의 전설을 품고 있는
라젠다 랑카위 Lagenda Langkawi

1996년에 개관한 '전설의 공원'이다. '가든 박물관'이라고도 불리는 이 공원은 랑카위에 전해 내려오는 전설을 테마로 꾸며졌다. 열대 식물의 향기를 맡으며 연못을 따라 걷다 보면 17개의 조형물을 만날 수 있는데, 이 조형물들은 각기 다른 랑카위의 전설을 품고 있다. 신화 속의 새, 사람을 잡아먹는 거인, 아름다운 공주의 이야기 등 조형물에 담긴 전설을 음미하며 걷다 보면 눈 깜짝할 사이에 다 돌아보게 된다. 상큼한 초록 향기를 맡으며 여유롭고 느긋하게 산책을 즐겨보자. 쿠아 타운 제티 포인트 옆에 위치해 있어 독수리 광장과 함께 돌아보면 좋다.

Data Map 295D
Access 쿠아 타운 제티 포인트 옆
Add Persiaran Putera, Kuah, Langkawi
Open 09:00~19:00
Cost 무료
Tel +60 (0)3-966-4223

저자 추천 현지인도, 여행자도 오매불망 기다리는
랑카위의 야시장

랑카위에는 다른 지역과 달리 상설시장이 없다. 하지만 현지인과 여행자 모두 오매불망 기다리는 야시장이 있다. 랑카위의 야시장은 판타이 체낭과 쿠아 타운, 두 곳에서 열린다. 판타이 체낭은 매주 목요일 오후 5시부터 자정까지 야시장이 선다. 쿠아 타운은 매주 수요일과 토요일 바론 호텔Baron Hotel 앞에서 열린다. 말레이시아 대부분의 야시장이 그렇듯이 랑카위의 야시장에는 현지인들이 필요로 하는 각종 잡화와 생필품, 여행자를 위한 소소한 기념품까지 온갖 물건들이 있다. 특별히 살게 없어도 호기심 삼아 좌판을 구경하는 재미가 있다. 그러나 야시장의 진정한 즐거움은 길거리 음식에 있다. 맛있는 열대과일과 즉석에서 바쁘게 만들어 내는 간식거리는 온통 새로운 것들이어서 뭘 먹어볼까 하는 고민에 휩싸이게 한다. 1링깃이면 콩을 달달하게 쪄낸 간식을, 2링깃이면 고소하게 튀겨낸 치킨을, 3링깃이면 알싸한 국물을 맛볼 수 있는 락사가 한 그릇이니 먹어도 먹어도 부담이 없다. 특히, 갓 튀겨낸 바나나 튀김은 꼭 맛봐야 하는 야시장의 인기 메뉴다.

판타이 체낭 야시장
Data Map 291B
쿠아 타운 야시장
Data Map 295B

랑카위의 가장 높은 산
구룽 라야 Gunung Raya

구룽의 뜻은 말레이시아어로 산을 의미한다. 따라서 구룽 라야는 라야 산이다. 해발고도 881m로 그렇게 높지는 않지만 작은 섬 랑카위에서는 가장 높은 곳이다. 산 꼭대기까지 아스팔트 길이 잘 나 있어서 차로 올라갈 수 있다. 울창한 밀림을 뚫고 올라가는 만큼 공기도 좋고, 풍경도 좋은 곳. 이런 풍경 좋은 곳이라면 카페라도 하나 있을 만한데, 영업을 하지 않는 호텔만 하나 덜렁 있어서 아쉬움을 자아낸다.

Data Map 279B
Access 섬의 중간, 체낭에서 출발하면 약 1시간 소요된다
Add Gunung Raya, Langkawi
Open 24시간
Cost 무료

택시로 올라가면 추가 요금이 있어서 보통 렌터카를 이용해서 올라간다. 한적하게 잠시 드라이브를 다녀오기 좋은 곳이다. 낮에는 구름이 손에 잡힐 듯한 풍경을 산에서 섬을 내려다 보는 것이 좋다. 하지만 구룽 라야가 진가를 발휘하는 시간은 해 질 녘이다. 바다 위로 해가 떨어지면서 온 세상이 붉게 물드는 감동의 랑카위를 마주할 수 있다.

산길만 편도 약 20분 정도 운전을 해야 하는데, 늦은 밤에는 불빛이 없어서 운전이 위험하다. 해가 완전히 떨어지기 전에 내려오는 게 좋다. 왕복 이동 시간과 풍경을 즐기는 시간을 합쳐 약 3시간 정도 일정으로 잡으면 된다. 오르고 내리는 길에 야생 원숭이가 많이 있다. 먹을 것이나 봉지 등을 보면 강탈하는 원숭이들이 종종 있으니 주의해야 한다.

저자 추천 유러피언처럼 즐기는 휴양

텔라가 하버 파크 Telaga Habour Park

다나 리조트 바로 옆에는 이름난 요트 선착장 텔라가 하버 파크가 있다. 이곳은 커플 여행자라면 꼭 한 번 가서 디너를 즐기라고 추천하는 곳이다. 동남아의 해변 마을은 어디를 가도 조금씩 촌스러운 분위기가 살짝 묻어난다. 설령 현대적인 시설이 들어섰다고 하더라도 전통미를 추구한다. 하지만 텔라가 하버 파크는 다르다. 이곳은 이국적인 휴양지의 분위기가 제대로 산다. 이곳만 둘러보면 유럽의 어느 멋진 작은 마을에 있는 듯한 착각에 빠질 정도다. 이곳에는 작은 항구에 하얀 요트가 가득 들어차 있다. 전 세계 부호들의 요트가 정박해 있는 곳이며, 은퇴한 유럽인들이 바다를 정원 삼아 요트 여행을 하다가 머무는 곳이기도 하다. 이곳은 선착장을 따라 레스토랑이 늘어서 있다. 누구나 좋아하는 이탈리아 요리를 비롯해 러시아, 태국, 말레이식 등 세계 각국의 다양한 미식 경험을 할 수 있다. 선셋 때를 잘 맞추어가면 황홀한 석양과 함께 우아한 분위기에서 고급스러운 서비스를 받을 수 있다. 랑카위에서 즐기는 로맨틱한 유럽, 텔라가 하버 파크에서 맛보자.

Data Map 279A
Access 더 다나 리조트 바로 옆.
공항에서 차로 15분
Add Lot 1, Telaga Harbour
Park Pantai Kok, Langkawi
Tel +60 (0)4-959-2208
Web www.telagaharbour.com

과일농장으로 나들이 떠나기

마르디 아그로테크놀로지 파크
Mardi Agrotechnology Park

1990년부터 개발된 열대과일농장으로 정갈하게 가꿔진 과일농장을 돌아보는 투어를 진행하고 있다. 과일농장까지는 쿠아 타운에서 한적한 길을 따라 10분 거리. 도시 옆에 바로 과일농장이 있는 셈이다. 열대과일농장투어는 커다란 농장 안에서 개조된 트랙터를 타고 다니며 투어를 진행한다. 40~50분 정도 진행되는 이 투어는 다양한 열대과일나무를 직접 가까이에서 볼 수 있다. 농장의 언덕배기로 차가 슬슬 달리기 시작하면 왠지 소풍을 나온 듯한 기분으로 아이도 어른도 들뜬다. 방문하는 시기에 따라 과일의 종류는 다르다. 하지만 스타푸룻, 잭푸룻, 구아바, 포멜론, 파파야 등 평소 접하기 힘든 열대과일나무를 가까이서 볼 수 있다. 나무가 자라는 모습에서 열매가 주렁주렁 열린 모습까지 한자리에서 볼 수 있다. 투어를 하면서 과일과 함께 깜찍한 인증샷을 찍어주는 서비스도 해준다. 투어 중 제철 열대과일은 마음껏 먹을 수 있다. 열대과일을 좋아하는 사람이라면 필수 방문 코스다.

Data Map 279B
Access 쿠아 타운에서 북쪽 파당 강 로드Padang Gaong Rd로 약 10분
Add Jalan Padang Gaong, Lubuk Semilang, Langkawi
Open 08:30~17:00(금요일 휴무) **Cost** 성인 30링깃, 3~12세 15링깃
Tel +60 (0)4-953-2550 **Web** tatml.mardi.gov.my

진귀한 전시품이 한자리에 모였다
페르다나 갤러리 Galleria Perdana

'말레이시아의 영웅'이라 불리는 전 총리 마하티르와 그의 부인이 수
집한 2,500여 점의 소장품을 전시해놓은 박물관이다. 이곳은 고향
이 랑카위인 마하티르 총리가 자신의 수집품들을 기증하며 1995년
에 개관했다. 갤러리는 총리의 파워가 느껴진다. 갤러리에 들면 규모
에 한 번, 깔끔하고 고급스럽게 관리되고 있는 시설에 한 번, 그리고
화려하고 진귀한 전시품에 다시 한 번 놀라게 된다. 이곳에는 마하티
르 인물화를 비롯해 총리 재직 시 국가 원수 간에 주고받은 선물이나
대기업 총수들로부터 받은 선물들이 전시되어 있다. 그중 한국에서
받은 선물도 있는데, 1988년 현대자동차로부터 선물 받은 원조 소
나타도 전시되어 있다.

Data Map 279B
Access 쿠아 타운에서 북쪽으로 10km, 와일드 라이프 파크 근처
Add Kilim, Mukim Air Hangat, Langkawi **Open** 08:30~17:30
Cost 성인 10링깃, 6~12세 4링깃, 사진촬영 2링깃
Tel +60 (0)4-959-1498 **Web** www.jmm.gov.my

구슬픈 음악소리가 울려 퍼지는
마수리의 무덤 Mahsuri Tomb

랑카위는 섬의 개수만큼 많은 전설이 있는 곳이다. 동네 지명이나 섬
의 이름도 전설에서 유래된 곳이 많다. 그중 가장 애잔한 전설을 가
진 곳이 마수리의 무덤이다. 1762년 케다주를 지배하던 왕은 어릴
적부터 아름답고 총명한 마수리를 자신의 아들과 결혼시켰다. 그러
나 마수리는 이를 시기한 시어머니에게 누명을 쓰고 비극적인 죽음
을 당한다. 마수리는 자신의 결백을 증명하기 위해 하얀 피를 흘리며
죽었고, 죽기 전 랑카위에 저주가 내려 7대에 걸쳐 힘든 시기를 겪을
것이라고 예언했다. 그 후 실제로 랑카위는 오랜 시간 자연재해, 전
쟁 등의 불행한 일이 일어났다가 7세대가 지난 몇십 년 전부터 세계
적인 여행지로 다시 번성했다. 현지인은 마수리의 저주가 풀려 지금
의 평화로운 랑카위가 되었다고 믿는다. 마수리 묘역에는 생가를 복
원한 전통마을이 있다.

Data Map 279C
Access 섬의 중앙, 판타이 체낭
에서 약 20분 Makan Mahsuri
Rd를 따라 간다
Add Jalan Makan Mahsuri,
Kampung Mawat, Mukim Ulu
Melaka, Langkawi
Open 08:00~18:00
Cost 성인 10링깃, 3~12세 5링깃
Tel +60 (0)4-955-6055

가장 많은 악어를 한자리에서 만날 수 있는 곳
랑카위 악어농장 Langkawi Crocodile Farm

랑카위 악어농장은 가장 많은 종류의 악어를 한자리에서 볼 수 있는 곳이다. 갓 태어난 악어부터 젊고 튼튼한 악어, 늙어서 치아가 다 빠진 악어까지 악어의 성장과정은 물론, 희귀종과 돌연변이 악어를 보호하는 시설까지 있다. 이곳에는 약 1,000마리의 악어가 살고 있다. 세상의 거의 모든 악어를 볼 수 있다고 보면 된다. 악어농장에서는 1일 2회 사람과 교감하는 악어쇼와 악어가 거세게 먹이를 채는 모습을 볼 수 있는 피딩 타임이 진행된다. TV에서나 보던 무시무시한 악어의 모습을 실제로 볼 수 있는 절호의 기회! 아이들과 함께하는 가족여행, 혹은 동물에 관심이 많은 사람이라면 놓치기 아까운 곳이다.

Data Map 279A
Access 섬의 북쪽, 안다만 리조트 전에 위치. 공항에서 약 30분
Add Teluk Datai, Langkawi
Open 09:00~18:00
(쇼 11:15, 14:45)
Cost 성인 40링깃, 어린이 34링깃
Tel +60 (0)4-959-2559
Web www.crocodileadventure
land.com

산행 후 즐기는 신선놀음
두리안 폭포 Durian Perangin Waterfalls

작은 폭포가 14계단으로 층층이 연결되어 있는 폭포다. 폭포를 보려면 무성한 열대 원시림 사이로 난 돌계단을 따라 20여 분 정도의 짧은 트레킹을 해야 한다. 더운 날씨에 계단을 오르다 보면 이마에 땀이 송골송골 맺히지만 상쾌한 공기와 시원한 물줄기에 더위는 금세 잊어버린다. 돌계단을 다 오르고 나면 커다란 물웅덩이가 있다. 이곳에서 시원하게 물놀이를 즐기는 것도 좋다. 깊은 숲에서 시원한 물에 몸을 담그면 신선놀음이 따로 없다.

Data Map 279B
Access 와일드라이프 파크에서 약 10분, 162번 도로의 끝에 위치
Add Kedah, Langkawi
Cost 무료

오늘도 선녀가 목욕을 하러 왔을까?
세븐 웰스 폭포 Seven Wells Waterfall

랑카위에 있는 몇 곳의 폭포 가운데 가장 경치 좋고, 평화로운 곳이다. 이곳은 현지인들에게도 인기 있는 피크닉 장소로 한나절쯤 쉬어가기 좋다. 시원한 계곡물에 발을 담그거나 바위에서 슬라이딩을 하는 것도 재미있다. 이곳을 좀 더 즐기고 싶다면 계곡을 따라 난 638개의 계단을 올라보자. 다타이 베이가 내려다 보이는 전망대에서의 멋진 뷰는 힘들게 오른 대가 그 이상이다. 전설이 많은 랑카위에서 세븐 웰스 폭포에도 작은 이야기가 전해 내려온다. 전설에 따르면 638개의 계단을 오른 곳에 있는 웅덩이는 선녀가 내려와 목욕을 하는 곳이다. 12월부터 이듬해 4월까지는 건기라 폭포의 수량이 적어 초라한 모습이다. 하지만 우기(5~11월)는 바위 위로 떨어지는 폭포의 모습이 꽤나 아름답다.

Data Map 279A
Access 오리엔탈 빌리지에서 차로 5분
Add Gunung Mat Cincang, Langkawi
Cost 주차료 차량 2링깃, 스쿠터 1링깃

새들과의 교감, 감동의 시간
와일드라이프 파크 Wildlife Park

본래는 새공원Bird Paradise이었던 곳. 그러나 언젠가부터 원숭이, 너구리, 악어 같은 야생동물이 하나둘씩 들어와 지금은 야생동물공원이 됐다. 이름도 와일드라이프 파크로 바꿨다. 그렇다 해도 이곳의 주인은 여전히 조류다. 공원에 입장하면 커다란 새장 안으로 들어가게 된다. 새장 안에서는 새가 사람의 어깨 위로 날아다니고, 사람이 직접 주는 먹이를 받아먹는다. 작고 예쁜 새들을 가장 가까이에서 볼 수 있는 곳으로 난생처음 새와 교감을 나누는 특별한 경험을 할 수 있다.

Data Map 279B
Access 쿠아 타운에서 북쪽으로 10km, 페르다나 갤러리 근처
Add Lot 1485, Jalan Ayer Hangat, Kampung Belanga Peach, Langkawi
Open 08:30~18:00
Cost 성인 39링깃, 3~12세 22링깃
Tel +60 (0)10-778-9619
Web www.langkawiwildlifepark.com

💬 | Theme |

랑카위의 스파와 마사지

초특급 리조트에서 머무른다면 리조트 내에 있는 스파를 이용하는 것을 추천한다. 다나, 웨스틴, 포시즌 등의 리조트는 리조트에 걸맞는 유명 스파 브랜드가 있어 고품격 스파와 마사지 프로그램을 제공하고 있다. 특히 전문 마사지사가 천연재료를 이용해 전통적인 마사지를 해주는 다나 리조트와 세계적인 스파 브랜드로 유명한 웨스틴 리조트의 헤븐리 스파는 일부로라도 가서 받아볼 만하다. 헤븐리 스파는 SPG 멤버 20% 할인 혜택이 주어진다.

알룬 알룬 스파 Alun-Alun Spa

쿠아 타운, 판타이 체낭, 판타이 텡아 세 곳에 지점을 가지고 있는 랑카위에서 가장 널리 알려진 스파숍이다. 3곳 모두 숙련된 테라피스트들이 마사지를 하고 있어 같은 퀄리티의 마사지를 받을 수 있다. 오리엔탈 마사지부터 발 마사지, 보디 트리트먼트까지 다양한 패키지를 가지고 있다. 가장 인기 있는 패키지는 알룬 알룬 웨이브 마사지다. 100% 천연 아로마 테라피 오일 마사지로 말레이시아와 인도네시아의 마사지가 섞인 테크닉으로 마사지는 물론 서비스도 만족스럽다. 사용하는 트리트먼트 제품은 자체 생산하는 제품으로 숍에서 구매도 가능하다. 호텔 픽업 서비스가 있어 편하게 이용할 수 있다.

Data Map 291A
Access 판타이 체낭-카사 델 마 건너편, 판타이 텡아-선 카페 건너편 **Add** Pantai Chenang, Langkawi **Open** 11:00~23:00 **Cost** 알룬 알룬 웨이브 마사지 1시간 160링깃, 2시간 300링깃 **Tel** +60 (0)4-953-3838 **Web** www.alunalunspa.com

선 스파 Sun Spa

선 그룹에서 운영하는 스파다. 알룬 알룬의 뒤를 이어 랑카위에서 마사지숍으로는 넘버 2를 달리고 있다. 이곳에서는 말레이시아 전통 마사지를 비롯해 플라워 배스, 핸드 마사지 등 여행자들의 흥미를 끄는 여러 가지 프로그램이 있다. 그중에서도 여행 중 생긴 피로와 근육을 완벽히 풀어주는 허브볼 마사지는 효과가 꽤나 좋아 입소문이 자자하다. 2인용 패키지를 이용하면 원래 가격보다 더 할인된 가격으로 마사지를 받을 수 있다.

Data Map 291C
Access 판타이 텡아 선 빌리지에 위치
Add Jalan Teluk Baru, Pantai Tengah, Langkawi **Open** 13:00~22:00 **Cost** 아로마 오일 마사지 60분 108링깃, 아로마 오일 허브 마사지 90분 158링깃 **Tel** +60 (0)4-955-9287

테라타이 | Teratai

발 마사지 전문숍으로 선 스파에서 운영한다. 시설은 선 스파보다 떨어지지만 발 마사지만 원한다면 저렴한 가격으로 시원하게 피로를 풀 수 있는 곳이다. 금액에 따라 발목 혹은, 무릎까지 범위를 고를 수 있다. 중국식 마사지로 아주 시원한 느낌을 준다. 다리와 팔, 눈썹 등 왁싱이나 네일케어도 받을 수 있다. 하지만 한국에 비하면 퀄리티는 좀 떨어진다. 숍이 좁은 편이라 미리 예약을 하는 게 좋다. 판타이 체낭과 판타이 텡아는 무료 픽업이 가능하다.

Data Map 291B
Access 판타이 체낭 언더워터 월드 옆에 위치
Add Jalan Pantai Tengah, Langkawi
Open 13:00~24:00
Cost 발 마사지 38링깃~, 보디 마사지 48링깃~
Tel +60 (0)4-955-1822

스카이 이글 마사지 | Sky Eagle Massage

랑카위의 많은 마사지숍은 대부분 인도네시아와 말레이시아가 섞인 전통 마사지로 스트레칭이 거의 없다. 이 때문에 시원하지가 않다며 성에 차지 않아 하는 사람들이 있다. 이들에게는 스카이 이글 마사지숍을 추천한다. 이 숍은 타이와 중국의 센 마사지를 받을 수 있는 곳으로 여행자들보다는 현지인들을 위한 마사지숍에 가깝다. 그 중에서도 센 마사지를 제대로 받기 원하는 중국인들이 좋아하는 숍이라 확실한 힘을 느낄 수 있다. 거품 쏙~ 뺀 가격이라 더욱 좋다.

Data Map 295C
Access 판타이 체낭 무뚜마요 건너편, 쿠아 타운 그랜드 콘티넨탈 호텔에 위치 **Add** Lot 398, Mk. Kuah, Langkawi **Open** 12:00~01:00
Cost 보디 마사지 60분 55링깃~, 발 마사지 60분 45링깃~ **Tel** +60 (0)4-966-0955

🍴 EAT

시푸드를 원한다면

여행자 사이에서 인기 최고
오키드 리아 Orkid Ria

판타이 체낭 거리를 조금 기웃기웃하다 보면 항상 만석을 이루는 넓은 레스토랑이 있다. 항상 손님들이 넘쳐나는 모습을 보면 꼭 가보고 싶다는 생각이 절로 든다. 이곳이 오키드 리아다. 판타이 체낭의 중심, 여행자가 가장 많은 곳에 있다 보니 일단은 접근성이 좋다. 밖에서 슬쩍 곁눈질로 보면 분위기도 좋다. 거기에 메뉴의 비주얼까지 좋다 보니 오키드 리아는 여행자들이 최고로 꼽는 시푸드 레스토랑이 됐다. 그 큰 레스토랑에 손님이 매일 꽉꽉 차 있는 모습을 보면 랑카위의 어느 맛집이 이곳의 아성을 무너뜨릴 수 있을까 하는 생각이 들

Data Map 291A
Access 판타이 체낭 카사 델 마 근처에 위치 **Add** Lot 1225, Pantai Cenang, Mukim Kedawang, Langkawi **Open** 11:00~15:00, 18:00~23:00 **Cost** 냉동 로브스터 100g 23링깃, 라이브 45링깃, 프라운 18링깃~
Tel +60 (0)4-955-4128

정도도. 오키드 리아에서 가장 인기 있는 메뉴는 뭐니 뭐니 해도 로브스터와 크랩 종류. 처음 시푸드를 맛보는 사람들에게도 잘 맞는 근사한 맛을 가지고 있다. 그 대신 여행자를 위한 곳이다 보니 가격이 다른 시푸드 레스토랑에 비해 1.5~2배 정도 비싸다. 로브스터는 살아 있는 것과 냉동의 가격 차이가 2배 정도 난다. 조금 저렴하게 시푸드를 즐기고 싶다면 냉동을 시키는 것도 좋다. 입맛이 아주 예민한 미식가가 아니라면 맛도 괜찮다. 담백하고 신선한 해물의 맛을 느끼고 싶다면 그릴 요리가 좋다. 바삭바삭한 맛을 즐긴다면 갈릭이나 버터소스로 주문하자.

 실속 있게 즐기는 근사한 시푸드
원더랜드 Wonderland

랑카위에서 시푸드 맛집 중 가장 인기 있는 집은 누가 뭐래도 오키드 리아이다. 하지만 그건 여행자들의 이야기일 뿐. 현지인들이 추천하는 진짜 시푸드 맛집은 원더랜드다. 다만, 여행자들이 몰려 있는 판타이 체낭에서 약간 떨어진 쿠아 타운에 위치해 있고, 오키드 리아보다는 인테리어가 조금 촌스럽다는 것뿐이다. 하지만 맛과 가격을 비교하자면 원더랜드가 한 수 위다. 여행자들이 꼭 먹고 싶어 하는 칠리 크랩, 로브스터, 타이거 프라운은 기본이고, 이곳만의 소스로 만드는 시푸드 요리도 맛볼 수 있다. 칠리 크랩과 버터 프라운은 여행자들에

Data Map 297C
Access 쿠아 타운, 벨라 비스타 리조트 건너편 **Add** Lot 179, Pusat Perniagaan Kelana Mas, Jalan Trimuta, Kuah, Langkawi
Open 18:00~23:30
Cost 농어 100g 6링깃, 로브스터 100g 18링깃, 크랩 100g 7링깃
Tel +60 (0)12-623-0441

게 가장 인기 있는 메뉴. 간장으로 짭조름하게 양념된 A.B.C 소스의 농어Sea Bass, 삼발 소스로 요리된 오징어Sotong 등은 현지인들이 가장 즐겨먹는 메뉴다. 시푸드 프라이드 라이스, 캉콩Kang Kong 야채 한 접시를 같이 주문하면 근사한 시푸드 만찬이 완성된다.

오키드 리아의 강력한 라이벌
해피 해피 체낭 Happy Happy Cenang

오키드 리아를 맹추격하고 있는 체낭의 중식 시푸드 레스토랑이다. 시푸드의 종류와 분위기도 비슷하고, 위치도 옆집처럼 나란히 있어 오키드 리아의 경쟁상대가 됐다. 물론 규모에 있어서는 오키드 리아와 비교할 수 없다. 하지만 많은 메뉴가 겹치고 요리법이 비슷해서 체낭에서는 인기가 고공행진 중이다. 해피 해피 체낭은 후발주자인 만큼 같은 메뉴를 조금 더 저렴한 가격에 맛볼 수 있다. 입맛은 취향에

Data Map 291A
Access 판타이 체낭 초입 카사 델 마 근처 **Add** lot 44, Jalan Pantai Cenang, Langkawi **Open** 11:00~23:00
Cost 로브스터 100g 18링깃, 생선 100g 6링깃~
Tel +60 (0)11-3549-0152

따르지만 버터 프라운과 두부요리, 조개요리는 해피 해피 체낭이, 게와 로브스터 요리는 오키드 리아가 더 낫다는 평이다. 꼭 갑각류의 시푸드를 고집하지 않는다면 가격이 약간 저렴한 해피 해피 체낭을 이용하는 것도 좋다. 메뉴마다 작은 사이즈로 주문이 가능하니 여러 가지 음식을 푸짐하게 즐겨보자.

판타이 체낭에선 여행자처럼

저자 추천 **10년간 변함없는 랑카위 맛집**
레드 토마토 Red Tomato

이미 10년 이상 판타이 체낭의 맛집으로 자리 잡은 곳. 독일계 여자 사장님의 센스가 한껏 돋보이는 레스토랑이다. 무성한 나무가 그늘을 만들어주는 테라스와 알록달록하게 꾸며진 레스토랑 내부가 한껏 들뜬 분위기를 만든다. 레스토랑 분위기가 좋아 손님이 많다고 생각하면 착각이다. 음식을 하나만 시켜봐도 이곳이 왜 이렇게 오랫동안 손님이 많은지 알 수 있다. 음식은 모두 신선한 재료를 사용하며 재료의 맛을 한껏 살린 웰빙 메뉴다. 말레이시아를 여행하다 보면 한국에서 쉽게 찾아볼 수 있는 신선한 샐러드 메뉴가 많지 않은 편이다. 하지만 레드 토마토에서는 랑카위에서 가장 신선하고 맛있는 샐러드를 즐길 수 있다. 아침은 연어에 부드러운 소스가 뿌려진 살몬 베네딕트, 점심은 신선한 채소와 치즈가 가득한 홈메이드 샌드위치, 디너로는 누구나 좋아하는 화덕피자로 언제 가도 제대로 된 한 끼를 챙겨 먹을 수 있다. 수박을 통째로 갈아 만든 수박주스도 꼭 맛볼 것!

Data Map 291D
Access 판타이 체낭 언더워터 월드 맞은편
Add 5 Casa Fina Av enu, Pantai Cenang, Langkawi
Open 09:00~22:30 **Cost** 런치 30~45링깃, 디너 50~80링깃(봉사료 10% 별도)
Tel +60 (0)4-955-4055

저자 추천 세상에서 가장 특별한 곳
본 톤 레스토랑 Bon Ton Restaurant

100년이 넘은 코코넛 농장에 세워진 아주 특별한 리조트 겸 레스토랑. 이곳이 특별한 이유는 새 것이 없다는 것, 그리고 고양이가 함께 한다는 것이다. 동물애호가 호주인 오너 너렐 맥머리트Narelle McMurtrie 는 70~100년이 된 말레이시아의 옛 가옥들을 그대로 이곳으로 옮겨와 리조트를 지었다. 외관은 허름한 산장처럼 생겼다. 하지만 리조트는 모두 독립된 독채로 이루어져 있으며, 내부시설과 레스토랑 모두 고급스럽게 꾸며졌다. 이곳이 특별한 이유 중 하나는 학대받거나 버려진 200여 마리의 고양이를 돌보고 있다는 것! 고양이들은 이

Data Map 291A
Access 판타이 체낭에서 차로 5분. 공항에서 10분
Add Pantai Cenang, Langkawi
Open 11:00~23:00
Cost 런치 30~45링깃. 디너 50~80링깃(봉사료 10% 별도)
Tel +60 (0)4-955-1688 **Web** www.bontonresort.com.my

곳에서 몸과 마음의 치료를 받고 여행자들과 더불어 살아간다. 이곳 오너는 지금도 꾸준히 리조트와 레스토랑에서 나오는 수익 가운데 일부를 동물보호재단에 기부하고 있다. 본 톤의 레스토랑과 숙소에 들어가면 고풍스럽고 편안한 분위기에 감동한다. 그러나 이 모든 것을 고양이와 함께 누린다. 고양이들이 자연스럽게 사람을 반기며 테이블이나 침대를 같이 사용해도 놀라지 말 것! 이곳에서 시간을 보내다 보면 평화롭고 고요한 모습에 고양이뿐 아니라 사람도 치유의 시간을 보내게 된다. 음식은 가격이 조금 비싼 편. 메뉴는 객실의 90%를 채우는 유러피언들의 입맛에 맞게 구성되어 있다. 현지 요리인 뇨냐 플래터Nyonya Platter로 전통음식을 고급스럽게 즐겨보자.

오감만족 인도 요리
툴시 가든 Tulsi Garden

눈에 띄는 곳에 있지는 않지만 미식가들의 발길이 끊이지 않는 레스토랑이다. 오너는 인도인으로 음식에 대한 자부심이 대단하다. 이곳은 인도에서 공수해 오는 소스로 정통 인도 음식을 만들어 낸다. 주방장도 물론 실력 있는 인도인이다. 말레이시아는 전체 인구 가운데 인도인이 세 번째로 많다. 자연히 인도 음식점도 많고, 잘하는 레스토랑도 많다. 가끔 이렇게 제대로 된 인도 음식점을 만나면 매콤한 맛이 입에 착착 달라붙어 한국 음식을 먹고 싶은 생각이 싹 사라질

Data Map 291D
Access 판타이 텡아 위치
Add No.6, Lot 2863, Jalan Teluk Baru, Pantai Tengah, Langkawi **Open** 12:00~14:30, 18:00~10:30(일요일 휴무)
Cost 난 5링깃~, 커리 14링깃~
Tel +60 (0)4-955-3011

정도다. 인도 요리는 북인도와 남인도의 메뉴가 약간 다르다. 남인도 요리가 더 맵고, 난보다는 라이스와 함께 식사를 즐긴다. 툴시 가든에서는 시원한 파인애플 라씨를 시작으로 인도식 매운맛이 더해진 치킨 마살라(커리 종류)에 바삭바삭하게 잘 구워진 버터 난을 곁들여 정통 인도 요리를 맛보자.

랑카위의 하이라이트
설스트데이 Thirstday

전면이 체낭 비치를 향해 오픈되어 있어 근사한 바다 풍경이 눈앞에 펼쳐진다. 런치 타임부터 문을 열어 늦은 밤까지 식사와 술 모두 해결할 수 있는 곳. 비치 레스토랑인 만큼 가장 인기 많은 시간은 선셋이 붉게 물들어갈 때이다. 이곳은 분위기만큼이나 음식 맛도 좋은 편. 바삭하게 잘 구워 나온 피자와 파스타 그리고 맥주 한잔. 선셋과 함께 하는 시간이면 여운이 길고도 길다. 랑카위 여행의 마지막 시간을 보내며 여행의 하이라이트를 만들어보자.

Data Map 291A
Access 오키드 리아 레스토랑 안쪽
Add Lot 1225 Jalan Pantai Cenang, Langkawi
Open 13:00~01:00
Cost 식사 25링깃~, 맥주 11링깃~
Tel +60 (0)12-205-9912

쿠아 타운에서는 현지인처럼

저자추천 매일매일 태국에서 건너오는 음식

완타이 랑카위 레스토랑 Wan Thai Langkawi Restaurant

많은 사람들이 좋아하는 타이 푸드를 맛있게 즐길 수 있는 곳이다. 말레이인과 태국인 커플이 10년 이상 운영하면서 쿠아 타운 최고 맛집으로 등극했다. 매일 아침 타이에서 직접 공수해오는 신선한 식자재를 사용하며, 대를 이어 내려오는 레시피로 정통 타이 푸드의 맛을 지켜오고 있다. 그것이 이 넓은 레스토랑을 매일같이 손님으로 가득 채우는 비법이다. 누구나 좋아하는 똠얌은 이곳에서도 인기 메뉴. 새로운 타이 푸드 메뉴에 도전하고 싶다면 깽솜Kang Som을 추천한다. 생선과 과일을 넣어 끓인 우리나라의 매운탕, 혹은 김치찌개 같은 메뉴로 시큼하고 얼큰한 맛이 아주 매력적이다. 튀긴 새우를 완타이만의 특별한 소스에 재운 우당 완타이도 한국인의 입맛에 잘 맞는다. 촉촉한 튀김옷을 입은 탱탱한 새우살은 씹을 때마다 식욕을 자극한다. 오징어와 새우가 듬뿍 들어간 볶음밥을 함께 즐겨보자. 점심(12:00~13:00)과 저녁(19:00~20:00)의 황금시간은 만석일 확률이 99%다. 가끔은 손님을 받지 않는 경우도 있다. 식사시간을 조금 벗어나서 가는 게 좋다.

Data Map 295C
Access 랑카위 퍼레이드 맞은편 랑카위 몰에 위치
Add No. 80&82, Persiaran Bunga Raya, Langkawi
Open 11:00~15:00, 18:30~22:00
Cost 깽솜 15링깃, 우당 완타이 25링깃, 시푸드 나시고렝 6링깃
Tel +60 (0)4-966-1214

더운 날씨에 원기보충 하는 탕 한 그릇
샤크 핑 Shark Fing

중국 사람들에게 사랑받는 보양식 메뉴인 바쿠테 Bak Kut Teh를 먹을
수 있는 곳이다. 바쿠테는 말레이시아, 싱가포르와 같은 동남아시아
에서 중국인들에게 사랑받는 중국음식이다. 하지만 중국 본토에서는
찾아볼 수 없는 음식이다. 바쿠테는 중국식 약재가 가득 들어간 국물
에 돼지갈비를 넣어 끓인 돼지갈비탕이다. 더운 날씨에 늘어지는 몸,
기력이 쇠해졌을 때 원기를 보충해주는 특별한 보양식이다. 또 술 마
신 다음 날 속풀이용 해장으로도 딱이다. 약재와 간장으로 맛을 내어
향이 진하고 고소한 바쿠테는 먹을수록 중독되는 맛이 있다.

Data Map 295C
Access 완타이 랑카위 레스토랑 앞 블록에 위치
Add 267, Langkawi Mall, Dindong, Pekan Kuah, Langkawi
Open 17:00~22:00 **Cost** 1인당 약 20링깃
Tel +60 (0)4-966-1672

하루라도 거르면 섭섭해~
워터 가든 호커 센터 Water Garden Hawker Centre

이런 곳이 진정한 현지인 맛집! 커다란 레스토랑 안에 20여 개의 작
은 음식점이 모여 있는 현지인들의 카페테리아다. 정신없이 분주하
고 너저분한 분위기이지만 쿠아 타운에 사는 현지인들은 하루에 한
번 이곳에 못 오면 섭섭해하는 곳이다. 뷔페처럼 원하는 음식을 골라
먹는 나시 짬뿌르를 비롯해 미고렝, 나시고렝, 아삼 락사, 한국에서
먹던 수제비와 꼭 같은 맛을 내는 판미까지, 말레이시아 음식은 빠짐
없이 보고 고를 수가 있다. 가격도 5링깃 정도면 대부분의 메뉴를 맛
볼 수 있다.

Data Map 295B
Access 쿠아 타운 면세쇼핑센터,
코코 밸리 건너편에 위치
Add Pekan Kuah, Langkawi
Open 06:30~16:00,
17:30~00:00
Cost 1인당 약 6링깃

여행자는 모르는 숨겨진 맛집

저자 추천 말레이시아 최고의 피시 커리!
스리 바트리시아 하림 GP Sri Batrisyia Halim GP

현지인들의 진짜 맛집은 판타이 체낭을 벗어난 곳에 많다. 그나마 스리 바트리시아 하림 GP는 공항 옆에 위치해 있어 공항을 오가며 들르기 좋다. 이 레스토랑은 피시 커리로 유명하다. 말레이시아 전역에 있는 피시 커리 중 가장 맛있는 집으로 추천해도 될 만큼 맛이 좋다. 말레이시아의 커리는 우리나라 커리와 좀 다르다. 생선을 넣어 비린내가 날 것 같지만 전혀 그렇지 않다. 또 향신료로 특별한 향을 내는 것이 아니라서 부담 없이 먹을 수 있다. 음식을 주문하는 방법은 간단하다. 여러 가지의 토막낸 생선을 원하는 양만큼 골라서 커리를 해달라고 하면 된다. 생선은 시즌마다 종류가 다르다. 메뉴판은 대부분 말레이어로 되어 있어 생선의 종류를 구별하기도 힘들고, 말도 잘 통하지 않는다. 그럴 때 주문하는 노하우! 두툼한 생선을 고르면 맛도 좋고 먹기도 좋다. 커리에 야채를 넣고 싶다면 야채도 한 접시 집어 들자. 생선은 커리 외에 튀겨 먹는 것도 가능하다. 커리는 2인당 300g 정도면 적당하다.

Data Map 279A
Access 랑카위 국제공항 들어가기 직전 회전 교차로에 위치
Add Gulai Panas Airport, No.4, Jalan Lapangan Terbang Bukit Nau, Langkawi
Open 18:00~00:00
Cost 1인당 약 15링깃
Tel +60 (0)4-955-9376

항공사 셰프의 손맛은 어떨까?
산타이 Santai

항공사에서 기내식을 담당하던 메인 셰프가 랑카위에 차린 레스토랑이다. 아담하지만 근사한 레스토랑과 어떤 것을 시켜도 하나하나 정성스레 차려 나오는 음식이 많이 닮았다. 무슬림 레스토랑 표시인 할랄 스티커가 붙어 있지만 어디를 둘러봐도 할랄 분위기를 찾아볼 수 없는 웨스턴 레스토랑이다. 메인 요리는 냄새 하나 없는 램 스테이크와 비프스테이크. 디저트는 바나나 튀김이 강력 추천요리다. 맛과 비주얼, 가격, 삼박자가 딱 맞아떨어지는 곳이다.

Data Map 279A
Access 랑카위 국제공항에서
케이블카로 가는 길을 따라 차로
약 10분
Add 209, Jalan Pantai Kok,
Langkawi
Open 17:30~24:00(화요일 휴무)
Cost 스테이크 24링깃,
생과일주스 4.9링깃
Tel +60 (0)4-955-2702

다양한 생선 바비큐를 즐겨요
미미스 시푸드 이칸 바카 Mimi's Seafood Ikan Bakar

현지인들의 적극적인 추천이 아니면 찾아내지 못했을 맛집이다. 이 레스토랑은 여행자들로 붐비는 판타이 체낭에 있지만 눈여겨보지 않으면 잘 보이지 않는 곳에 있다. 여행자를 위한 레스토랑이 몰려 있는 곳에 아이러니하게도 현지인들이 최고의 점심식사를 즐기는 레스토랑이 있는 셈이다. 이 레스토랑의 이름에 등장하는 '이칸 바카'는 생선 바비큐를 뜻한다. 이름처럼 다양한 생선을 그릴에 구워 놓는데, 도미, 꽁치, 조기, 농어 등 자세히 보면 우리에게도 친숙한 생선들이어서 음식이 낯설지 않다. 밥과 함께 원하는 생선을 접시에 담아 계산하고 식사를 하면 된다. 생선마다 가격이 다르다.

Data Map 291B
Access 판타이 체낭 체낭 몰 옆에
위치
Add Jalan Pantai Cenang,
Langkawi
Open 11:00~16:00
(음식이 떨어지면 문을 닫는다)
Cost 1인당 5~7링깃
Tel +60 (0)19-569-5279

아침이면 더욱 바쁜 브런치 레스토랑

저자 추천 초록 정원, 최고의 브런치 시간
카투스 Cactus

아침부터 늦은 밤까지 문은 열려 있다. 하지만 맛있는 식사를 할 수 있는 시간은 따로 있다. 바로 오전 9시부터 오후 1시까지가 가장 맛있는 브런치 메뉴를 즐길 수 있는 시간이다. 이 레스토랑은 이름처럼 선인장으로 넓은 정원을 꾸며 놓았다. 알록달록하게 치장한 실내 인테리어는 미국의 어느 낡은 레스토랑에 들어와 있는 느낌을 준다. 이곳의 아침식사는 트립어드바이저에서 수도 없는 리뷰와 함께 2013년 최고의 랑카위 브런치 레스토랑으로 수상을 하기도 했다. 가장 유명한 메뉴는 6링깃이라고 하기에는 믿을 수 없는 맛과 퀄리티를 가진 나시 르막과 커피와 함께 햄, 달걀, 야채, 빵에 계절과일, 주스까지 다양한 음식이 구성되어 나오는 미국식 브런치 메뉴. 맛있고 푸짐하고 거기에 가격까지 저렴하니 더 이상 바랄 게 없다. 타 브런치 레스토랑과 비교를 거부하는 최고의 레스토랑이라는 데 이견의 여지가 없다. 레스토랑 뒤쪽에 여행자를 위한 숙소 카투스 인Inn을 같이 운영하고 있다.

Data Map 291D
Access 판타이 텡아,
홀리데이 빌라 비치 리조트 건너편
Add Gulai Panas Airport,
No.4, Jalan Lapangan
Terbang Bukit Nau, Langkawi
Open 브런치 08:00~13:00,
디너 17:00~23:00
Cost 1인당 약 15링깃
Tel +60 (0)4-955-9376

라떼 한 잔, 근사한 브런치, 엄지 척!

얌얌 카페 YamYam Cafe

커피가 당기는 오전, 얌얌 카페는 브런치와 커피를 즐기는 사람들로 인산인해를 이룬다. 대부분 유러피언들이다. 포근한 인상의 뉴질랜드 사장님이 운영하는 이 레스토랑은 제대로 된 웨스턴 브런치를 즐길 수 있다. 직접 구운 커다란 빵 위에 아보카도가 가득 올라간 아보카도&멜티드 치즈Advocado&Melted Cheese, 구운 바나나와 함께 나오는 근사한 바나나 팬케이크Banana Pancakes, 시금치와 치즈가 가득 찬 스패니시&페타 오믈렛Spinach&Feta Omelete 등이 인기다. 이 요리들은 크기에 한 번, 신선함이 살아있는 맛에 한 번 더 감탄하게 된다. 이 밖에 샌드위치, 샐러드 등 욕심나는 메뉴가 많아 갈 때마다 선택 장애가 생겨 한참 동안 메뉴판을 들여다보게 된다. 우유와 커피가 황금 조화를 이루는 라테는 얌얌 카페에서 절대로 빼놓을 수 없는 머스트 잇 메뉴다. 근사한 브런치와 라테 한 모금에 너도나도 엄지 척이다.

Data Map 291D
Access 판타이 텡아, 홀리데이 빌라 건너편 Add Troppo co. Jalan, Teluk Bharu Panti Tengah, Langkawi Open 09:00~17:00 Tel +60 (0)4-955-2602 Cost 브런치 16링깃~, 커피 8링깃~

1링깃의 행복

벨라 레스토랑 Bella Restaurant

아침이면 동네 사람들도, 여행자들도 편안한 차림으로 하나둘씩 모여드는 브런치 레스토랑이다. 로컬 음식부터 토스트, 파스타까지 가지각색의 아침 식사를 저렴하고 간단하게 즐길 수 있는 부담 없는 곳이다. 이 레스토랑은 할아버지부터 아이까지 3대가 함께 운영한다. 그래서인지 들어오는 손님들도 왠지 가족 같은 분위기로 친근함이 느껴진다. 가장 인기 있는 아침식사는 쫀득쫀득하면서 따끈한 로띠 차나이. 기본 1링깃에 로띠 차나이 한 장. 그야말로 1링깃의 행복을 느끼는 곳이다. 달걀이나 바나나가 더해진 로띠 차나이도 맛도 좋다. 신선한 생과일주스와 함께 든든한 아침식사를 즐겨보자.

Data Map 291A Access 판타이 체낭에 위치 Add Jalan Pantai Cenang, Langkawi Open 07:30~22:30 Cost 로띠 차나이 1링깃~, 나시 르막 3링깃~, 생과일 주스 4링깃~

낮보다 뜨거운 랑카위의 밤

알록달록 체낭의 핫 플레이스
칼루트 카페 Kalut Cafe

해변에서 푹신한 소파에 몸을 맡긴 채 뒹굴뒹굴하는 기분은 어떨까? 최근 체낭 비치에 보기만 해도 기분이 좋아지는 비치 바가 생겼다. 칼루트 카페가 그 주인공. 이곳에서는 커다란 빈 백에 몸을 맡기고 편하게 휴식을 취하고 싶다. 오픈하는 순간부터 인기가 고공행진을 해 여타 비치 바들의 공공의 적으로 떠오른 칼루트로 인해 조용하고 점잖던 체낭 비치의 분위기마저 확 바뀌었다. 칼루트는 마음을 흔드는 바다 풍경과 파도소리가 어우러졌다. 파라솔 그늘 아래 놓인 알록달록한 백에 몸을 맡기면 기분 좋은 수다가 절로 나온다. 우리가 상상하는 휴양지의 모습 그대로다. 낮에는 태닝을 하기 좋고, 저녁의 선셋 시간에는 보랏빛 하늘에 취하는 최고의 장소다. 여기에 시원한 맥주를 마시며 잘 구워진 사태를 곁들이는 행복도 빼놓을 수 없다.

Data Map 291A
Access 해피 해피 체낭 레스토랑 안쪽
Add Jalan Pantai Cenang, Langkawi
Open 16:30〜00:00
Cost 맥주 8링깃〜
Tel +60 (0)13-980-9378

랑카위의 핫 플레이스
선바 레트로 바 Sunba Retro Bar

선셋 비치 리조트와 선 카페, 선 스파 등 랑카위를 주름잡고 있는 선 그룹에서 운영하는 펍이다. 말레이시아의 전통적인 목조 건물로 빈티지하게 꾸며졌다. 음악도 복고풍으로 연주된다. 하지만 분위기는 랑카위에서 가장 핫하고 스타일리시하다. 랑카위에서 드레스업을 한 사람들은 오로지 이곳에서만 볼 수 있다. 그날그날 손님들의 분위기에 따라 음악도 달라진다. 술은 물론 격렬한 댄스로 밤새 몸도 풀 수 있다. 주말이면 포켓볼을 치는 사람들, 술을 마시는 사람들, 춤을 추는 사람들로 발 디딜 틈이 없다. 밤 11시가 넘어야 분위기가 무르익으니 너무 일찍 가지 말 것!

Data Map 291D
Access 판타이 텡아 중간, 선 스파 건너편에 위치 **Add** Jalan Teluk Baru, Pantai Tengah, Langkawi **Open** 19:00~02:00 **Cost** 맥주 15링깃~, 칵테일 35링깃~(봉사료 10% 별도) **Tel** +60 (0)4-953-1801 **Web** www.sungroup-langkawi.com/sunba

판타이 체낭을 한눈에
더 클리프 The Cliff

판타이 체낭을 한눈에 내려다볼 수 있는 명당자리에 있는 카페다. 사방이 트인 건물은 화이트 컬러로 환하고 모던한 느낌으로 인테리어가 되어 있다. 언더워터 월드의 골목 안쪽에 위치한 곳이다 보니 누군가가 알려주지 않는 이상 찾아가기가 힘들다. 그래서 한적하고 조용하게 카페를 즐길 수 있다는 것이 장점이다. 레스토랑이지만 음식 맛은 썩 좋지 않은 편. 시원하고 달콤한 칵테일 한잔이 제격이다. 한낮 더위를 피해 칵테일을 즐기거나 석양이 젖어 드는 판타이 체낭을 즐기거나!

Data Map 291D
Access 판타이 체낭 언더워터 월드의 우측 골목 안쪽
Add Lot 63&40, Jalan Pantai Cenang, Langkawi
Open 12:00~23:00
Cost 칵테일 14링깃~ (봉사료 10% 별도)
Tel +60 (0)4-953-3228
Web www.thecliﬄangkawi. com

음악과 함께 휴식을
레팍 Lepak

동네 사람부터 여행자들까지 쉬어가는 곳이다. 레팍은 말레이어로 휴식이란 뜻이다. 말그대로 편하게 쉬면서 음악도 듣고 칵테일을 홀짝거릴 수 있는 펍. 포켓볼, 다트 등의 게임을 즐길 수 있고, 축구 경기가 있는 날은 모두 함께 경기를 보며 열띤 응원도 펼칠 수 있다. 저렴한 술값과 편안함으로 한번 다녀온 사람들은 자꾸 발걸음을 하게 되는 곳이다.

Data Map 219D
Access 판타이 텡아 선바 옆골목
Add Green Villag, Jalan
Pantai Tengah, Langkawi
Open 19:00~03:00
Cost 맥주 칵테일 10링깃~
Tel +60 (0)18-275-5135

노랑노랑 노랑해
옐로 카페 Yellow Cafe

체낭 비치의 한적한 곳을 온통 노란색으로 물들이고 있는 비치 바. 이미 체낭에서는 유명 비치 바로 자리를 잡았다. 발랄한 일러스트와 함께 온통 노란색으로 칠해진 카페에서는 노란색 유니폼을 입은 귀여운 서버들이 분주히 움직인다. 다른 비치 바에 비해 술과 음식값은 조금 비싼 편이지만 특유의 분위기로 여행자를 사로잡는다. 피자, 스테이크 등의 메뉴로 유러피언들에게 인기가 많다.

Data Map 291B
Access 랑구나 바론 호텔 옆
Add Jalan Pantai Cenang,
Langkawi
Open 12:00~01:00
Cost 맥주 12링깃~
Tel +60 (0)12-459-3190

BUY

면세점

랑카위는 섬 전체가 면세특구로 지정되어 있다. 랑카위가 면세특구로 지정되는 특혜를 누리게 된 것은 말레이시아의 전 수상 마하티르의 덕이다. 랑카위는 마하티르 전 수상의 고향이다. 그는 자신의 고향 랑카위가 관광지로 발돋움할 수 있도록 1987년 섬 전체를 면세지역으로 지정했다. 그 덕분에 랑카위는 말레이시아에서 주목받는 여행지로 발돋움 했다. 그렇다고 랑카위에 명품이나 근사한 패션 브랜드들이 많이 들어와 있는 것은 아니다. 가장 쉽고 저렴하게 살 수 있는 것은 술, 초콜릿, 담배, 그릇, 화장품, 향수 등이다. 그중에서 담배와 향수, 화장품은 한국의 면세점이 워낙 저렴하기 때문에 한국인에게는 메리트가 크게 없다. 반면 술과 초콜릿은 정말 저렴하다. 술과 초콜릿의 천국이라고 할 수 있을 정도로 종류도 많고, 가격도 한국보다 50~70% 저렴하다. 술은 1만 원대면 위스키와 보드카를 살 수 있다. 또 말레이시아 다른 지역에서는 비싼 맥주도 한 병에 700원 남짓한다. 술을 좋아하는 여행자들은 매일 맥주 파티를 열어도 부담이 없을 정도다. 랑카위의 면세점은 판타이 체낭과 쿠아 타운에 여러 곳 있다. 이곳이 공항 면세점보다 더 저렴하다. 면세점에서 구매할 경우 특별히 비행기 티켓이나 여권 등을 보여줄 필요는 없다. 마치 동네 슈퍼마켓처럼 누구나 들락거리며 편하게 쇼핑할 수  있다. 단, 술을 살 때는 신분증이 필요다. 또 48시간 이상 머물러야 면세품을 가지고 나갈 수 있다. 주류는 1리터 이상, 담배는 한 보루 이상 섬 밖으로 가지고 나갈 수 없다. 400달러 이상 고가의 술은 세관에 걸릴 수 있으니 주의할 것!

판타이 체낭 면세점

더 존 The Zon Duty Free
와리산 Warisan
코코 밸리 Coco Valley

Data Map 291D
Access 판타이 체낭 언더워터 월드 옆 **Add** Zon Pantai Cenang, Mukim Kedawang, Langkawi
Open 10:00~21:00

쿠아 타운 면세점

빌리온 Billion

Data Map 295B
Access 쿠아 타운 랑카위 페어 쇼핑몰 내에 위치
Add Langkawi Fair Shopping Mall, Jalan Persiaran Putra, Kuah Langkawi
Tel +60 (0)4-966-7560
Open 10:00~22:00

제티 포인트 면세점

Jetty Point Duty Free

Data Map 295D
Access 쿠아 타운 제티 포인트 내에 위치
Add Lot 15, Komple ks Perniagaan Kelibang, Kuah Langkawi
Tel +60 (0)4-966-7560
Open 10:00~22:00

모든 기념품과 공예품이 한자리에!
크래프트 콤플렉스 Craft Complex

관광객을 위한 기념품과 공예품을 전시 및 판매하는 곳이다. 전통문
양이 들어간 옷, 액세서리, 간단한 장식품 등 이곳에서 직접 만들어
진 것들을 모두 볼 수 있을 정도로 규모가 크다. 길거리에서 파는 기
념품에 비하면 약간 비싼 가격이지만 품질은 좋은 편. 옆 건물에서
크리스털 공예 체험도 할 수 있으니 같이 돌아보면 좋다. 판타이 체
낭에서는 좀 먼 편이다. 탄중 루 비치를 갈 때 들러보자.

Data Map 279A
Access 랑카위 북쪽 탄중 루
비치에서 차로 10분 **Add** Teluk
Yu, Mukim Bohor, Langkawi
Open 10:00~18:00
Tel +60 (0)4-959-1913
Web www.kraftangan.gov.my

랑카위의 가장 큰 쇼핑몰
랑카위 퍼레이드 Langkawi Parade

체낭 몰이 여행자를 위한 쇼핑몰이라면 이곳은 현지인들의 쇼핑몰에
가깝다. 랑카위에서 가장 큰 푸드코트, 영화관, 슈퍼마켓을 비롯해
면세점까지 있어서 현지인들이 주말을 보내는 곳이기도 하다. 여행
자를 위한 쇼핑거리는 많지 않다. 다만, 슈퍼마켓이나 면세점의 물건
은 다른 곳에 비해 더 저렴한 편이다.

Data Map 295C **Access** 쿠아 타운 원더랜드 시푸드에서 도보 10분
Add A-14-15, Pokok Asam, Kuah, Langkawi **Open** 10:00~22:00

잠시 쉬었다 가기
체낭 몰 Cenang Mall

판타이 체낭 중심에 위치한 쇼핑몰이다. 규모가 작지만 판타이 체낭
의 랜드마크이자 가장 잘 나가는 쇼핑몰이다. 이 쇼핑몰에는 스타벅
스, 올드타운 화이트 커피, 차타임 KFC 등 와이파이 존에서 차를 마
시거나 식사를 할 수 있는 공간이 몰려 있다. 쇼핑할 만한 거리가 많
은 편은 아니지만 몇 곳의 로컬 패션 브랜드가 입점해 있다. 이 밖에
작은 면세점, 약국, 생활필수품 매장인 과디언Guardian 등이 있어 여행
자들은 좋든 싫든 꼭 한 번은 들러서 시간을 보내게 된다.

Data Map 291B **Access** 판타이 체낭 중간에 위치
Add Jalan Pantai Cenang, Langkawi **Open** 10:00~22:00

SLEEP

랑카위에는 최고급 시설과 서비스를 자랑하는 리조트가 많다. 리조트들은 하나같이 인적이 드문 해변을 끼고 있어 완벽한 휴식과 힐링의 시간을 보낼 수 있다. 또 저마다의 매력 있어 마음 같아서는 매일 돌아가며 묵고 싶어진다. 단, 시설이 좋은 만큼 가격이 비싸다. 또 타운과 동떨어진 은둔형 리조트라 머무는 기간이 길면 조금 지루할 수 있다.

위치 좋은 특급 리조트 BEST 5

Tip 현지 여행사가 말하는 랑카위 리조트 선호도

인기도
다나
웨스틴
탄중 루
포 시즌
다타이

저렴한 가격
웨스틴
다나
탄중 루
다타이
포 시즌

편의시설
포 시즌
다타이
탄중 루
다나
웨스틴

저자 추천

그야말로 천국!

더 다나 리조트 The Dana Resort ★★★★★

말레이시아의 유명한 호텔 매니지먼트 그룹인 베누아 페르다나에서 선보인 리조트다. 2011년 12월 오픈 이후, 지금까지 럭셔리하게 관리가 잘되고 있다. 다나 리조트는 유럽풍의 아름다운 요트 선착장이 있는 텔라가 하버 파크에 위치해 있다. 여느 5성급 리조트와는 차별되는 고품격 시설과 생각을 뛰어넘는 최고의 서비스를 선보인다. 객실 수는 125개에 불과하지만 직원은 250명이나 된다. 모든 투숙객의 요구에 매 순간 1 대 1 서비스로 응대한다. 완벽한 서비스 정신은 타의 추종을 불허한다. 다나 리조트는 유럽의 귀족이 살던 대저택처럼 우아한 외관이 눈을 사로잡는다. 객실은 마리나 뷰, 씨 뷰, 힐 뷰 등 보이는 방향에 따라 12가지 타입이 있다. 모든 객실마다 발코니와 테라스가 딸려 있어 객실에서도 편안하게 휴식이 가능하다. 특히 로열 임페리얼 스위트는 객실 내에 개인 피트니스 시설과 스팀룸을 갖추고 있어 호화로움의 극치를 보여준다. 바다와 맞닿은 아름다운 풀장과 흠잡을 것 없는 조식 등 모든 편의시설이 값비싼 숙소에 묵는 기대감을 충족시키고도 남는다. 다른 휴양형 리조트와 달리 운치 있는 요트 선착장을 끼고 있어 고립감이 상대적으로 덜한 것도 다나 리조트만의 장점이다.

Data Map 279A
Access 텔라가 하버 파크 바로 옆, 공항에서 차로 15분
Add Telaga Harbour Park, Pantai Kok, Langkawi
Cost 머천트 1,500링깃~, 그랜드 머천트 1,800링깃~, 바이스로이 2,500링깃~
Tel +60 (0)5-9590-3288
Web www.thedanna.com

허니문도, 가족여행도

더 웨스틴 랑카위 리조트&스파 The Westin Langkawi Resort&Spa ★ ★ ★ ★ ★

랑카위에서 한국인이 즐겨 찾는 리조트 중 한 곳이다. 리조트 규모가 크고 웨스틴 만의 럭셔리한 분위기로 만족도가 높다. 리조트 안에 500m 길이의 프라이빗 비치와 레스토랑 등 편의시설이 있다. 리조트 안에서만 머물러도 불편함이 없다. 쿠아 타운 근처에 있어 리조트에서 휴식하다가 언제든지 관광이나 맛집을 찾아 나갈 수 있는 것도 장점이다. 웨스틴은 224개의 일반 객실과 2 베드룸의 스위트룸, 허니문을 위한 로맨틱한 풀빌라, 가족여행자들을 위한 5 베드룸의 풀빌라까지 다양한 형태

Data Map 295D
Access 쿠아 타운 동쪽 끝에 위치,
공항에서 차로 25분
Add Jalan Pantai Dato Syed
Pmar, Kuah, Langkawi
Cost 슈피리어룸 650링깃,
슈피리어 파티오룸 715링깃
Tel +60 (0)4-960-8888
Web www.westinlangkawi.com

의 객실을 갖추고 있다. 따라서 여행자의 특성에 맞춰 객실을 합리적으로 선택할 수 있다. 명성에 비해 리조트 요금도 저렴한 편. 다만, 가구 등이 조금 노후한 편이다. 웨스틴의 스파 브랜드인 헤븐리 스파에서 다양한 종류의 고급 스파를 이용할 수 있는 것도 행운이다. 헤븐리에서는 기본 마사지부터 전통 마사지, 타이와 중국 마사지까지 다양한 마사지를 선택할 수 있다. 가격도 일반 호텔 스파에 비해 저렴한 편이다. 지중해식, 타이식, 중식, 시푸드 바비큐 등 요일마다 다른 콘셉트로 뷔페가 차려지는 시즈널 테이스트 레스토랑 Seasonal Tastes Restaurant은 이곳에 머물지 않아도 일부로 찾아가서 먹을 만큼 맛이 있으니 꼭 이용해볼 것!

역시 포 시즌!

포 시즌 Four Seasons ★★★★★

'역시 포시즌'이란 소리가 절로 나오는 리조트다. 포시즌은 말레이시아는 물론 아시아에서 가장 아름다운 비치라고 알려진 탄중 루 비치를 떡 하니 차지하고 있다. 그 이름만으로도 허니문의 로망이 되는 곳으로 신혼여행자들에게 가장 선호도가 높은 브랜드 파워를 가졌다. 포 시즌은 랑카위에서도 럭셔리함을 넘어 환상적인 모습을 보여준다. 포 시즌에 묵어봤던 여행자라면 알고 있겠지만 어느 곳이든 객실 수에 비해 리조트 부지가 넓은 편이다. 이 때문에 리조트 안이 항상 고요하고 한가롭다. 진정한 휴양을 원하는 사람들을 위한 맞춤형 리조트가 이런 것이라는 것을 말해준다. 웅장하고 우아하면서 격조

Data Map 279B
Access 랑카위의 북쪽 탄중 루 비치에 위치, 공항에서 차로 40분.
Add Jalan Tanjung Rhu , Langkawi
Cost 파빌리온 2,090링깃~, 빌라 6,180링깃~
Tel +60 (0)4-950-8888
Web www.fourseasons. com/langkawi

높은 분위기는 궁전에 들어와 있는 것 같은 비밀스러운 분위기를 자아낸다. 91개의 객실은 굳이 설명이 필요 없을 정도로 고급스럽다. 객실마다 자쿠지 시설은 기본으로 갖추어져 있다. 리조트에는 2개의 대형 메인 풀이 있는데, 조용한 분위기의 성인 풀과 아이들이 있는 가족여행자가 이용하는 패밀리 풀로 나뉘어 있다. 탄중 루 비치는 포 시즌의 전용 해변처럼 이용이 가능하다. 요가 클래스, 카약, 제트스키 등 다양한 무료 액티비티 프로그램이 있어 하루가 금방 간다.

완벽한 휴양을 찾아서

탄중 루 리조트 Tanjung Rhu Resort ★ ★ ★ ★ ★

한국인들에게 허니문 리조트로 많이 알려진 곳. 탄중 루 비치를 가운데 두고 포 시즌과 나란히 있다. 자연과의 조화를 강조한 설계로 열대의 원시정원을 찾은 느낌이 나는 이 리조트는 20년이 넘도록 '최고의 허니문 리조트'라는 명성을 얻고 있다. 탄중 루는 말레이시아 전통 가옥에 앤티크 가구를 배치해 전체적으로 빈티지한 감성이 흐른다. 부대시설로는 콘셉트가 다른 3개의 풀장, 랑카위에서 최고로 알려진 스파 프로그램, 4개의 레스토랑 등이 있다. 공항 픽업과 드롭 서비스도 운영한다. '올 인클루시브 패키지'도 탄중 루 만의 자랑이다. 랑카위에 있는 대부분의 특급 리조트들은 시내와의 거리가 멀어 리조트 안에서 식사를 다 해결해야 한다. 여행 비용이 넉넉하다면야 별 불편함이 없겠지만, 리조트에서만 식사를 할 경우 식대가 객실 요금 만큼 나온다면 고민이 될 수도 있다. 하지만 탄중 루의 올 인클루시브 패키지를 이용하면 그런 걱정은 하지 않아도 된다. 올 인클루시브 패키지에는 알코올 메뉴를 제외한 모든 룸서비스와 식사, 미니바까지 포함되어 있다. 하나의 패키지로 완벽한 휴가를 원하는 사람들에게는 더할 나위 없이 좋은 프로그램이다.

Data Map 279B
Access 랑카위의 북쪽 탄중 루 비치에 위치. 공항에서 차로 40분
Add Mukim Ayer Hangat, Langkawi
Cost 올 인클루시브 패키지 Damai 성인 2명 1,650링깃, Cahaya 성인 2명+어린이 1명 1,850링깃,
Tel +60 (0)4-959-1033
Web www.tanjungrhu.com.my

진정한 은둔형 여행자에게 추천하는 곳
더 다타이 호텔&리조트 The Datai Hotel&Resorts ★★★★★

랑카위 섬 북쪽 끝에 위치한 다타이 베이는 울창한 정글과 함께 바다
가 동시에 펼쳐져 있어 밀림 속 말레이시아를 느낄 수 있는 곳이다.
이곳에는 다타이 베이를 두고 양쪽으로 사이좋게 더 다타이 호텔&리
조트와 안다만 리조트가 자리잡고 있다. 두 곳 모두 훌륭한 휴양 시
설을 갖춘 리조트이지만 둘 중 하나를 고르라면 6성급의 다타이 호
텔&리조트가 서비스와 시설, 분위기 모두 좀 더 고급스럽다. 다타이
는 안다만보다 조금 더 깊숙한 곳에 있다. 시설은 조금 노후했지만
자연친화적인 리조트로 부족함이 없다. 리조트는 목재를 이용해 말
레이시아의 전통 건축양식으로 지었는데, 건물을 지을 당시에도 자

Data Map 279A
Access 랑카위의 북서쪽
다타이 베이에 위치. 공항에서 차로
40분
Add Jalan Teluk Datai,
Langkawi
Cost 디럭스룸 1,619링깃~,
프리미엄룸 1778링깃~
Tel +60 (0)4-950-0500
Web www.thedatai.com

연경관을 보존하기 위해 코끼리를 이용해 자재를 옮겼다고 한다. 이처럼 다타이는 자연경관을 최대한 활
용하면서 자연친화적으로 리조트를 운영한 점을 인정받아 2014년에는 '월드 럭셔리 리조트' 가운데 한
곳으로 뽑혔다. 다타이는 섬에서도 가장 깊숙한 곳에 있어 리조트에서 휴식을 취하기에 좋다. 다만, 전체
적으로 객실이 좁고, 객실에서 바다까지의 거리가 멀다는 것이 단점이다. 또 다른 리조트에 비해 시설이
많지 않은 편이라 가끔은 지루하다는 평도 있다. 정말 은둔형 휴양을 하려는 여행자에게 추천한다. 가족
여행자들을 위해 아이들과 함께 정글의 동식물을 체험하는 익스커션 프로그램도 운영한다.

판타이 체낭 인근 리조트

판타이 체낭 근처에는 포 시즌이나 다나 같은 특급 리조트는 없다. 그런 곳처럼 휴양만 할 수 있는 조용한 분위기는 아니다. 좀 더 활발하고, 좀 더 활동적인 사람들이 머물기 적당하다. 휴양과 관광을 적절히 섞어 여행하려는 여행자를 위한 고급 호텔이 있다.

저자추천 내 집처럼 편하게~
카사 델 마 랑카위 Cass Del Mar Langkawi ★★★★★

판타이 체낭에 위치한 리조트 중에서는 가장 눈에 띄는 5성급 부티크 호텔이다. 아담한 규모의 리조트로 내 집처럼 편안한 서비스와 친구처럼 정겹게 대해주는 직원들이 있어 투숙객들의 만족도가 하늘을 찌르는 곳이다. 트립어드바이저에서 2010년부터 지금까지 만족도 1등 리조트로 뽑히고 있다. 이곳은 손님에 비해 직원이 많아 항상 1 대 1 서비스를 받을 수 있다. 직원들은 투숙객이 뭘 했는지, 뭘 먹었는지, 어떻게 시간을 보내고 있는지를 모두 파악하고 관심과 도움을 준다. 유럽인들의 취향에 잘 맞는 리조트라 투숙객도 대부분 유럽인들이다. 작은 정원을 갖춘 독채 형식의 스튜디오 스위

Data Map 291A
Access 판타이 체낭에 위치. 공항에서 차로 15분
Add Jalan Pantai Cenang, Langkawi
Cost 스튜디오 스위트룸 815링깃, 디럭스 스위트룸 1,327링깃~
Tel +60 (0)4-953-2233
Web www.casadelmar-langkawi.com

트는 가장 인기 좋은 객실. 야자수가 늘어선 정원 속에 객실은 리조트라기보다는 작은 마을로 여행을 온 듯한 느낌을 준다. 해변은 판타이 체낭의 여행자들과 함께 이용해 항상 생기발랄한 느낌이다. 꾸준한 리노베이션을 통해 호텔 관리도 잘 되고 있다. 인기가 높지만 객실이 34개뿐이라 미리 예약하지 않으면 룸을 구하기가 힘들다.

가든 어워드를 수상한 곳

메리터스 펠랑기 비치 리조트&스파 Meritus Pelangi Beach Resort&Spa ★ ★ ★ ★ ★

판타이 체낭에서 가장 큰 규모를 가진 리조트다. 51개의 산장과 350개의 룸은 말레이시아 전통가옥이 옹기종기 모인 시골마을을 연상케 한다. 말레이시아의 가든 어워드에서 수상 경력을 자랑하는 다양한 열대식물이 있고, 커다란 야자수가 솟은 정원이 최고의 자랑거리. 그 정원 안에 드문드문 자리한 객실은 프라이빗 한 공간을 보장해준다. 휴양을 원하는 엄마는 스파를, 놀고 싶은 아이에게는 폭포가 쏟아져 내리는 넓은 키즈 풀장이 있어 가족 모두 즐거운 리조트다. 수심이 얕고 파도가 잔잔한 판타이 체낭 비치도 펼쳐져 있어 여행 온 기분이 팍 팍 산다. 다양한 해양스포츠와 함께 호텔 밖으로 나가면 아기자기한 판타이 체낭을 걸을 수 있으니 아이도 어른도 두루두루 지겹지 않은 여행을 즐길 수 있다. 판타이 체낭 비치에서 선셋을 가장 근사하게 즐길 수 있는 씨바Cba는 저녁시간이면 항상 여행자들로 붐빈다. 2013년 리노베이션을 마쳐 더욱 근사하고 깔끔하게 단장됐다. 한국어 사이트가 있어 예약도 수월하다.

Data Map 291A
Access 판타이 체낭 초입에 위치. 공항에서 차로 15분
Add Jalan Pantai Cenang, Langkawi
Cost 가든 테라스룸 800링깃, 풀 테라스룸 1,000링깃, 비치 프런트룸 1,100링깃
Tel +60 (0)4-955-1001
Web www.pelangibeach resort.co.kr

가장 좋은 위치, 가장 저렴한 리조트

아세아니아 리조트 랑카위 Aseania Resort Langkawi ★ ★ ★

리조트라 부르기에는 조금 부족한 감이 있다. 규모가 작고 시설도
낡은 편이다. 하지만 수영장 시설이 있는 호텔 중에서 가장 저렴한
가격에 가장 좋은 위치를 차지하고 있다는 것이 이 리조트의 장점이
다. 바다를 끼고 있지는 않지만 도보로 약 7분이면 판타이 체낭 비치
로 갈 수 있다. 위치는 판타이 체낭과 판타이 텡가가 나누어지는 중
간에 있다. 어느 쪽으로나 다 도보로 가능하다. 가격을 생각한다면
서비스도, 조식도, 객실도, 수영장도 크게 불만이 없다.

Data Map 291D
Access 판타이 텡아와 판타이 체낭
사이에 위치. 공항에서 차로 15분
Add Simpang 3, Jalan Pantai
Tengah, Langkawi
Cost 슈피리어룸 368링깃,
디럭스룸 398링깃
Tel +60 (0)4-955-2020
Web www.aseaniaresort-
langkawi.com

반짝반짝 눈부신

홀리데이 빌라 비치 리조트 랑카위 Holiday Villa Beach Resort Langkawi ★ ★ ★ ★

판타이 텡아를 끼고 있는 홀리데이 빌라 비치 리조트는 조용조용하게 머무르며 휴가를 즐기고 싶은 가족여행자들에게 추천한다. 판타이 체낭에서 멀지 않아 여행 온 분위기를 내기도 좋고, 숙소로 돌아오면 판타이 체낭보다는 사람이 적은 판타이 텡아 비치에서 휴식을 취하기도 좋다. 랑카위에서 가장 물놀이하고 싶은 바다, 판타이 텡아는 언제 봐도 반짝반짝 예쁜 곳이다. 넓은 수영장과 연못으로 꾸며진 산책로가 있어 조용하게 시간을 보내기 좋다. 리조트가 오래되어 객실이 작고 시설이 노후되었다는 아쉬움이 있지만, 대신 숙박료가 저렴하고 청결상태도 양호하다.

Data Map 291C
Access 판타이 텡아에 위치.
공항에서 차로 20분
Add Lot 1698 Pantai Tengah,
Langkawi
Cost 슈피리어룸 495링깃,
디럭스룸 520링깃, 스튜디오 550링깃
Tel +60 (0)4-952-9999
Web www.holidayvilla
hotellangkawi.com

이름만큼 사랑스러워~

프란지파니 리조트&스파
The Frangipani Langkawi Resort&Spa ★ ★ ★

열대지방에서 서식하는 꽃 이름 프란지파니에서 리조트 이름을 따왔다. 이름처럼 이곳은 꽤나 사랑스럽다. 오밀조밀한 갈림길 사이에 객실이 자리잡고 있는데, 독채 형식의 빌라와 룸이 4개씩 붙은 스탠더드룸이 있다. 객실은 크기가 넉넉하며 깔끔한 분위기다. 예쁜 펜션을 보는 것처럼 꾸며졌다. 홀리데이 빌라 비치 리조트와 함께 판타이 텡아 비치와 접해 있다.

Data Map 291C
Access 판타이 텡아에 위치.
공항에서 차로 20분
Add 138, Jalan Teluk Baru
Pantai Tengah, Langkawi
Cost 디럭스룸 696링깃,
가든 뷰 빌라 773링깃,
씨뷰 빌라 840링깃
Tel +60 (0)4-952-0000
Web www.
frangipanilangkawi.com

판타이 체낭의 저렴한 숙소

장기 여행자, 혹은 배낭여행자, 혼자라도 가뿐하게! 실속형 여행을 추구하는 사람들에게 추천하는 숙소다. 별다른 부대시설은 없지만 저렴하고 깔끔한 잠자리에 호텔 밖으로 나가면 바로 바닷가와 맛집들이 즐비한 판타이 체낭을 우리 동네 마냥 즐길 수 있다.

체낭 프라자 비치 호텔 Cenang Plaza Beach Hotel

체낭의 가장 중심지에 위치한 호텔이다. 앞으로는 체낭 비치가, 뒤로는 체낭몰이 있고 주변에 각종 레스토랑과 현지 여행사가 포진해 있다. 여행 중 필요한 모든 것이 몇발자국만 걸으면 손에 들어오는 호텔이다. 호텔 객실은 평범하지만 주변 작은 호텔에 비교하면 객실 컨디션도 월등이 양호한 편이다. 관광이 목적인 여행자에게 가격도 위치도 가장 추천할만 하다.

Data Map 291B
Access 체낭몰 건너편
Add Lot 2606, Jalan Pantai Chenang, Langkawi
Cost 디럭스룸 170링깃~
Tel +60 (0)4-955-8228
Web www.facebook.com/cenangplazabeachhotel/

AB 모텔 AB Motel

판타이 체낭 비치와 길 건너 두 곳에 호텔을 운영하고 있다. 길 건너편 객실보다 비치 앞쪽의 객실의 요금이 더 비싸다. 2인실부터 4인실까지의 객실을 보유하고 있다.

Data Map 291A
Access 판타이 체낭 위치, 공항에서 차로 15분
Add Pantai Cenang, Langkawi
Cost 80~180링깃
Tel +60 (0)4-955-1300
Web www.abmotel.weebly.com

더 코티지 랑카위 The Cottage Langkawi

카사 델 마 리조트 건너편에 자리한 알록달록 예쁜 게스트하우스다. 도미토리부터 2 베드룸의 패밀리 룸까지 다양한 객실을 보유하고 있다. 현지인이 살던 집을 그대로 게스트하우스로 개조해 편안하게 머무를 수 있다. 판타이 체낭 끝부분에 있어 체낭 몰까지 걸어가기 약간 먼 것이 단점. 에어컨 유무에 따라 요금이 다르다. 도미토리는 시설이 별로다.

Data Map 291B **Access** 판타이 체낭 위치. 공항에서 차로 15분 **Add** Pantai Cenang, Langkawi **Cost** 도미토리 25~35링깃, 버짓룸 60링깃, 스탠더드룸 70링깃, 코티지 120링깃 **Tel** +60 (0)19-426-8818 **Web** www.thecottagelangkawi.blogspot.com

샌디 비치 리조트 Sandy Beach Resort

숙소에서 몇 발자국만 걸어나가면 판타이 체낭 비치이다. 저녁이면 비치 바에서 바비큐를 즐기는 레스토랑이 오픈한다. 낚시나 해양레포츠 같은 투어를 운영한다. 공용구역에서의 와이파이 사용이 가능하다.

Data Map 291A **Access** 판타이 체낭 위치, 공항에서 차로 15분 **Add** Pantai Cenang, Langkawi **Cost** 스탠더드룸 110링깃, 슈피리어룸 150링깃, 디럭스룸 170링깃 **Tel** +60 (0)4-955-1308

말리베스트 리조트 Malibest Resort

판타이 체낭의 비슷비슷한 작은 호텔들 사이에서 가장 돋보이는 숙소다. 방갈로 같은 객실이 나무 위에 세워져 있다. 룸에서는 판타이 체낭을 조금 더 멋지게 볼 수 있다. 2인실부터 4인실까지 객실을 보유하고 있어 가족여행자들이 이용하기 좋다.

Data Map 291A **Access** 판타이 체낭 위치. 공항에서 차로 15분 **Add** Pantai Cenang, Langkawi **Cost** 2인용 스탠더드룸 230링깃, 디럭스룸 260링깃 **Tel** +60 (0)4-955-8222 **Web** www.malibestresort.com

카사 피나 파인 홈 Casa Fina Fine Home

현대적이고 깔끔한 외관 못지않게 룸 컨디션도 깔끔한 편이다. 정원이 있어 쉴 수 있는 공간이 있다. 판타이 체낭 중간에 위치해 이동이 편하다. 2인실과 3인실, 3 베드룸 빌라 등의 객실이 있다.

Data Map 291D **Access** 판타이 체낭 위치, 공항에서 차로 15분 **Add** Pantai Cenang, Langkawi **Cost** 슈피리어룸 180링깃, 3 베드룸 빌라 570링깃 **Tel** +60 (0)4-953-3555 **Web** www.casafinalangkawi.com

Malaysia by Area

04

페낭
PENANG

페낭은 '동양의 진주'라 불린다.
동서양을 잇는 무역항으로 400여 년간
번영을 구가하면서 포르투갈, 네덜란드,
영국, 일본의 식민지로 전락하는
파란만장한 시절을 보냈다. 그러나
식민지를 거치며 서구의 문물과
아시아의 문물이 융화되어 페낭만의
특별한 문화유산을 남겼다. 여기에
말레이인과 중국인의 피가 섞여 탄생한
'페라나칸'까지 더해져 페낭만의 독특한
매력이 완성됐다. 2008년 조지 타운
전체가 세계문화유산으로 지정되면서
페낭은 세계의 여행자를 불러 모으는
말레이시아의 여행 키워드가 됐다.

Penang
PREVIEW

페낭은 문화와 문화가, 종교와 종교가 만나는 곳이다. 발길 닿는 곳이 다 여행지다. 그중에서도 여행의 중심은 조지 타운이다. 거리 전체가 세계문화유산으로 지정된 이곳은 작은 골목 하나도 놓치기 아까울 만큼 아름답다. 도심은 걸어서, 교외 지역은 편리한 버스로 여행할 수 있다. 페낭만의 특별하면서 저렴한 음식도 여행의 재미를 더한다. 누구나 쉽고 저렴하게 여행할 수 있는 곳, 바로 페낭이다.

SEE

페낭은 말레이시아 제2의 도시지만 쿠알라룸 푸르처럼 화려하지는 않다. 하지만 다양한 매력이 섬을 꽉 채웠다. 도시 전체가 세계문화유산으로 지정된 조지 타운은 콜로니얼 풍의 건물과 골목마다 숨어 있는 벽화를 찾아보는 재미가 있다. 페낭은 물론 인도양을 넘어 본토까지 내려다 보이는 페낭 힐과 아시아에서 가장 큰 사찰 켁록시 사원 등 매력적인 여행 포인트가 많다.

EAT

페낭은 말레이시아에서 음식으로는 최고로 치는 미식의 도시다. 한국의 전라도 정도라고 생각하면 된다. 한마디로 모든 음식이 저렴하고 맛있다. 주머니 사정은 걱정하지 않아도 된다. 동서양 무역의 중심이었던 만큼 중국과 인도 등의 요리문화도 융화되면서 페낭만의 특별한 음식을 완성했다. 화려하고 멋진 파인 다이닝보다 현지인들과 어울려서 먹는 길거리 음식이 진정한 페낭의 맛이다.

BUY

조지 타운 최고의 번화가인 콤타에 위치한 퍼스트 애비뉴, 거니 드라이브에 위치한 거니 플라자가 이곳 젊은 취향을 한껏 반영한 쇼핑몰로 규모도 가장 크다. 하지만 눈에 띄는 브랜드는 많지 않다. 말레이시아 쇼핑 세일 시즌이라면 한번 들러볼 만하다. 본격적인 쇼핑은 쿠알라룸푸르에서 하는 게 좋다. 구경하는 재미, 소소한 기념품을 사는 재미를 원한다면 밤마다 화려하게 불을 밝히는 바투 페링기의 야시장으로 가자.

SLEEP

페낭에서 숙소로 정하기 좋은 곳은 2곳이다. 관광이 중심이라면 조지 타운이 좋다. 휴양을 원한다면 섬 북쪽 바투 페링기의 리조트를 권한다. 조지 타운의 숙소는 오래된 주택을 개조해 만든 헤리티지 하우스와 게스트하우스가 대부분으로 숙소 비용이 저렴한 편. 역사와 문화가 숨 쉬는 헤리티지 하우스에서의 하룻밤은 페낭 여행을 더욱 특별하게 한다.

Penang
BEST OF BEST

볼거리 BEST 3

골목마다 벽화와 특별한
건물이 있는 **조지 타운**

아시아 최대를 자랑하는
거대한 사찰 **켁록시 사원**

바람도 쉬어가는
전망 좋은 **페낭 힐**

먹을거리 BEST 3

오묘한 그 맛, 페낭 아니면 맛볼
수 없는 **거니드라이브의 락사**

색다른 인도요리
우드랜즈의 3색커리

역사와 문화, 맛이 공존하는
차이나 하우스의 티타임

> **Tip** **페라나칸이란?**
> 페낭을 말할 때 빼놓을 수 없는 게 페라나칸이다. 페라나칸은
> 중국인 남성과 말레이 여성이 혼인해 태어난 혼혈인과 그들의 문화를
> 일컫는다. 18세기 말레이반도의 주석 광산에서 일하기 위해 온 중국
> 인 남성들이 말레이 여성과 결혼하면서 페라나칸이 형성되기 시작했
> 다. 이들 사이에서 태어난 남자를 바바Baba, 여자를 노냐Nonya라고 부
> 르는데, 말레이 전통요리 가운데 하나인 '노냐'요리도 여기서 비롯됐
> 다. 페라나칸은 페낭과 말라카에 집중적으로 거주하고 있으며 그들만
> 의 독특한 문화와 요리는 말레이시아 여행의 재미를 더한다.

Penang
GET AROUND

어떻게 갈까?
한국에서 페낭까지 바로 가는 직항은 없다. 쿠알라룸푸르를 거쳐서 들어가야 한다. 쿠알라룸푸르에서 페낭까지는 항공, 버스, 페리 등 여러 가지 교통 수단이 있다. 짧은 일정이라면 항공편을 추천한다. 배낭여행자라면 여행의 동선과 예산에 맞춰 선택하자.

1. 항공
쿠알라룸푸르에서 페낭 국제공항까지는 말레이시아 항공, 에어아시아, 말린도 에어, 파이어 플라이 등이 취항한다. 비행시간은 1시간, 운행간격은 1시간이다.
• 말레이시아 항공 **Web** www.malaysiaairlines.com
• 에어아시아 **Web** www.airasia.com
• 파이어플라이 **Web** www.fireflyz.com
• 말린도에어 **Web** www.malindoair.com

2. 페리(랑카위~페낭)
랑카위~페낭 페리는 3시간이 걸린다. 1일 2회 운행된다.
• 페낭 출발 08:30, 14:00 / 랑카위 출발 10:30, 15:00
• 요금 70링깃(편도)

Web www.langkawi-ferry.com

3. 버스(쿠알라룸푸르~페낭)
쿠알라룸푸르에서 페낭까지 버스를 이용할 경우 5~6시간이 소요된다. 페낭 버스터미널은 숭아이 니봉 Sungai Nibong이다. 조지타운에서 터미널까지는 차로 약 20분이 소요된다. 쿠알라룸푸르와 페낭은 10개 이상의 회사가 06:45부터 01:30까지 종일 운행을 해서 미리 예매를 할 필요는 없다. 10~20분 간격으로 출발을 한다.
• 약 15분 간격으로 운행(06:45~01:30)
• 요금 32~42링깃(버스 회사와 시간대별로 다름)

Web www.busonlineticket.com

4. 그 외 지역으로의 연결
페낭에서는 말라카, 겐팅, 조호바루, 싱가포르 등으로 가는 버스도 운행한다. 숭아이 니봉 터미널로 가면 바로 버스의 종류와 시간대를 선택해서 티켓을 구매할 수 있다.
• 말라카는 버스 출발 시간이 오전과 저녁 시간대로 편중되어 있으니, 미리 출발시간을 확인 할 것. 6시간 정도가 소요된다. 요금은 47~50링깃 정도.
• 조호바루와 싱가포르는 약 10시간 소요. 요금은 70링깃 정도로 저렴하지만 체력과 시간이 충분하지 않다면 항공으로 이동하는 것을 추천한다.

Web www.busonlineticket.com

페낭 국제공항에서 이동하기

페낭 국제공항에서 섬 내 주요 장소로 이동할 수 있는 수단에는 버스와 택시가 있다. 택시는 공항에 있는 택시 카운터에서 택시 쿠폰을 사서 이용하면 된다. 그랩 택시를 이용하면 일반 택시의 반 정도 요금으로 이동이 가능하다. 공항 택시는 밤 12시부터 다음 날 오전 7시까지는 약 30%의 할증 요금이 있다. 버스는 공항에서 조지타운, 바투페링기까지 갈 수 있다.

택시

요금
• 공항~조지타운, 거니 드라이브 50링깃 정도
• 공항~바투페링기 80링깃 정도

버스

운행 정보
• 401E번 : 숭아이니봉 터미널을 거쳐 조지타운
  40분 소요, 15분 마다 운행
• 102번 : 바투페링기 80분 소요, 60분 마다 운행

요금
• 2.7링깃

어떻게 다닐까?

페낭의 다운타운이라 할 수 있는 조지 타운은 도보이동이 가능하다. 조지 타운 내에서는 여행자를 위한 무료 시티투어버스(홉옵)을 이용할 수도 있다. 조지 타운을 벗어날 때는 버스와 택시를 이용한다. 페낭은 버스 노선이 단순하다. 이용하기도 편리해서 조지 타운을 벗어날 때는 버스를 이용하는 것이 좋다. 조지 타운에 있는 콤타 버스터미널에서 페낭의 각 지역으로 향하는 버스를 탈 수 있다. 버스 전면의 전광판에 목적지가 표시되어 누구나 쉽게 구별할 수 있다. 요금은 거리에 따라 1~3링깃 정도다. 거스름돈을 주지 않으니 잔돈을 미리 준비하자.

주요 버스 노선과 소요시간

- 페낭 힐 204번 30분
- 켁록시 사원 201, 203, 204, 502번 25분
- 바투 페링기 101, 104번 30분
- 거니 플라자, 거니 드라이브 10, 103, 304번 15분
- 스트레이트 키 102번 20분
- 보태닉 가든 10번 20분

페낭 버스 노선 - 라피드 페낭

Web www.rapidpg.com.my/journey-planner/route-maps

1. CAT(Central Area Transit)

여행자를 위해 조지 타운 내에서 운영하는 무료 셔틀버스다. 19개 정류장을 순환하며, 버스에 'Hop on Free'라고 쓰여 있다. 정류장마다 CAT 버스 사인이 있다. 06:00부터 24:00까지 30분 간격으로 운행한다.

2. 택시

페낭의 택시는 대부분 미터기를 사용하지 않고 거리별 정액제로 운영된다. 바가지요금이 많지는 않지만 기사에 따라 약간씩 다르게 부르는 경우도 있다.

택시요금

- 조지 타운 내 8~10링깃
- 조지 타운 → 거니 드라이브 15링깃
- 조지 타운 → 바투 페링기 30링깃
- 조지 타운 → 페낭 힐 30링깃

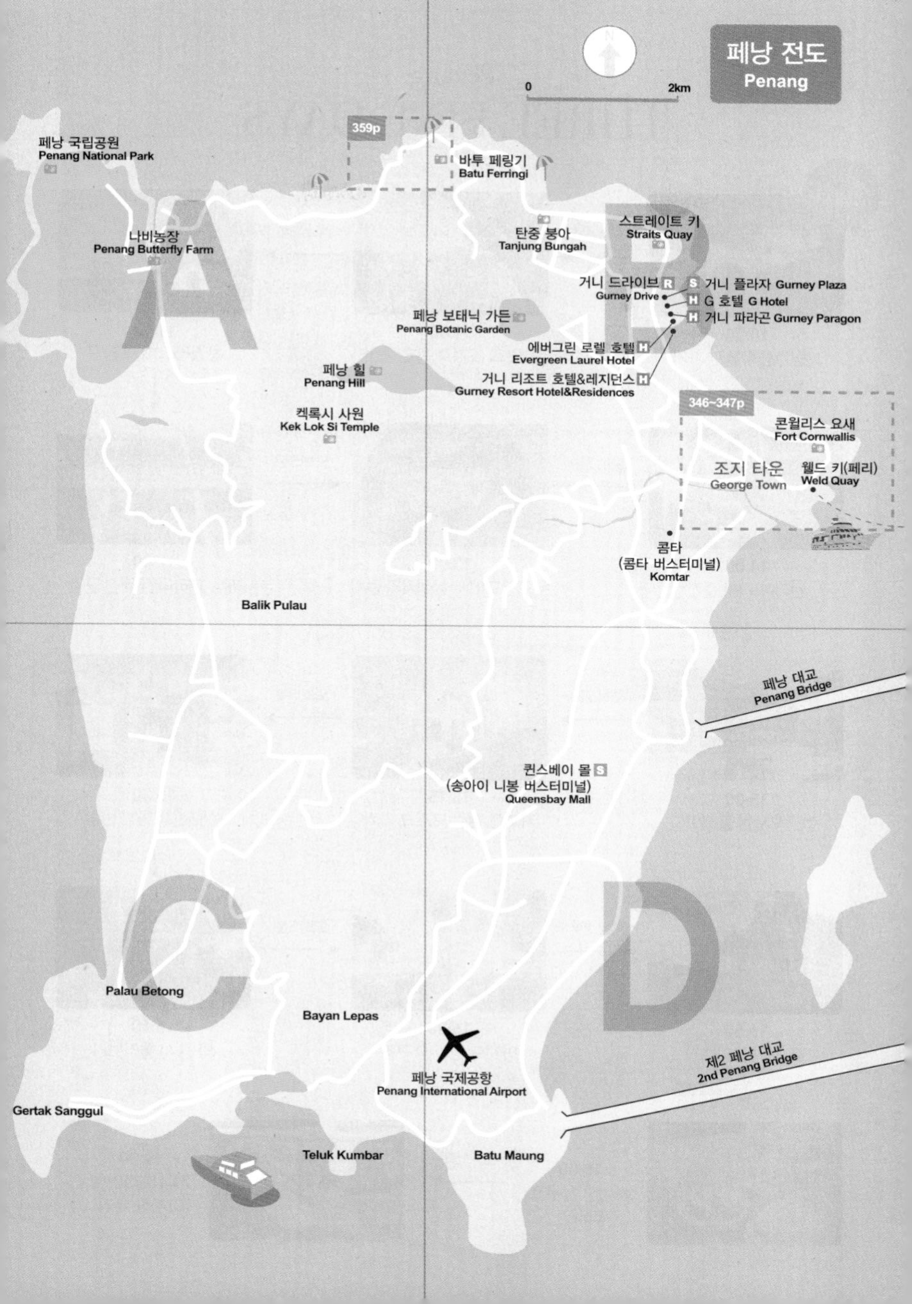

페낭 전도
Penang

0 _____ 2km

359p

바투 페링기
Batu Ferringi

페낭 국립공원
Penang National Park

나비농장
Penang Butterfly Farm

탄중 붕아
Tanjung Bungah

스트레이트 키
Straits Quay

거니 드라이브 R S 거니 플라자 Gurney Plaza
Gurney Drive H G 호텔 G Hotel
H 거니 파라곤 Gurney Paragon

페낭 보태닉 가든
Penang Botanic Garden

에버그린 로렐 호텔
Evergreen Laurel Hotel

페낭 힐
Penang Hill

거니 리조트 호텔&레지던스 H
Gurney Resort Hotel&Residences

346~347p

콘월리스 요새
Fort Cornwallis

켁록시 사원
Kek Lok Si Temple

조지 타운
George Town

웰드 키(페리)
Weld Quay

Balik Pulau

콤타
(콤타 버스터미널)
Komtar

페낭 대교
Penang Bridge

퀸스베이 몰
(송아이 니봉 버스터미널)
Queensbay Mall

Palau Betong

Bayan Lepas

페낭 국제공항
Penang International Airport

제2 페낭 대교
2nd Penang Bridge

Gertak Sanggul

Teluk Kumbar

Batu Maung

Penang
THREE FINE DAYS

1일차

10:00
페낭주립박물관 가기

도보 1분 →

11:00
세인트 조지 교회 인증샷

도보 7분 →

11:10
콘윌리스 요새 방문

↓ 도보 10분

12:00
페낭 페라나칸 맨션 구경

← 도보 5분

13:00
우드랜드에서 삼색커리 런치

← 도보 3분

14:00
인디아 거리 걷기

↓ 도보 5분

15:00
콴인텡 사원 둘러보기

도보 2분 →

15:15
카피탄 켈링 모스크 가기

도보 5분 →

15:30
쑨얏센 박물관 관람

↓ 도보 3분

16:10
얍 콩시 둘러보기

← 도보 5분

16:30
마지드 멜라유 구경

← 도보 2분

16:50
쿠 콩시 둘러보기

↓ 도보 5분

18:00
차이나 하우스
티타임

버스 15분 →

19:00
거니 드라이브
야시장 가기

2일차

도보 10분 →

버스 20분 →

10:30
머그샷에서 브런치

11:30
콤타 버스터미널에서
버스로 이동

12:00
스트레이트 키에서
카페놀이

버스 15분 ↓

버스 30분 ←

도보 10분 ←

20:00
조지 타운 레드 가든
푸드코트에서 디너

18:00
휴식 후 야시장
둘러보며 간식 먹기

15:00
바투 페링기에서
바다 즐기기

도보 10분 ↓

3일차

22:00
러브레인 펍에서
하루 마무리

11:00
느즈막이
체크아웃하기

도보 10분 ↓

버스 10분 ←

버스 30분 ←

14:00
페낭 힐의
바람 느끼기

12:00
켁록시 사원
관람하기

11:10
핏 스톱 카페에서
브런치 즐기기

PLAY

페낭 여행의 시작은 조지 타운부터

조지 타운 Gorge Town

페낭은 오랜 세월 영국의 식민지였다. 그 후 1957년 말레이시아가 독립하면서 말레이시아의 13개 주 가운데 하나가 되었다. 그러나 아직까지 페낭 곳곳에는 영국문화가 스며 있다. '조지 타운'이라는 지명도 당시 영국의 군주였던 조지 3세의 이름에서 따온 것이다. 조지 타운은 2008년 말라카와 함께 역사적, 문화적 가치를 인정받아 유네스코 세계문화유산으로 지정되었다. 이곳은 식민지 시절에 지어진 건축물이 지금껏 보존이 잘 되어 오고 있다. 역사와 문화, 그리고 종교에 관심이 있는 여행자라면 그 어느 곳보다 흥미진진한 여행을 할 수 있는 곳이 조지 타운이다. 거리를 걷다 보면 이슬람, 힌두, 불교, 기독교의 사원들이 사이좋게 어깨를 맞대고 있는 모습을 볼 수 있다. 서로 다른 것들이 만나 이처럼 조화롭게 사는 모습

은 괜한 감동이 밀려올 정도이다. 혹여 그런 쪽에 관심이 없다 해도 조지 타운은 관광지로서의 매력이 충분하다. 조지 타운에서 보이는 모든 풍경은 다른 도시에서는 볼 수 없는 이국적인 모습이다. 그중에 하나가 벽화다. 골목 어귀 담벼락과 건물은 재미있고 센스가 넘치는 벽화들이 차지하고 있다. 이 벽화들은 조지 타운이 세계문화유산으로 지정된 것을 기념하기 위해 그려 넣으면서 시작된 것으로 지금도 새로운 벽화들이 계속 탄생하고 있다. 마음에 드는 벽화 앞에서의 기념촬영은 필수! 매년 7월이면 유네스코 세계문화유산으로 지정된 것을 축하하는 축제가 조지 타운에서 열린다. 이때는 미술 전시, 음악회, 연극 등 다양한 문화행사를 볼 수 있어 여행자에게는 특별한 여행의 추억을 갖게 해준다. 일부 여행자들은 '페낭 여행은 하루면 끝!'이라고 말하기도 하는데, 이는 건물마다 지닌 세월의 흔적을 제대로 느끼지 못하기 때문이다. 낡은 것이 이렇게도 아름답게 보이는 건 페낭이라서 가능한 것이다.

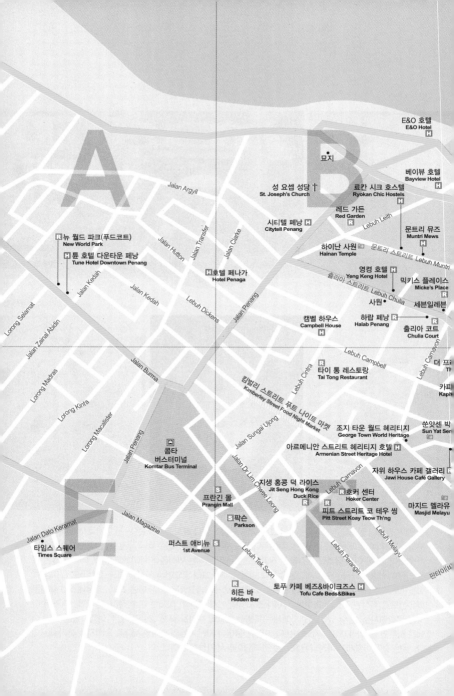

E&O 호텔
E&O Hotel

묘지

성 요셉 성당 †
St. Joseph's Church

로칸 시크 호스텔
Ryokan Chic Hostels

베이뷰 호텔
Bayview Hotel

Jalan Argyll

레드 가든
Red Garden

Lebuh Leith

시티텔 페낭
Citytel Penang

문트리 뮤즈
Muntri Mews

뉴 월드 파크(푸드코트)
New World Park

Jalan Transfer

Jalan Clarke

하이난 사원
Hainan Temple

문트리 스트리트 Lebuh Muntri

튠 호텔 다운타운 페낭
Tune Hotel Downtown Penang

Jalan Hutton

영켕 호텔
Yeng Keng Hotel

호텔 페나가
Hotel Penaga

Jalan Kedah

믹키스 플레이스
Micke's Place

출리아 스트리트 Lebuh Chulia

Jalan Kedah

Lebuh Dickens

Jalan Penang

사원

세븐일레븐

Lorong Selamat

캠벨 하우스
Campbell House

하랍 페낭
Halab Penang

출리아 코트
Chulia Court

Jalan Zainal Abdin

Lebuh Campbell

Lebuh Carnavon

더 프
Th

Lorong Madras

Jalan Burma

Lebuh Cintra

타이 통 레스토랑
Tai Tong Restaurant

카피
Kapit

Lorong Kinta

Lorong Macalister

Jalan Penang

킴빌리 스트리트 푸드 나이트 마켓
Kimberley Street Port Food Night Market

Jalan Sungai Ujong

조지 타운 월드 헤리티지
George Town World Heritage

쑨얏센 박
Sun Yat Sen

콤타
버스터미널
Komtar Bus Terminal

아르메니안 스트리트 헤리티지 호텔
Armenian Street Heritage Hotel

Jalan Dr Lim Chwee Leong

지생 홍콩 덕 라이스
Jit Seng Hong Kong
Duck Rice

자위 하우스 카페 갤러리
Jawi House Café Gallery

프랑긴 몰
Prangin Mall

Jalan Magazine

Lebuh Carnavon

호커 센터
Hoker Center

파슨
Parkson

피트 스트리트 코 테우 씽
Pitt Street Koay Teow Th'ng

마지드 멜라유
Masjid Melayu

Jalan Dato Keramat

Lebuh Melayu

타임스 스퀘어
Times Square

퍼스트 애비뉴
1st Avenue

Lebuh Tek Soon

Lebuh Perangin

판타이(바

히든 바
Hidden Bar

토푸 카페 베즈&바이크즈스
Tofu Cafe Beds&Bikes

조지 타운
George Town

0   200m

비하인드 50
Behind Fifty

에스플러네이드 푸드코트
Esplanade Food Court

페낭 시청
Penang City Hall

더 에이티 게스트하우스
The 80's Guesthouse

타운 홀
Town Hall

성모승천교회
Cathedral of the Assumption

더 에스플러네이드 공원
The Esplanade Park

콘월리스 요새
Fort Cornwallis

페낭주립박물관
Penang State Museum

세인트 조지 성당
St. George's Church

스웨튼함 피어
Swettenham Pier

페낭 게스트하우스
Penang Guesthouse

콴인텡 사원
Kuan Ying Teng Temple

이민국
Immigration Office

퀸 빅토리아 시계탑
Queen Victoria Memorial Clocktower

55카페
55 Café

•사원

핏 스톱 카페
Pit Stop Café

스리 아난다 바완
Sri Ananda Bahwan

머그샷 카페
Mugshot Café

스트하우스
Guesthouse

코코아 뮤즈
Cocoa Mews

페낭 페라나칸 맨션
Penang Peranakan Mansion

스리 마리암만 사원
Sri Mariamman Temple

모스크
Mosque

•사원

나고레 사원
Nagore Shrine

처치 스트리트 피어
Church Street Pier

•사원

쿠 콩시
Khoo Kongsi

림 콩시
Lim Kongsi

탄중 시티 마리나
Tanjung City Marina

얍 콩시
Yap Kongsi

차이나 하우스
China House

어썸 캔틴
Awesome Canteen

웰드 키
(버스, 페리터미널)
Weld Quey

페낭 역사를 느낄 수 있는 곳
페낭주립박물관 Penang State Museum

페낭의 역사를 알려주는 특별한 박물관이다. 1821년 영국인들에 의해 지어져 오랫동안 학교로 운영되어 오다 2차 세계대전 중 파손되었던 것을 복원해 1955년 박물관으로 개관했다. 시대별로 작은 홀에 나뉘어 전시한 이 박물관은 동남아 무역항으로 이름을 날리던 페낭의 역사를 한눈에 알 수 있게 했다. 페라나칸 문화를 알 수 있는 유물과 이곳을 지배하던 왕족들이 사용하던 손 때묻은 물건들이 고스란히 전시되어 있다. 또 종교의 각축장을 방불케 하는 이곳 종교 건축물을 자세히 알 수 있게 해준다. 이 박물관에서 재미있는 것은 "They came to Penang from all over the world(그들은 세계 곳곳으로부터 페낭에 왔다)"라는 주제로 유럽과 일본, 미얀마 등 세계 곳곳에서 페낭으로 건너와 정착한 사람들의 삶의 방식을 소개하는 코너다. 여러 가지 다양한 문화가 더해진 사진과 그림, 전시물로 그 시대의 모습을 아기자기하게 표현해 조지 타운 거리만큼 색다르고 이국적이다. 2층에는 유명 화가들의 작품을 전시한 갤러리가 있다.

Data Map 347C
Access 세인트 조지 교회를 마주보고 오른쪽으로 도보 1분
Add Lebuh Farquhar, Penang
Open 09:00~17:00(금요일 휴무)
Cost 성인 1링깃, 어린이 0.50링깃
Tel +60 (0)4-226-1462
Web www.penangmuseum.gov.my

저자 추천 매혹적인 페라나칸 엿보기
페낭 페라나칸 맨션 Penang Peranakan Mansion

페낭에는 유명한 페라나칸 맨션이 있다. 블루 맨션이라 부르는 청팟지(Cheong Fatt Tze), 그리고 그린 맨션이라 부르는 이곳이다. 블루 맨션은 하루 3번 정해진 시간에만 입장이 가능하고 투어로만 둘러볼 수 있다. 그래서 언제라도 방문이 가능한 페낭 페라나칸 맨션이 여행자에게는 방문하기 더 수월하다.

이 맨션은 100년 전 페낭에서 페라나칸이 얼마나 번영을 이루고 살았는지 한눈에 볼 수 있는 부호의 저택이다. 무역 상인으로 성공한 중국인이 많은 돈을 들여 집을 지었고, 중국과 유럽의 곳곳에서 들여온 장식품으로 집안을 가득 채웠다. 집은 당시 특유의 건축 형태인 'ㅁ'모양으로 지어졌다. 건물 중앙에 지붕이 없어 채광이 좋다.

화려한 가구로 꾸며진 거실과 다이닝 룸, 침실 등 2개의 층으로 이루어진 집안 곳곳에는 1,000여점이 넘는 물품이 전시되어 있다. 각종 장신구와 사치품은 아름다움을 넘어 매혹적이다. 으리으리한 맨션은 고풍스러운 느낌으로, 현지인들의 웨딩 촬영 장소로도 애용되고 있다. 페낭의 페라나칸 문화를 가장 가까이 보고 느낄 수 있는 곳이니 꼭 들러볼 것을 추천한다. 시간 단위로 무료 영어 가이드 투어를 진행한다.

Data Map 347G
Access Church street 중간의 녹색 건물
Add 29 Church Street, George Town, Penang
Open 09:30~17:00
Cost 20링깃, 6세 미만 무료
Tel +60 (0)4-264-2929
Web www.pinangperanakanmansion.com.my

**저자
추천** 페낭에서 가장 번성한 가문
쿠 콩시 Khoo Kongsi

'콩시'는 해외에 거주하는 중국의 동족, 혹은 씨족 단위의 같은 성씨로 맺어진 사람들이 모여 사는 집을 일컫는다. 콩시는 사원의 역할도 겸한다. 쿠 콩시는 '쿠(구)'씨의 혈족이 건립한 가옥이다. 페낭에는 쿠 콩시를 비롯해 얍 콩시, 체 콩시 등 여러 콩시가 있는데, 페낭에서 가장 성공한 씨족의 사원이 바로 쿠 콩시이다. 쿠 콩시는 용산당龍山堂이라고도 알려져 있다. 쿠 콩시는 1893년 짓기 시작해 완공까지 15년이 걸렸다. 완공 당시에는 어찌나 화려하고 장엄했는지 황제의 궁궐과 비교할 정도였다고 한다. 1901년 화재로 일부가 소실이 되어 보수작

Data Map 347G
Access 카피탄 켈링 스트리트 끝의 얍 콩시를 지나자마자 왼쪽
Add 18 Cannon Square, Penang
Open 09:00~17:00
Cost 성인 10링깃, 12세 미만 1링깃
Tel +60 (0)4-261-4609 **Web** www.khookongsi.com.my

업을 거쳐 지금의 모습을 갖추게 되었다. 쿠 콩시는 중국 최고 수준을 자랑하는 목각과 최고급 자재를 사용해 쿠 콩시 집안의 품격과 위엄을 뽐내고 있다. 사원의 안쪽으로는 18개의 조각상이 있다. 1층에는 쿠씨 일가의 역사적인 자료와 함께 수백 년 넘은 골동품이 전시되어 있다. 입구에 달린 원단과 사인은 구씨 집안이 종가임을 알리는 표식이다. 18개의 조각상은 쿠씨 집안이 항상 신의 보호를 받으며 번창하라는 의미를 가지고 있다. 조지 타운에서는 유명한 볼거리로 입장료가 있는 곳이지만 볼 만한 가치가 있다.

페낭의 첫 번째 모스크

카피탄 켈링 모스크 Kapitan Keling Mosque

다른 지역에 비해 중국색이 짙은 페낭이지만 그래도 이곳은 이슬람 국
가인 말레이시아라는 것을 보여주는 곳이다. 페낭에는 크고 작은 무
슬림 사원이 100개도 넘게 있다. 그중 가장 눈에 띄는 길의 중앙에 우
뚝 자리를 잡고 있는 게 카피탄 켈링 모스크다. 이 모스크는 페낭에서
가장 먼저 세워진 모스크로 역사가 200년이 넘었다. 인도 무굴 양식으
로 지어졌는데, 흰색 외벽과 빨간 지붕, 진한 색의 돔은 세월의 흔
적을 느낄 수 없을 만큼 깨끗하고 세련된 모습이다. 최근에 완공되었
다고 해도 믿어질 정도로 세심하게 관리되고 있다. 차도르를 입으면
무료입장이 가능하다.

Data Map 347G
Access 카피탄 켈링 스트리트 내
Add Jalan Masjid Kapitan
Keling, Penang
Open 12:00~18:00
Tel +60 (0)14-812-1752

> **Tip** 조지 타운 도보여행
> 조지 타운은 도시 전체가 세계문화유산으로 지정되어 있다. 다양한 종교와 문화가 한데 녹아들어 있
> 는 조지 타운은 이곳만의 특별한 풍경을 보여준다. 굳이 사원이나 박물관을 방문하지 않더라도 그냥 그송의
> 거리를 걷는 것만으로도 조지 타운 여행은 볼거리가 많아 행복하다. 다만 걷기에는 날씨가 많이 덥다. 인력
> 거인 트라이쇼를 이용하는 것도 좋은 방법이다. 유명한 관광지와 벽화를 차례로 둘러보며 관광을 할 수 있
> 다. 요금은 2인 1시간에 40~50링깃 정도를 받는다.

💬 조지 타운의 종교 건축물

세계 여러 나라가 거처 간 자리라는 것을 증명이라도 하듯 페낭에는 다양한 문화와 인종만큼이나
종교도 밀집되어 있다. 불교, 힌두교, 이슬람교, 그리고 기독교가 어깨를 맞대고 나란히
자리를 한 모습이 마치 종교 박람회라도 온 것 같은 착각이 들 정도이다. 함께 사는 굳건한
다문화주의는 식민지의 상처까지 끌어안고 다양함에 다양함을 더한 다문화 도시로 자리매김을
한 곳, 그곳이 바로 페낭이다. 종교는 이곳을 지탱하는 원동력이기도 하다. 종교마다 각기
다른 특색을 가진 종교적인 건축물을 보는 것만으로도 페낭 여행이 풍성해진다.

스리 마리암만 사원
Sri Mariamman Temple

화려한 색감과 조각상들로 인해 자꾸 시선이 가는
사원이다. 인도인들을 위한 힌두 사원으로 페낭에
서 가장 오래된 힌두 사원이다. 힌두교의 가장 큰
축제인 타이푸삼이 시작되는 곳이기도 하다.

Data Map 347G
Access 카피탄 켈링 스트리트에 위치.
카피탄 켈링 모스크 건너편

마지드 멜라유 Masjid Melayu

1820년에 세워진 수마트라 양식의 이슬람 사원
이다. 아친 스트리트 중간에 세워져 있어 아친 스
트리트 모스크라고도 불린다. 일반적인 무굴 양
식과 다른 사원의 모습을 볼 수 있다.

Data Map 346F
Access 아친 스트리트에 위치. 쿠 콩시에서 도보 2분

세인트 조지 성당 St. George's Church

영국 식민지 시절 지어진 성공회 교회로 1818년 영국인에 의해 지어졌다. 2차 세계 대전 당시 파괴되었던 건물을 1948년에 복원했다. 넓은 정원과 예쁜 교회 건물이 평화로운 모습이다.

Data Map 347C
Access 페낭주립박물관 옆, 도보 1분

성모승천교회 Cathedral of the Assumption

1786년 성모승천일 전날 설립된 가톨릭교회로 박해를 피해 페낭에 지어졌다. 교회 앞에 서면 저절로 경건한 마음이 드는 곳이다. 조지 타운의 가장 오래된 파이프 오르간을 볼 수 있다.

Data Map 347C
Access 페낭주립박물관 옆 건물

콴인텡 사원
Kuan Ying Teng Temple(관음사)

페낭에서 중국인들이 가장 중요시 여기는 사원 중 하나이다. 다산을 의미하는 여신인 관음보살을 모시는 사원으로 19세기 초 페낭에 정착한 광둥인들이 세웠다. 페낭에서 가장 오래된 불교 사찰이기도 하다. 중국인들의 기도를 올리는 모습을 항상 볼 수 있다.

Data Map 347C
Access 카피탄 켈링 스트리트에 위치, 카페탄 켈링 모스크에서 도보 2분

나고레 사원 Nagore Shrine

건물 외벽을 흰색과 초록색으로 칠해 멀리서도 눈에 띄는 사원이다. 블록 쌓기로 만들어 놓은 것처럼 외관이 귀여운데, 언뜻 보면 힌두교인지 이슬람교인지 구별하기가 힘들다. 리틀 인디아에 위치한 인도 사람들을 위한 이슬람 사원이다.

Data Map 347G
Access 스리 마리암만 사원 옆

조지 타운의 랜드마크
콘월리스 요새 Fort Cornwallis

조지 타운 북동쪽 해안가에 자리 잡고 있는 별 모양의 요새다. 조지 타운에서 가장 유명한 유적지로 1786년 페낭에 상륙한 영국 프란시스 라이트 선장이 지었다. 처음에는 목재로 지었지만 훗날 석조 요새로 다시 지었다. 2차 세계대전 때는 영국군이 일본군을 막기 위해 사용하기도 했다. 요새에는 당시 사용했던 막사용 텐트와 네덜란드로부터 선물 받은 대포가 전시되어 있다. 등대, 감옥, 작은 박물관도 있으며, 요새 안쪽 막사에는 페낭의 먹을거리와 볼거리를 담은 사진이 전시되고 있다.

Data Map 317D
Access 조지 타운 북쪽 해안가
퀸 빅토리아 시계탑 옆에 위치
Add Farquhar Street,
George Town, Penang
Open 09:00~22:00
Cost 성인 20링깃, 어린이 10링깃
Tel +60 (0)4-650-5136

내일 3시 시계탑에서 볼까?
퀸 빅토리아 시계탑 Queen Victoria Memorial Clocktower

1897년 중국인 거부가 빅토리아 여왕 통치 60주년을 기념해 헌정한 시계탑이다. 2차 세계대전 당시 근처의 청사를 향해 쏜 폭탄으로 인해 살짝 기울어져 있는데 기특하게도 잘 버텨주고 있다. 페낭을 상징하는 건축물로 알려져 있지만 그다지 눈길을 끌만큼 화려하지는 않다. 건축물의 조형미보다는 당시 빅토리아 여왕이 이 시계탑을 보러 행차를 하려다 불발되었다는 사실이 오히려 더 흥미롭다. 현지인들이 만남의 장소로 애용하는 곳이다.

Data Map 347D **Access** 콘월리스 요새 옆 교차로에 위치

작지만 강한 곳
쑨얏센 박물관 Sun Yat Sen Museum

우리에겐 '쑨원'으로 알려진 중국 혁명의 선도자 쑨얏센을 기리는 박
물관이다. 쑨얏센은 1909년부터 1911년까지 혁명자금을 모으기 위
해 페낭에 들렀는데, 그 당시 본부로 사용하던 곳을 박물관으로 개
관했다. 박물관에는 그 시절 사용했던 가구를 비롯해 사진과 문서
자료를 전시하고 있다. 작은 박물관이지만 중국에서 존경받는 인물
이다 보니 중국 여행자들의 발길이 끊이질 않는다. 이곳에 상주하는
자원봉사자들도 여행자들에게 쑨얏센의 업적과 그가 활동했던 시대
의 역사를 친절하게 설명해 준다. 작은 박물관이지만 대업을 이룬 기
반을 다진 곳이라 의미가 남다르다.

Data Map 346F
Access 압 콩시에서 도보 2분
거리의 아르메니안 스트리트에 위치
Add 120 Armenian Street,
George Town, Penang
Open 09:00~17:00
Cost 성인 5링깃
Tel +60 (0)4-262-0123
Web www.
sunyatsenpenang.com

숍 하우스

조지 타운에는 거리를 따라 늘어선 2층 건물이 눈에 띈다. 숍
하우스라 불리는 이 건물들은 영국 식민지 시대에 지어진 것이
다. 대부분 1층은 상점, 2층은 가정집으로 사용되는데, 길
을 따라 나지막한 건물들이 길게 연결되어 있어 눈길을 끈다.
이처럼 길게 이어서 건물을 지은 것은 당시 가로 넓이에 따라
세금을 매기는 세금 제도에서 기인했다고 한다.

근사하다!
페낭 시청 Penang City Hall

영국 식민지 시대에 지어진 건물로 조지 타운에서는 최고의 건축물로 손꼽히는 곳이다. 영국 지배 당시에도 관청으로 쓰였던 건물로 지금도 시청 건물로 쓰이고 있다. 1903년에 지어진 건물은 새하얀 외관이 건너편 광장과 어우러지면서 근사한 모습을 하고 있다. 지속적인 보수와 관리가 오랜 시간 이 건물이 아름다움을 유지하는 비결이다.

Data Map 347C
Access 조지 타운 북쪽 해안가 콘월리스 요새에서 도보 5분
Add Jalan Tun Syed Sheh Barakbah, George Town, Penang
Tel +60 (0)4-262-0202

고전적인 아름다움
타운 홀 Town Hall

시티홀과 나란히 자리했다. 페낭에서 가장 오래된 관공서 건물로 빅토리아 양식의 고전적인 아름다움을 지니고 있다. 영국 식민지 시절의 어두운 잔재지만 깨끗하게 유지해 지금은 페낭 관광의 명소로 활용되고 있다.

Data Map 347C
Access 조지 타운 북쪽 해안가 콘월리스 요새에서 도보 5분
Add Jalan Tun Syed Sheh Barakbah, George Town, Penang
Tel +60 (0)4-262-0202

저자추천 페낭 여행의 필수코스

페낭 힐 Penang Hill

랑카위에 케이블카가 있다면 페낭에는 페낭 힐이 있다. 해발 830m에 있는 페낭 힐이 페낭 최고의 여행지라는 데는 이견이 없다. 이곳에 오르면 조지 타운은 물론 페낭섬 전체를 내려다볼 수 있다. 말레이시아 본토와 페낭섬을 연결하는 연륙도 페낭 대교도 한눈에 내려다 보인다. 푸니쿨라를 타고 45도의 가파른 경사면을 따라 빠른 속도로 약 5분을 오르면 페낭 힐 정상으로 갈 수 있다. 푸니쿨라는 1923년 화물 운반용으로 만들어졌다. 그 후 관광용으로 개조하면서 페낭의 명물로 자리 잡았다.

Data Map 314A
Access 조지 타운에서 204번
버스를 타고 종점 하차. 켁록시
사원에서 그랩택시로 약 7링깃
Add Jalan Stesen Bukit
Bendera, Penang
Open 06:30~23:00(30분 간격)
Cost 성인 30링깃, 4~12세 15링깃
Tel +60 (0)4-828-8880
Web www.penanghill.gov.my

페낭 힐에 서면 공기부터 상쾌하다. 뿐만 아니라 가슴을 뻥 뚫리는 페낭의 멋진 풍경이 눈앞에 펼쳐진다. 정상에는 경치가 좋은 레스토랑이 몇 곳 위치해 있다. 오후 늦게 페낭 힐에 올라 산책하고, 해가 진 다음 도시 야경을 감상할 것을 추천한다. 도시의 불빛이 반짝거리는 그 시간이 페낭 힐의 가장 멋진 순간이다.

버스로 약 10여분 거리에 있는 켁록시 사원과 함께 일정을 잡으면 좋다. 금요일, 주말에는 휴일을 맞이한 무슬림들이 줄을 길게 늘어선다. 되도록 평일날 가도록 하자.

저자추천

거대한 아름다움을 지닌
켁록시 사원 Kek Lok Si Temple

페낭은 말레이시아에서 중국인 거주 비율이 가장 높은 곳이다. 자연히 중국 문화를 가장 가까이서 만날 수 있고, 문화유적도 잘 보존되어 오고 있다. 페낭 힐과 가까운 거리에 있는 켁록시 사원은 말레이시아는 물론 동남아시아를 통틀어 가장 큰 중국식 사원이다. 이곳은 관음보살을 기리는 곳으로 중국인들에게는 아주 중요한 의미의 사원으로 보호되고 있다. 켁록시 사원은 1890년부터 20년에 걸쳐 건설됐다. 당시 중국, 태국, 미얀마 3개국의 장인들이 함께 건축해 더욱 유명해졌는데, 사원은 세 나라의 건축 양식이 조화를 이루고 있다. 사원 안쪽으로는 30m 높이의 청동으로 만든 관음상이 있다. 또 1만 개의 부처 상이 새겨진 7층 불탑이 있는데, 불탑의 하단은 중국, 중간은 태국, 상단은 미얀마의 건축양식으로 제작됐다. 이 불탑은 화려하면서도 웅장해 멀리서부터 시선을 사로잡는다. 사원 내부는 규모가 큰 만큼 볼거리가 많고, 아름다운 풍경까지 볼 수 있어 여유 있게 시간을 잡고 둘러보는 게 좋다. 페낭 힐과는 버스로 약 10분, 택시로 15링깃 정도로 이동이 가능하다.

Data Map 341A
Access 조지 타운에서 201, 203, 204, 502버스 타고 Air Itam Market 버스정류장 하차.
조지 타운에서 택시 30링깃
Add No1. Tokong Kek Lok Si, Penang
Open 09:00~18:00
Cost 무료, 석탑 쪽 사원 입장료 2링깃
Tel +60 (0)4-828-3317

힐링이 필요한 시간!
페낭 보태닉 가든 Penang Botanic Gardens

보태닉 가든은 1884년에 개장한 식물원이다. 130년이란 오랜 역사
만큼 관리도 잘 되고 있으며 놀랄 만큼 넓은 면적에 다양한 볼거리가
있다. 야자나무가 무성한 정글부터 잔디밭이 펼쳐진 가든, 허브가든,
폭포, 연못 등이 끝없이 이어진다. 다 돌아 보려면 빠른 걸음으로 걸
어도 반나절은 걸린다. 걷기 힘들면 유료로 운영되는 트램을 타고 가
든을 한 바퀴 돌아볼 수 있다. 식물을 좋아하는 사람이라면 희귀종인
캐넌 볼 트리Canan Ball Tree, 캔들 트리Candle Tree, 레인 트리Rain Tree 등을

Data Map 341B
Access 조지 타운에서 10번 버스
타고 페낭 보태닉 가든 버스정류장
하차 **Add** Jalan Kebun Bunga,
Penang **Open** 05:00~20:00
Cost 입장 무료, 트램 성인 2링깃,
어린이 1링깃
Tel +60 (0)4-226-4401

찾아보자. 보태닉 가든은 원숭이가 워낙 많아서 '멍키 가든'이라고도 불린다. 가끔은 사람보다 많은 수의
원숭이들이 가든을 차지하기도 하는데, 성격이 온순하고 얌전해 걱정할 필요는 없다. 트레킹을 즐긴다면
가든부터 이어진 길을 따라 페낭 힐로 오를 수 있다.

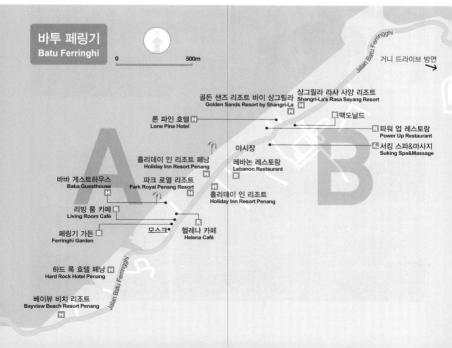

페낭에서 휴양은 요기!
바투 페링기 Batu Ferringhi

페낭섬은 생각보다 바다가 깨끗하지 않다. 섬의 동남쪽에 공장지대
가 형성되어 있어서다. 바다에 떠 있는 섬이지만 휴양지 다운 느낌이
나지 않는 것은 이 때문. 그러나 섬의 북쪽에 바투 페링기와 이웃한
탄중 붕가Tanjung Bungja 해변이 있어 아쉬움을 달랠 수 있다. 바투 페
링기는 페낭에서는 최고의 휴양지로 알려진 곳으로 하드락 호텔, 샹
그릴라 라사 사양 리조트, 홀리데이 인 리조트 등의 리조트가 있고,

> **Data** Map 341A
> **Access** 조지 타운에서 101, 104
> 버스 타고 홀리데 인Holiday In
> 버스정류장 하차. 조지 타운에서
> 택시 30링깃
> **Add** Batu Ferringhi, Penang

분위기 좋은 고급 레스토랑도 즐비하다. 하지만 바다 빛깔이나 휴양 시설은 말레이시아의 다른 휴양지에
비해 조금 떨어지는 편이다. 따라서 조지 타운에 머물며 하루 정도 쉬러 다녀오는 것을 추천한다. 이곳은
다른 해변과 달리 동력 스포츠가 허용돼 해양 액티비티 시설이 잘 갖추어져 있다. 백사장도 넓다. 특히나
해 질 녘은 노을에 물든 바다가 아름다워 현지인들의 데이트 장소로 사랑받고 있다. 바투 페링기에서 바
다만큼이나 유명한 것은 밤마다 불을 밝혀오는 야시장. 소소한 기념품과 기발한 아이디어 상품, 휴양지
에서 필요한 소품, 액세서리들을 파는데, 바투 페링기의 거리를 거의 다 채울 정도로 규모가 크다. 조지
타운에서는 흔하지 않은 마사지숍도 즐비하고 가격도 저렴해 여행의 피로를 푸는 시간을 가져보는 것도
좋다. 오후에 도착해 휴식→저녁식사→야시장 구경→마사지로 일정을 잡으면 알차다.

유럽 감성 가득한 곳
스트레이트 키 Straits Quay

랑카위의 텔라가 하버 파크를 닮은 곳이다. 하얀색 요트와 건물이 어
울려 유럽의 작은 항구에 온 듯한 느낌이다. 건물의 위층은 아파트를
비롯한 여행자들을 위한 호텔과 레지던스, 아래층은 레스토랑과 쇼
핑몰로 이루어졌다. 거리를 한 바퀴 슬쩍 돌아보면 깔끔하고 고급스
러운 느낌이 난다. 여자들의 취향에 부흥하는 한적하고 로맨틱하다.
게으른 오전의 브런치, 나른한 오후의 커피 한잔이 잘 어울린다. 느
긋한 저녁시간에는 자전거로 주변 하이킹을 하는 것도 나쁘지 않다.

Data Map 341B
Access 조지 타운에서 102번 버스 타고 SRK 탄중 토콩
SRK Tanjung Tokon 버스정류장 하차
Add Jalan Seri Tanjung, Penang **Tel** +60 (0)4-891-8000

\ 🍴 EAT /

호커 센터는 작은 식당이나 포장마차가 모여 있는 푸드코트를 말한다. 왁자지껄한 분위기에 가지각색의 메뉴들을 아주 착한 가격에 판다. 여기에 맛까지 고급 레스토랑 뒤지지 않으니 그야말로 음식 천국이다. 페낭의 진짜 맛을 보고 싶다면 호커 센터로 미식여행을 떠나자.

꼭 가야만 하는 호커 센터

저자 추천 먹고 또 먹고!
거니 드라이브 Gurney Drive

조지 타운에서 버스로 약 15분을 가면 페낭에서 가장 부촌인 거니 드라이브가 나온다. 이곳은 고급 아파트촌과 함께 젊은 사람들이 모여 드는 거니 플라자와 거니 파라곤 같은 쇼핑몰과 레스토랑이 몰려 있다. 하지만 여행자들이 이곳으로 몰려드는 이유는 따로 있다. 바로 페낭 최대의 호커 센터가 이곳에 있기 때문이다. 거니 드라이브는 매일 저녁이면 한적하던 해변이 분주해지면서 전혀 다른 모습으로 변한다. 족히 100개는 되어 보이는 호커 센터가 거리를 가득 채운다. 이때부터 여행자들은 무엇을 먹어야 할지 행복한 고민에 빠진다. 보는 족족 저렴하고 맛있어 보이는 메뉴라서 선택 장애가 있는 사람은 밤새 고르기만 하다 끝날지도 모른다. 메뉴는 대부분 처음 접하는 것들이지만 우리 입맛에도 잘 맞는다. 게다가 가격이 아주 착하다. 한화로 1,000~2,000원이면 한 가지 메뉴를 맛볼 수 있다. 원하는 만큼 먹고 또 먹어도 부담이 되지 않는다. 오히려 먹을 수 있는 양의 한계가 원망스러울 정도다. 식사가 끝나면 소화도 할 겸 해안도로를 따라 시원한 바닷바람을 맞으며 한 바퀴 걸어보자.

Data Map 311B
Access 조지 타운에서 10, 103, 204번 버스 타고 거니 플라자 버스정류장 하차, 택시로 15링깃
Add Gurney Drive Hawker Center, Penang
Open 18:00~24:00

💬 호커 센터의 인기메뉴

로작 Rojak

오이, 잠부, 사과 등 과일과 야채를 섞어 만든 말레이식 샐러드. 매콤하면서 달콤한 맛이 우리 입에도 딱 맞는다.

파셈버 Pasember

여러 가지 재료를 튀겨서 소스를 뿌려 먹는 음식. 양념치킨 맛이 나는 소스는 우리에게도 아주 익숙하다.

미훈 Meehoon

중국식 누들. 가는 국수 면발을 씹는 식감이 재미있고 맛도 아주 좋다.

첸돌 Chendol

우리나라의 빙수와 비슷한 메뉴. 연유와 아이스크림, 그리고 초록색 젤리 첸돌이 가득 들어가 있다.

사태 Satey

말레이시아의 꼬치구이. 한 번 먹어보면 숯불 향만 맡아도 사태를 찾게 될 정도로 맛있다.

코코넛 쉐이크
Coconut Shake

코코넛 즙에 아이스크림을 넣어 만든 디저트.

락사 Laksa

생선을 갈아 넣어 끓인 매운탕 느낌의 음식이다. 새콤달콤하면서 매콤한 맛이 난다. 여행자 사이에서는 호불호가 갈린다. 참고로 페낭은 락사의 본고장이다.

입과 눈, 귀까지 호강하는 곳
레드 가든 Red Garden

트립어드바이저에 페낭의 맛집 3위에 랭크가 되어 있고 수백 개의 리뷰가 올라온 곳이다. 조지 타운에서는 단연 눈에 띄는 인기 만점 호커 센터. 다른 호커 센터에 비해 조금 더 갖춘(?) 음식들을 맛볼 수 있다. 같은 메뉴의 음식이어도 더 정갈하고 먹음직스럽게 나온다. 그러나 이곳이 인기가 좋은 건 음식 때문만은 아니다. 저렴한 호커 센터에서는 상상도 못했던 라이브 공연이 매일 밤 펼쳐지고 있다는 것! 가끔 흥에 취한 중국인들이 식사를 하다 말고 춤을 추는 재미있는 상황도 연출된다. 입과 눈, 귀까지 모두 호강을 하는 곳이 바로 레드 가든이다.

Data Map 346B
Access 조지 타운 내 레이스 스트리트에 위치
Add No. 20, Leith Street, Penang
Open 17:30~01:30
Tel +60 (0)12-421-6767

로컬 물씬 느낌
킴벌리 스트리트 푸트 나이트 마켓 Kimberley Street Food Night Market

조지 타운 안쪽에 위치한 길지 않은 먹자골목이다. 이 골목은 낮에는 더워서 한산하지만 해 질 녘이 되면 사람들이 모여들며 활기를 띤다. 길거리 음식을 먹기 위해 관광객들이 이 골목으로 모여드는데, 현지인도 이 골목으로 모여들기는 마찬가지! 로컬 분위기가 물씬 풍긴다. 푸드 코트보다 더 저렴하고 맛도 어느 정도는 보장이 된다. 요리하는 것을 보고 고를 수 있기 때문에 음식을 고르기 쉽다. 길에 늘어선 스팀보트나 굴튀김, 꼬치구이 등 보기만 해도 입맛 당기는 음식이 많다.

Data Map 346F
Access 콤타에서 도보 5분
Add Lebuh Kimberley, Penang
Open 17:00~23:00(수요일 휴무)

여행자들의 아지트

아트 갤러리에서 즐기는 시간
차이나 하우스 China House

그저 식사를 하는, 차를 마시는 레스토랑이라고 하기엔 너무 아쉽다. 페낭의 전통 숍 하우스 3개를 연결해 카페 겸 레스토랑에 갤러리와 소극장이 더해진 복합문화공간이다. 맛있는 메뉴에 아늑한 실내 분위기, 멋진 작품이 걸린 갤러리, 라이브 음악까지 있어 이곳을 소개하자면 끝이 없다. 차이나 하우스는 페낭 트렌드 세터들의 핫플레이스로 갈 때마다 다른 분위기에서 시간을 보낼 수 있다. 안쪽으로 길게 이어진 레스토랑은 구석구석 다른 모습을 하고 있다. 그룹을 지어 파티를 즐길 만한 곳, 잔잔한 햇살을 받으며 차 한잔의 여유를 느낄 수 있는 곳, 와인 한잔에 라이브 음악을 들을 수 있는 곳 등 공간마다 개성이 다르다. 여기에 실력 좋은 요리사와 바리스타가 있어 점심에는 맛있는 런치메뉴, 출출한 오후에는 달달한 케이크에 커피 한잔을 즐길 수 있어 언제 가더라도 반하게 된다. 매주 목, 금, 토요일 저녁시간에는 특색 있는 라이브 음악을 들을 수 있고, 2층 아트 갤러리에서는 매달 다른 전시회가 열린다. 여유 있게 시간을 잡고 들러보자.

Data Map 347G
Access 조지 타운 쿠 콩시 뒤쪽 비치 스트리트에 위치
Add 153&155 Beach Street, George Town, Penang
Open 09:00~01:00
Cost 런치 20링깃~, 샐러드 30링깃~, 음료 7링깃~ (세금 6%와 봉사료 10% 별도)
Tel +60 (0)4-263-7299
Web www.chinahouse.com.my

세련되고 편안하게
어썸 캔틴 Awesome Canteen

조지타운의 숍하우스를 세련되고 모던하게 개조한 레스토랑이다. 회색빛으로 차가워 보일 수 있는 실내 공간에는 진짜 나무가 자라고 있어 오히려 편안하고 독특한 분위기를 연출한다. 항상 웨이팅이 있는 차이나 하우스 바로 옆 블럭에 위치해 있어 상대적으로 손님이 좀 적은 편이다. 조용하게 시간을 보내고 싶다면 어썸 캔틴을 더 추천한다. 커피도 식사메뉴도 모두 저렴하고 맛이 좋은 편. 버거나 샌드위치, 라이스 메뉴 등 식사메뉴가 다양하다.

Data Map 347G
Access 차이나하우스 한블럭 뒤
Add 164A-B, Lebuh Victoria, George Town, Penang
Open 11:00~22:00(화요일 휴무)
Cost 음료 7~12링깃,
식사 18~30링깃
Tel +60 (0)4-261-3707

세상에서 가장 맛있는 베이글!
머그샷 카페 Mugshot Cafe

커피와 수제 요거트 그리고 베이글을 파는 레스토랑이다. 모든 메뉴가 다 맛있다고 소문난 맛집. 그중에서 가장 추천하는 메뉴는 베이글이다. 베이글은 크림치즈, 연어, 베이컨 등 안에 들어가는 토핑을 선택할 수 있다. 주문을 하면 바로 화덕에서 구워나오는 베이글. 세상 어느 베이글과도 비교할 수 없는 고소하고 쫄깃한 맛이다. 페낭에 왔다면 꼭 먹고가야할 맛집 넘버 원! 한번 먹으면 그 맛을 못 잊어 페낭이 그리워질 것이다.

Data Map 347C
Access 출리아 스트리트
세븐일레븐 사거리에 위치
Add 302, Lebuh Chulia, George Town, Penang
Open 08:00~00:00
Cost 커피 8링깃~, 베이글 13링깃~
Tel +60 (0)12-405-6276

여행자들을 위한 빈티지 감성
비하인드 50 Behind Fifty

러브 레인의 끄트머리에 있는 이 작은 레스토랑은 배낭 여행자들의 아지트 같은 곳이다. 나 홀로 여행자들이나 배낭 여행자들이 모이는 골목에 위치해 있어서 여행길에 만났던 반가운 얼굴을 마주칠 기회가 많다. 아침이면 브런치를 먹고 더운 오후에는 시원한 맥주 한잔을 마시며 가볍게 즐기기 좋은 분위기다. 친구와 함께라면 여행자의 무리 속에서 수다 삼매경에 빠질 수 있고, 혼자라면 들려오는 여행자들의 재잘거림을 엿듣기 좋은 곳이다. 파스타, 샌드위치, 오믈렛, 피자 등 다양한 메뉴가 있다.

Data Map 347C
Access 러브레인 안쪽에 위치
Add Lebuh Muntri,
George Town, Penang
Open 09:00~19:00(수요일 휴무)
Cost 파스타 16링깃~,
브런치 10링깃~, 맥주 10링깃~
Tel +60 (0)12-401-3392

이태리 최고의 커피 라바짜가 있는 곳
핏 스톱 카페 Pit Stop Cafe

최근 페낭에는 분위기 좋은 카페가 많이 생겨났다. 핏 스톱은 그중에서도 후발주자다. 이 카페는 인적이 드문 골목 안쪽에 있지만 항상 손님들이 넘쳐난다. 재치 있게 꾸민 실내 인테리어와 이태리 최고 커피 브랜드인 라바짜를 단 8링깃에 맛볼 수 있기 때문이다. 한 가지 더 추가하자면 좋은 재료로 만든 브런치 메뉴를 하루 종일 즐길 수 있다는 것이다. 그래서 이곳은 서양인 여행자들에게 더욱 인기가 좋다. 친절한 직원들의 서비스도 굿이다.

Data Map 347C
Access 줄리아 스트리트의 세븐
일레븐 옆 골목 Lorong Chulia에
위치 **Add** 12, Lorong Chulia,
George Town, Penang
Open 09:00~18:00
Cost 브런치 10링깃~,
파스타 12링깃~, 커피 8링깃~
Tel +60 (0)4-261-1306

말레이시아의 역사를 간직한 레스토랑
저자 추천 자위 하우스 카페 갤러리 Jawi House Café Gallery

여행자를 위한 보석 같은 공간이다. 이 레스토랑에는 말레이시아와 페라나칸의 전통문화와 역사가 공존한다. 2층으로 된 작은 숍 하우스를 개조해 1층은 레스토랑으로, 2층은 전시장으로 사용하고 있다. 고풍스럽게 진열된 고가구는 전통적인 분위기를 자아낸다. 이곳에는 중국, 페르시아, 인도 등 아시아권에서 영향을 받아 형성된 다양한 말레이시아 전통 조형물이 전시되어 있다. 특히, 말레이시아 원주민을 일컫는 오랑아슬리족이 대나무와 나무를 이용해 만든 전통 조형물이 눈길을 끈다. 전시품의 수는 많지 않은 편. 그래도 전시물 하나하나는 역사가 깊고 의미가 있다. 고풍스러운 분위기 속에서 즐기는 말레이시아의 전통음식은 깔끔하고 세련됐다. 말레이시아의 특별한 장소에 초대받은 듯한 느낌이다.

Data Map 346F
Access 아르메니안 스트리트 압 콩시 옆 **Add** 85, Armenian Street, George Town, Penang
Open 11:00~22:00(화요일 휴무)
Cost 메인 18링깃~, 에피타이저 14링깃~
Tel +60 (0)4-261-3680
Web www.jawihouse.com

아랍 음식의 재발견!
하랍 페낭 Halab Penang

쿠알라룸푸르의 인기 아랍 레스토랑의 체인점이다. 오픈하자마자 새벽까지 줄을 서는 페낭 맛집으로 등극했다. 우리에겐 익숙하지 않은 음식이지만, 말레이시아는 아랍 여행자가 많은 곳이라 아랍 음식점이 종종 눈에 띈다. 신선하고 건강한 아랍 음식을 맛볼 수 있다. 고급스러운 분위기, 친절하고 프로패셔널한 직원들이 있어 기분 좋게 식사를 즐길 수 있다. 고소한 터키쉬 커피, 콩을 갈아 만든 하모스와 함께 먹는 따근한 빵, 신선한 채소와 화덕에 구워 나오는 치킨까지 추천할 만한 메뉴가 가득하다.

Data Map 347B
Access 출리아 스트리트 세븐일레븐 근처에 위치
Add 381, Lebuh Chulia, George Town, Penang
Open 11:00~04:00
Cost 스타터 13링깃~, 라이스 20링깃~, 커피 10링깃~
Tel +60 (0)4-251-9550

현지인이 추천하는 인기 레스토랑

 홈 메이드 피시 볼이 최고래요!

피트 스트리트 코 테우 씽
Pitt Street Koay Teow Th'ng

가족 간에 운영하는 페낭의 유명 맛집이다. 집에서 직접 만든 피시 볼 메뉴 하나로 승부를 보는데, 하얀 피시 볼에 그 비밀이 숨어 있다. 한 입 베어 물면 탱탱하면서도 부드러운 식감이 입맛을 사로잡는다. 중국인들이 좋아하는 장어로 만든 피시 볼은 더운 날씨 보양식으로 최고다. 뽀얗고 달착지근한 국물에 피시 볼을 넣어주는 피시 볼 수프, 쌀국수가 들어간 피시 볼 누들, 짜장면같이 생긴 드라이 누들 등 취향에 따라 골라 먹으면 된다. 오전에 문을 열어 피시 볼이 다 팔릴 때까지만 장사를 한다. 정오가 되기도 전에 장사가 끝나는 날도 종종 있다.

Data Map 346F
Access 아르메니안 스트리트 헤리티지 호텔에서 프란긴 몰 가는 길
Add 183, Carnavon Street, Penang **Open** 화~토 08:00~16:00,
일 08:00~13:00 **Cost** 피시 볼 5링깃~ **Tel** +60 (0)17-479-3208

진정한 맛집은 저렴하고 맛있는 곳
우드랜즈 베지테리언 레스토랑 Woodlands Vegetarian Restaurant

인도식 베지테리언 레스토랑이다. 인도인이 운영을 해서 다양하고 저렴한 인도식 정찬을 맛볼 수 있다. 오더를 하면 신선한 재료로 바로바로 요리를 해서 나오는데 음식 값에 비하면 양도 맛도 아주 만족스럽다. 일하는 사람들은 퉁명스럽지만 레스토랑도 음식도 깔끔하게 잘 관리하고 있다. 아침 점심 저녁 식사 메뉴가 조금씩 달라진다. 메뉴가 많아 뭘 시켜야 할지 모르겠다면 다양한 커리와 함께 난, 밥이 함께 나오는 세트메뉴를 주문하자.

Data Map 347G
Access 인디아 거리에 위치
Add 60, Lebuh Penang,
George Town, Penang
Open 08:30~22:00
Cost 스타터 4링깃~,
식사 9링깃~, 음료 2.5링깃~
Tel +60 (0)4-263-9764

주인도 가격도 착한 딤섬
타이 통 레스토랑 Tai Tong Restaurant

홍콩이 생각나는 딤섬집. 중국 레스토랑이 많은 페낭이지만 딤섬집이 그리 많지는 않다. 그중 단연 눈에 띄는 곳. 아주 저렴한 가격에 다양한 딤섬을 맛볼 수 있어 항상 줄을 선다. 죽 종류, 스팀 종류, 튀김 종류, 디저트 등 요리별로 만든 딤섬을 싣고 수레가 다닌다. 바로 만들어 나온 딤섬섬이 뜨끈하고 맛이 좋다. 사람이 많아서 수레를 기다리는 시간이 오래 걸리는 건 단점. 대부분 맛이 괜찮은 편인데, 만두류보다는 완탕과 망고 딤섬, 새우 딤섬 등을 고르면 실패할 확률이 적다. 손님이 많아서 인기 좋은 딤섬은 일찍 없어진다. 문 여는 시간에 가야 다양한 딤섬을 맛볼 수 있다는 것!

Data Map 347F
Access 콤타와 줄리아 스트리트 중간에 위치
Add 45, Lebuh Cintra, George Town, Penang
Open 06:00~14:30, 18:15~23:30
Cost 딤섬 3링깃~, 음료 2링깃~
Tel +60 (0)4-263-6625

짧고 굵게 문을 여는 곳
지생 홍콩 덕 라이스 Jit Seng Hong Kong Duck Rice

조용한 거리에 간판도 보이지 않는다. 하지만 정확히 오후 1시가 되면 갑자기 사람이 웅성거리며 모여든다. 이곳의 영업시간은 오후 1시에서 3시. 이때 수십 마리의 오리가 사장님의 현란한 칼 솜씨와 함께 눈 깜짝할 사이에 팔려 나간다. 홍콩의 유명 오리 바비큐 레스토랑에서 비법을 전수받은 사장님의 짧고 굵은 장사 비법이다. 오리는 잡내가 없고, 기름기가 쪽 빠져 담백하다. 홍콩과 같은 맛을 내기 위해 품종까지 같은 오리를 공수해온다고 한다. 껍질은 바삭바삭하고, 고기는 육즙이 가득하다. 이 오리고기를 밥 위에 가득 얹어 주는데, 한 끼 식사로 꽤나 만족스럽다.

Data Map 346F
Access 피트 스트리트 코 테우 씽 건너편
Add 246, Carnavon Street, Penang
Open 13:00~15:00
Cost 덕 라이스 6링깃~
Tel +60 (0)12-3173

흥겨운 밤을 위한 펍

조지 타운의 밤은 쓸쓸할 수 있다. 몇몇의 카페 외 현지인들이 운영하는 식당은 모두 일찌감치 문을 닫는다. 관광지 뿐인 거리는 사람들이 빠져나가 썰렁하다. 그렇다고 실망할 필요는 없다. 페낭 여행자 거리 출리아 스트리트가 있다. 대부분의 게스트하우스와 펍, 레스토랑이 이곳에 몰려 있어 밤에도 활기가 넘친다.

평일엔 펍, 주말엔 클럽!
출리아 코트 Chulia Court

출리아 스트리트 사거리에서 가장 눈에 띄는 자리를 차지한 출리아 코트. 주변의 많은 펍 중에 가장 비싼 술값을 자랑하지만, 주말이면 '몸 풀러' 나온 사람들로 발 디딜 틈이 없다. 평일엔 조용히 와인이나 칵테일을 홀짝거리는 펍이 주말이면 클럽으로 변신하기 때문이다. 쿵짝쿵짝 디제이의 신나는 음악으로 한번쯤은 발을 딛게 되는 곳. 나이, 국적, 성별을 불문하고 모두에게 즐거운 주말을 선사하는 곳이다. 페낭에서 불금, 불토를 보내고 싶다면 출리아 코트로 출동하자.

Data Map 346B
Access 출리아 스트리트 세븐일레븐 건너편
Add 357, Lebuh Chulia, George Town, Penang
Open 11:00~01:00 금~일 11:00~02:00
Cost 맥주, 위스키 18링깃~
Tel +60 (0)4-261-3809

매일 매일 맥주 파티
믹키스 플레이스 Micke's Place

출리아 스트리트와 붙어 있는 러브레인. 매일 밤 시끌벅적 맥주 파티가 벌어지는 골목이다. 10개 정도의 작은 펍이 붙어 있는데 페낭에서 가장 호객행위가 심한 곳이 이 길이다. 밤 12시까지 '해피아워'라며 맥주를 저렴하게 파는 곳도 많이 있다. 가장 인기 있는 집은 가장 만만한 믹키스 플레이스. 매일 밤, 시끌벅적한 분위기로 동네밴드가 모여 라이브 공연을 펼치고 술값도 저렴하다. 파스타나 후렌치 후라이 등 가벼운 메뉴도 있다.

Data Map 346B
Access 출리아 스트리트 세븐일레븐 건너편
Add 357, Lebuh Chulia, George Town, Penang
Open 12:00~03:00
Cost 맥주 10링깃~, 식사 13링깃~
Tel +60 (0)12-493-8279

여행자는 모르는 숨겨진 곳
히든 바 Hidden Bar

페낭에는 구글 지도에도 표시가 되지 않는 숨겨진 히든 바가 몇 곳 있다. 페낭에 사는 현지 사람들을 위한 바인데 사람 하나 없는 외진 골목에 조명도 간판도 없는 입구. 문을 열고 들어가도 또 입구가 보이지 않게 꼭꼭 숨겨두었다. 비밀의 방을 들어가듯 문을 열고 들어가면 생각지 못한 딴 세상이 펼쳐진다. 디제이가 있는 클럽 혹은 전통 공연을 하는 옛날 주점, 라이브 밴드의 노래를 들을 수 있는 바 등. 방방마다 사람이 가득 차서 앉을 자리조차 없을 정도로 '노는 아이들'이 가득하다. 이곳에 가면 페낭이 여행자가 많지 않은 히든 도시라는 것을 느끼게 된다. 여행자는 모르는 그들만의 세상에 들어가 진짜 페낭을 즐기고 싶은 사람에게 소개하는 펍. 각종 맥주와 위스키 그리고 중국 전통 칵테일 등을 마실 수 있다. 가장 먼저 생긴 원조 히든바가 이곳이다.

Data Map 346F
Access 콤타 팍슨몰 옆건물
Add 63, Jalan Magazine, George Town, Penang
Open 20:00~03:00
Cost 위스키, 맥주 20링깃~
Tel +60 (0)12-493-8279

🛒 BUY

쇼핑몰이 다양하거나 살만한 것이 많은 곳은 아니다. 쿠알라룸푸르를 들러갈 예정이라면 이곳보다는 쿠알라룸푸르에서 쇼핑하는 게 더 좋다. 그래도 쇼핑할 곳이 필요하다면 들러보자. 대표적인 쇼핑몰은 버스터미널이 있는 콤타와 거니 드라이브에 있다.

현지인들의 주말 나들이 장소
거니 플라자 Gurney Plaza

페낭의 가장 핫한 쇼핑몰. 페낭의 부촌 거니 드라이브에 있어 쇼핑몰도 퀄리티가 높다. 쿠알라룸푸르처럼 명품이나 특별한 브랜드는 없다. 기본적인 뷰티와 패션 매장, 어린이용품 전문점 토이 저러스를 비롯해 영화관이 있다. 여행자들이 즐겨 찾는 슈퍼마켓 체인점인 콜드 스토리지도 있다. 특히 G층에는 잘 나가는 다이닝 레스토랑 나무, 시카로 립, 돔 카페 등이 모여 있어 현지인들의 모임이나 외식장소로 애용이 되고 있다. 거니 플라자의 바로 앞쪽에 해안도로와 거니 드라이브 호커 센터가 있다.

Data Map 341B
Access 조지 타운에서 10번, 103번, 304번 버스 타고 거니 플라자 버스 정류장 하차 **Add** Persiaran Gurney, Penang **Open** 10:00~22:00 **Tel** +60 (0)4-222-8111 **Web** www.gurneyplaza.com.my

주머니 가볍게 쇼핑하기
퍼스트 애비뉴 1st Avenue

매거진 스트리트를 따라 조지 타운의 중심부에 있다. 20~30대를 겨냥한 쇼핑몰로 가장 최근에 문을 열어 젊은 분위기에 발랄한 느낌이다. 젊은 층을 위한 저렴한 브랜드와 편집숍 등이 있어 주머니 가벼운 사람도 쇼핑할 맛이 난다. 쇼핑몰이 규모가 큰 편이라 매장도 큰 편이다. 여유 있고 쾌적하게 쇼핑이 가능하다. 홈페이지에서 지속적으로 이벤트를 열어 쇼핑몰을 즐기는 또 다른 즐거움을 선사하고 있다. 아웃렛몰 백화점 팍슨과 연결되어 있다.

Data Map 346E
Access 콤타 터미널 옆에 위치
Add Jalan Magazine, Georgetown, Penang
Open 10:00~22:00
Tel +60 (0)4-261-1121
Web www.1st-avenue-mall.com.my

알짜배기 쇼핑몰
프란긴 몰 Prangin Mall

조지 타운의 가장 큰 쇼핑센터로 예전에는 조지 타운을 주름 잡던 곳이다. 지금은 퍼스트 애비뉴에 밀려 쇼핑 인기는 예전만 못하다. 하지만 각종 전자제품과 핸드폰, 저렴하게 할인하는 보세 상품들이 있어 알짜배기 손님들이 많은 편이다. 여행 중 공짜 휴대전화나 유심 등이 필요하다면 이곳으로 가면 된다.

Data Map 346F
Access 콤타 터미널 옆에 위치
Add no 33, Jalan Dr Lim Chwee Leong, Georgetown, Penang
Open 10:00~22:00
Tel +60 (0)4-262-2233
Web www.prangin-mall.com

온갖 기념품을 만날 수 있는
바투 페링기 나이트 마켓 Batu Ferringhi Night Market

낮에 한산하던 바투 페링기는 저녁 무렵이면 분주하고 화려하게 탈바꿈한다. 페낭 최고의 나이트 마켓이 열리기 때문이다. 파크 로열 리조트부터 시작되는 나이트 마켓은 론 파인 호텔 앞까지 이어진다. 인도를 따라 이어지는 나이트 마켓은 온갖 기념품부터 재미있는 짝퉁 물건, 갖가지 잡화로 여행자들의 눈길을 끈다. 한국인 여행자가 많은 것도 아닌데 한국어로 호객행위를 하는 상인들을 종종 만나게 된다. 한류 열풍이 이곳까지 강타했다는 증거다.

Data Map 359A~B
Access 바투 페링기스트리트 파크 로열 리조트부터 론파인 호텔까지
Open 18:00~00:00

SLEEP

페낭은 부티크 호텔이 핫이슈 중 하나이다. 2008년 도시 전체가 유네스코 세계문화유산으로 선정된 뒤 문화유산 건물들을 리노베이션하여 호텔로 바꾸고 있다. 이런 부티크 호텔을 헤리티지 하우스라 부른다. 일반적인 호텔의 모습에서 벗어나 다양한 문화와 역사가 현대적인 삶과 공존하도록 꾸민 게 특징이다. 과거 속에 투영된 현재를 느낄 수 있는 것이 페낭 부티크 호텔에 머무는 즐거움이다.

역사와 문화가 공존하는 곳 부티크 호텔

페낭을 닮은 호텔
캠벨 하우스 Campbell House ★ ★ ★ ★

이 호텔은 페낭을 참 많이 닮았다. 가는 곳마다 각기 다른 모습을 하고 있지만 전체적인 분위기가 잘 어우러지는 페낭처럼 호텔 내 공간도 다른 듯하면서 잘 어울렸다. 캠벨 하우스는 콜로니얼 풍 건물 외관과 공용구역, 객실까지 모든 인테리어 소품 하나도 그냥 대충 둔 것이 없다. 유럽 스타일과 페라나칸 문화가 적절히 뒤섞인 공간은 누가 봐도 매력적인 느낌이다. 11개의 객실은 형태도, 분위기도 각각 다르게 디자인되었다. 햇살이 환하게 들어오는 넓은 객실은 가구, 침구류, 테이블까지 빈티지한 분위기로 고풍스러움이 풍겨난다. 객실이 모두 다른 분위기로 디자인되었지만 하나의 흐름을 잃지 않는 것을 보면 오너의 감각이 남다르다는 게 느껴진다. 페낭에 있는 91개의 호텔 가운데 인기도가 단연 1위다. 또 트립어드바이저에서 만점에 가까운 점수를 받고, 초이스 어워드 대상을 받은 것이 결코 우연이 아니다. 페낭의 진정한 모습을 찾아온 여행자라면 캠벨 하우스에 묵어야 한다. 다만, 룸이 많지 않아 서둘러서 예약을 해야 한다.

Data Map 346B
Access 콤타 버스터미널에서 2블록 떨어져 있으며 도보 7분 거리
Add 106, Lebuh Campbell, George Town, Penang
Cost 블러섬 370링깃~, 실버 리프 420링깃, 사리룸 440링깃
Tel +60 (0)4-261-8290
Web www.campbellhouse penang.com

저자 추천 감성 가득 부티크 호텔
문트리 뮤즈 Muntri Mews ★★★★

2011년에 오픈해 여전히 새로 지은 것처럼 깨끗하게 관리되고 있는 부티크 호텔이다. 스리랑카에서 유네스코 호텔상을 거머쥔 유명한 호텔리어 크리스토퍼 옹Christopher Ong이 19세기 중국풍 건물을 개조해 호텔을 만들었다. 룸은 모두 거실과 침실, 욕실이 하나의 공간에 있는 원룸 형식으로 넓고 환하게 꾸며진 것이 특징이다. 부티크 호텔이라는 콘셉트에 걸맞게 아름다운 집처럼 꾸몄다. 여자들의 감성에 맞춘 호텔로 머무는 내내 내 집에서 지내는 것 같은 자연스럽고 아늑한 분위기를 느낄 수 있다. 1층 객실은 문을 열면 정원과 이어진 테라스에서 쉴 수 있는 공간이 있다. 주문을 하면 테라스에서 조식을 즐길 수 있는데, 객실 요금을 생각하면 황송한 서비스다. 이런 차별성으로 인해 문트리 뮤즈는 오픈하자마자 페낭의 가장 핫한 호텔이 됐다. 1층에는 깔끔한 웨스틴 스타일의 레스토랑도 있다. 여행자의 거리인 출리아 스트리트에서 한 블록 건너 문트리 스트리트Moontri St에 있어 위치도 만족스럽다.

Data Map 346B
Access 출리아 스트리트에서 한 블록 안쪽. 레게 페낭에서 도보 5분
Add 77, Jalan Muntri, George Town, Penang
Cost 트윈 스위트룸 330링깃, 킹 스위트룸 400링깃
Tel +60 (0)4-263-5125
Web www.muntrimews.com

페낭에 다시 오더라도 이곳
호텔 페나가 Hotel Penaga ★★★★

15세기 이전 건물을 4성급 호텔로 근사하게 개조했다. 말레이시아의 유명 건축가인 히자스 카스트리Hijjas Kasturi가 소유주로 페낭의 부티크 호텔 가운데 비교적 큰 규모로 운영되고 있다. 객실은 총 45개로 다양한 등급이 있다. 객실은 아르데코 모던 스타일의 세련된 인테리어로 꾸며졌다. 부드러운 침구류에 앤티크한 가구, 그리고 특별히 객실마다 욕실에 신경을 쓴 흔적이 엿보인다. 패밀리룸인 클라크 테라스Clarke Terraces는 2개의 큰 침실과 거실이 있는데, 들어가면 나오기 싫을 정도의 좋은 자쿠지가 있다. 여느 특급 호텔의 스위트룸을 방불케 한다. 다른 룸에 비해 요금이 두 배 이상 비싸지만 스위트 패밀리룸을 생각하면 이유 있는 가격이다. 호텔은 밤이 되면 은은한 조명을 이용해 전체적으로 환상적인 분위기를 자아낸다. 또 페낭의 부티크 호텔에서는 찾아보기 힘든 풀장과 가든, 서재 등의 부대시설도 있다. 조식도 근사하게 나온다. 문화유산 거리에서 도보로 10분 거리다.

Data Map 346A
Access 콤타 버스터미널에서 3블록 떨어져 있으며 도보 10분
Add Corner of Jalan Hutton& Lebuh Clarke, George Town, Penang
Cost 디럭스룸 384링깃, 디럭스+ 발코니룸 416링깃, 스위트룸 511링깃, 클라크 테라스룸 804링깃
Tel +60 (0)4-261-1891
Web www.hotelpenaga.com

중국식 대저택에서의 하룻밤
영경 호텔 Yeng Keng Hotel ★★★★

출리아 스트리트에 있어 최상의 입지조건을 가진 호텔이다. 밖에서 보면 사원 같은 느낌도 살짝 든다. 개인이 소유하던 중국식 저택을 개조해서 만든 호텔인데, 300년이 된 건물이라고는 믿기지 않을 만큼 깨끗하다. 2층으로 된 노란색 건물 안은 아기자기한 중국식 정원으로 꾸며져 있어 호텔에서 보내는 시간을 차분하게 만들어준다. 친절한 직원, 적당한 숙박료, 자그마한 풀장, 괜찮은 조식, 호텔 문 앞을 나가면 바로 시작되는 조지 타운으로의 여행 등 휴식과 여행의 모든 조건을 갖췄다. 호텔의 여러 공간들을 쪼개어 라이브러리, 카페, 휴게실 등으로 꾸며 안락하고 편안하게 지낼 수 있다. 20개의 객실은 평범한 편이다.

Data Map 346B
Access 출리아 스트리트 세븐 일레븐에서 도보 2분
Add 362 Lebuh Chulia, George Town, Penang
Cost 슈피리어룸 335링깃, 패밀리룸 440링깃, 스위트룸 525링깃
Tel +60 (0)4-262-2177
Web www.yengkenghotel.com.my

모던한 페낭 호텔은 여기!

조용하고, 깨끗한 시설에 휴양과 여행 둘 다 원한다면 현대적인 호텔을 추천한다. 부촌인 거니 드라이브 쪽에는 5성급 호텔이 많다. 반면 저렴한 호텔들은 여행지에서는 약간 벗어난 곳에 있다. 따라서 호텔의 위치를 파악하고 호텔을 정하는 게 좋다.

위치, 가격, 시설 모두 만족스러운 곳
아르메니안 스트리트 헤리티지 호텔 Armenian Street Heritage Hotel ★ ★ ★

조지 타운에 최근 오픈한 호텔로 전형적인 콜로니얼 풍의 건물을 활용했다. 특별한 내부시설은 없지만 가격에 비해 위치가 좋고, 시설이 깔끔하다. 성인 4명에 아이 2명까지 수용하는 패밀리룸이 있어 가족 여행자에게 추천한다. 전통적인 숍 하우스가 늘어선 아르메니안 스트리트 건너편에 위치해 있어 여행 중 잠시 숙소에 들러 쉬었다가 가기도 좋다. 근처의 쿠 콩시, 쑨얏센 박물관 등 유명한 관광지가 도보 5분 거리에 있다. 콤타 버스터미널도 도보로 10분 거리다. 페낭 구석구석을 도보로 여행하는 사람에게는 최상의 입지조건이다. 조식 서비스가 없는 것 외에는 흠잡을 것이 없는 호텔이다.

Data Map 346F
Access 아르메니안 스트리트 건너편 카나본 스트리트에 위치. 쑨얏센 박물관에서 도보 1분
Add 139, Lebuh Carnarvon, George Town, Penang
Cost 더블룸 140링깃~, 트윈룸 160링깃~
Tel +60 (0)4-262-3888
Web www.armenianst heritagehotel.com

조지 타운 내에 있어요

베이뷰 호텔 Bayview Hotel ★★★★

333개의 객실이 있는 4성급 호텔이다. 조지 타운 내에 있는 호텔 중에서는 가장 규모가 크다. 객실은 노후한 편. 하지만 숙박요금에 비해 편의시설이 좋다. 야외풀장, 피트니스센터 등 부대시설을 갖추고 있고, 조지 타운도 예쁘게 내려다 보이는 전망도 좋은 편이다. 조지 타운의 주요 관광지가 가까워 추천할 만하다.

Data Map 346B
Access 페낭 스트리트 끝자락에 위치. 러브 레인에서 도보 7분
Add 25-A Farquhar Street, George Town, Penang
Cost 스탠더드룸 200링깃~
Tel +60 (0)4-263-3161
Web www.bayviewhotels.com

에어아시아에서 운영하는 합리적인 호텔

튠 호텔 다운타운 페낭 Tune Hotel Downtown Penang ★★★

에어아시아에서 운영하는 저가 호텔이다. 게스트하우스 가격으로 이용할 수 있는 저렴한 호텔을 찾는다면 이용해볼 만하다. 요금에 비해 객실 컨디션은 좋은 편이고, 객실 크기도 넉넉하다. 하지만 숙박료가 저렴한 대신 에어컨이나 호텔의 어메니티, 조식 등 필요한 것들은 유상으로 사용해야 한다. 기내식과 수화물 등을 유료로 운영하는 저가 항공사의 운영방식과 흡사하다. 단점이라면 위치가 나쁘다는 것. 콤타 터미널까지는 도보로 10분, 페낭 문화유산 거리까지는 20~30분이 걸린다.

Data Map 346A
Access 버마 스트리스에 위치. 콤타 버스터미널에서 도보 10분
Add 100 Jalan Burma, George Town, Penang
Cost 스탠더드룸 85링깃~
Tel +60 (0)4-227-5807
Web www.tunehotels.com

평화로운 해안도로를 따라

에버그린 로렐 호텔 Evergreen Laurel Hotel ★ ★ ★ ★ ★

거니 드라이브에 위치한 5성급 호텔로 태국, 유럽, 타이완, 말레이시아 등 세계 각지에 체인이 있다. 주변에 거니 몰과 거니 파라곤 같은 쇼핑몰과 다이닝 공간이 있어 편의성이 뛰어나다. 거니 드라이브를 따라 해안도로를 산책하기도 좋다. 조용하게 휴식을 취하면서 여행도 하는, 여행과 휴식의 비중이 반반인 여행자들이 머물기 좋은 호텔이다. 368개의 객실과 선탠하기 좋은 풀장, 자쿠지, 키즈 클럽, 피트니스센터가 있다. 프로모션을 많이 진행해서 정가보다 저렴하게 숙박할 수 있는 기회가 많다.

Data Map 341B
Access 거니 드라이브 G 호텔에서 도보 5분
Add 53 Persiaran Gurney, Penang
Cost 슈피리어룸 600링깃, 디럭스룸 650링깃
Tel +60 (0)4-226-9988
Web www.evergreen-hotels.com

젊은 감성이 충족되는 곳

G 호텔 G Hotel

페낭에서 럭셔리한 호텔을 찾는다면 G 호텔로 가야 한다. 모던하면서 럭셔리한 분위기의 G 호텔은 젊은 감성을 충족시켜주기에 충분하다. G 호텔은 312개의 룸을 가진 거니 드라이브의 대형 호텔로 젊은 커플 여행객들에게 선호도가 높다. 바다가 보이는 테라스에 자쿠지가 놓인 허니문 스위트룸은 커플 여행자에게 추천하는 객실이다. 모든 객실에서 와이파이와 미니 바를 무료로 사용할 수 있다. 호텔의 모든 시설이 깨끗하게 잘 관리가 되고 있다.

Data Map 341B
Access 거니 플라자 옆
Add Persiaran Gurney, Penang
Cost 스탠더드룸 488링깃, 슈피리어룸 520링깃, 이그제큐티브룸 640링깃
Tel +60 (0)4-238-0000
Web www.ghotel.com.my

매력 철철 헤리티지 게스트하우스!

페낭은 게스트하우스조차 특별하다. 다른 지역의 게스트하우스처럼 친구를 만나고 저렴한 잠자리를 얻는 것 이상의 의미가 있다. 역사와 문화, 그리고 페낭의 아름다움까지도 저렴하게 즐길 수 있으니 페낭에서는 게스트하우스도 근사한 여행의 일부다.

올드 페낭 게스트하우스 Old Penang Guesthouse

밤을 즐기고 싶은 유럽 백패커들이 모여드는 게스트하우스다. 주머니 사정이 넉넉하지 않은 여행자에겐 최고의 숙소. 숙박 요금도 저렴하지만, 근처에 출리아 스트리트, 러브래인, 길거리 음식 외 관광지까지 숙소만 나가면 먹고 놀고 볼 것이 가득하다. 간단한 조식을 제공한다. 여성 전용 4 베드룸, 혼성 12 베드 도미토리와 1~3인실 프라이빗룸이 있다.

Data Map 347C
Access 러브 래인에 위치
Add 53, Lorong Love, George Town, Penang
Cost 도미토리 28링깃~, 2인실 80링깃~
Tel +60 (0)12-493-8279
Web www.oldpenang.com

더 프레임 게스트하우스 The Frame Guesthouse

출리아 스트리트에 위치한 깨끗한 게스트하우스다. 버스 정류장이 바로 앞에 있다. 근처에 레스토랑도 즐비해서 위치가 좋다. 하지만 밤이면 시끌벅적한 위치라서 조용하게 쉬기는 힘들다. 방음이 안되니 이곳에 머물 생각이라면 귀마개를 미리 준비할 것. 숙박 요금 대비 시설이나 직원들의 친절도 위치 등은 최상이다. 4인, 8인 도미토리와 트윈룸이 있다. 간단한 무료 조식을 제공한다.

Data Map 346B
Access 출리아 스트리트에 위치
Add 168, Lebuh Chulia, George Town, Penang
Cost 도미토리 32링깃~, 2인실 90링깃~
Tel +60 (0)4-263-8807
Web www.theframeguest house.com

토푸 카페 베즈&바이크스
Tofu Cafe Beds&Bikes

조지 타운 세계문화유산 지역에 있는 예쁜 게스트하우스. 깔끔하고 아기자기한 실내공간으로 여자 여행자들이 선호한다. 게스트하우스와 카페, 바이크 대여숍을 같이 운영하고 있다. 조식을 제공하며, 3박 이상 머물면 자전거를 무료로 대여해 준다.

Data Map 346F
Access 쿠 콩시, 아친 스트리트 모스크에서 도보 5분
Add 484, Lebuh Pantai, George Town, Penang **Cost** 도미토리 55링깃~, 2인실 99링깃
Tel +60 (0)16-486-1850 **Web** www.tofuhostel. wix.com/tofucafebedsnbikes

료칸 시크 호스텔 Ryokan Chic Hostels

이름처럼 일본풍의 깔끔한 룸과 컨디션을 자랑한다. 트립어드바이저에서 으뜸 시설상을 받을 정도로 시설이 깨끗하다. 스텝들은 친절하며, 편안한 분위기에서 머물 수 있다. 또 와이파이가 빨라서 좋다. 조식도 제공한다.

Data Map 346B
Access 러브 레인에서 한 블록 안쪽, 레게 페낭에서 도보 5분
Add 62, Lebuh Muntri, George Town, Penang **Cost** 도미토리 30링깃~
Tel +60 (0)4-250-0287
Web http://www.myryokan.com

더 에이티 게스트하우스 The 80's Guesthouse

100년이 넘은 숍 하우스에 만든 게스트하우스다. 하지만 오픈한지 얼마 되지 않아 깨끗한 인테리어가 돋보인다. 옛 것과 새 것이 조화를 이룬 인테리어가 세련됐다. 다녀간 여행자들의 평점이 거의 만점에 가깝다. 더블룸, 트윈룸 등의 프라이빗룸이 있다. 조식 서비스를 제공한다.

Data Map 347C
Access 출리아 스트릿 세븐 일레븐 골목으로 직진
Add 46, Love Lane, George Town, Penang
Cost 도미토리 30링깃~, 더블룸 47.50링깃
Tel +60 (0)4-263-8806
Web www.the80sguest house.com

바투 페링기에서 즐기는 휴양 리조트

페낭의 휴양지인 바투 페링기는 조지 타운에서는 버스로 약 30여 분 떨어져 있다. 해변을 따라 초특급 리조트들이 들어섰다. 유럽인들이 즐겨 찾는 인기 휴양지로 다른 지역에 비해 해양레포츠 시설이 많아 액티브한 휴양을 즐길 수 있다. 바이크족에게는 최고 드라이브 코스로 이색적인 모습을 볼 수 있다.

아이도 엄마도 함께하기 좋은 곳
골든 샌즈 리조트 바이 샹그릴라 Golden Sands Resort by Shangri-La ★ ★ ★ ★

특급 리조트 그룹인 샹그릴라에서 운영하고 있는 4성급 리조트. 페낭이 동남아라는 걸 몸소 느낄 수 있는 열대의 매력 넘치는 분위기로 야자수가 무성한 해변을 가지고 있다. 바투 페링기 스트리트의 가장 번화가에 있어 리조트 밖으로 나가기도 편리하다. 아이들을 위한 키즈 클럽 어드벤처 존과 스파 시설 등이 있어 가족여행자에게 적당하다. 4성급이지만 샹그릴라의 서비스를 그대로 느낄 수 있는 데다 숙박료가 저렴해 투숙객의 만족도가 높다. 2012~2013년 2년 연속 말레이시아 정부가 수여하는 4성급 관광 리조트 대상을 받았다.

Data Map 359B **Access** 콤타 버스터미널에서 버스로 30분, 바투 페링기 스트리트 중간에 위치
Add Batu Feringgi Beach, Penang **Cost** 슈피리어룸 430링깃~, 디럭스룸 480링깃~, 스위트룸 620링깃~
Tel +60 (0)4-886-1911 **Web** www.shangri-la.com/penang/goldensandsresort

록을 사랑한다면
하드 록 호텔 페낭 Hard Rock Hotel Penang ★ ★ ★ ★

하드 록 호텔은 항상 활기가 넘친다. 특별히 록에 관심이 있는 여행자
에게는 이곳이 아주 특별한 리조트가 될 것이 분명하다. 하드 록 호텔
은 세계 각지의 여행지마다 하나씩 생겨나고 있는 체인호텔이다. 이
호텔은 실제 록스타들의 소장품을 진열하는 것이 특징이다. 페낭 지
점은 비틀스 멤버들의 흔적이 많다. 이 때문에 호텔은 기념사진을 찍
으려는 여행자들로 항상 붐빈다. 특히, 페낭 지점은 물속에서도 음악
을 들을 수 있는 풀장이 유명하다. 저녁마다 흥겨운 라이브 공연이 펼
쳐지는 카페도 있어 음악에 관심이 있다면 이곳을 추천한다.

Data Map 359A
Access 콤타 버스터미널에서 버스로 30분. 바투 페링기 안쪽에 위치
Add Batu Feringgi Beach, Penang **Cost** 디럭스룸 470링깃~,
스위트룸 580링깃~ **Tel** +60 (0)4-881-1711
Web www.penang.hardrockhotels.net

저렴하게 즐기는 휴양 리조트
홀리데이 인 리조트 페낭 Holiday Inn Resort Penang ★★★★

바투 페링기에서 가장 저렴하게 즐길 수 있는 리조트 중 하나다. 시설
이 조금 노후되기는 했지만 바투 페링기의 번화가에 위치해 있고, 리
조트 바로 앞이 해변이라 휴양형 리조트의 기본은 한다. 객실의 크기
는 작은 편이지만 2010년 리노베이션을 단행해 알록달록한 침구류
와 인테리어로 예쁘장하게 단장했다. 밤이면 리조트 바로 앞에 야시
장이 열려 즐거운 투어가 가능하다.

Data Map 359A
Access 콤타 버스터미널에서
버스로 30분. 바투 페링기 중간에 위치
Add 72, Batu Feringgi Beach,
Penang
Cost 킹타워룸 240링깃, 더블타워룸
240링깃, 스탠더드룸 240링깃
Tel +60 (0)4-886-6666
Web www.holidayinnresorts.
com/hotels

바다 조망은 여기가 최고!
파크 로열 리조트 Park Royal Resort ★★★★

호주를 비롯해 말레이시아, 싱가포르, 미얀마, 인도네시아 등에 체
인이 있는 리조트다. 쿠알라룸푸르와 페낭에서도 평이 좋다. 7층 건
물에 309개의 객실을 갖추고 있어 규모가 큰 편이다. 모든 객실에는
발코니가 있다. 특히 씨뷰 객실은 바투 페링기에서 바다 조망이 좋은
좋은 곳으로 정평이 났다. 아침에는 정원의 파라솔 아래서 조식을 즐
길 수 있고, 저녁에는 선셋과 함께 로맨틱한 디너를 즐길 수 있는 레
스토랑도 있다. 이 밖에 슬라이드가 있는 2개의 풀장과 어린이 클럽,
7개의 레스토랑 등의 부대시설이 있다.

Data Map 329A
Access 콤타 버스터미널에서
버스로 30분. 바투 페링기
중앙 홀리데이인 리조트 옆
Add Batu Feringgi Beach,
Penang
Cost 스탠더드룸 458링깃, 디럭스
룸 655링깃, 패밀리룸 978링깃
Tel +60 (0)4-881-1133
Web www.parkroyal
hotels.com

여행 준비 컨설팅

낯선 곳을 여행한다는 것은 언제나 두려움 반, 설렘 반이다. 누구나 처음에는 다 막막하다. 그러나 걱정 대신 열정으로! 자, 지금부터 하나하나 날짜에 맞춰 여행준비를 시작해 보자. 열심히 준비한 만큼 여행이 알차질 것이다. 말레이시아 여행은 공항부터 시작되는 게 아니다. 여행을 준비하는 그날부터 이미 시작되는 것이다.

D-40

MISSION 1 여행일정을 계획하자

1. 여행의 형태를 결정하자

말레이시아는 생각보다 넓다. 한 번에 다 보려 하지 말고 지역을 나누어서 여행을 하는 것이 좋다. 각 지역의 특징을 살펴본 뒤 본인의 취향과 맞는 지역을 선택한 후에 패키지여행을 할 것인지, 자유여행을 할 것인지를 결정하는 게 좋다. 패키지여행은 개별 여행에 비해 저렴한 편이다. 특별한 준비 없이 가이드만 따라다니면 돼 편하다. 단, 패키지에 따라 옵션이 들어간다는 단점이 있다. 자유여행은 여행준비 하나하나를 자신의 힘으로 해야 한다. 하지만 생각보다 어렵지 않다. 또 자유여행이라 하더라도 호핑투어와 같은 현지 투어는 일일 패키지로 넣어서 일정을 짜는 게 더 알차다.

2. 출발일을 결정하자

말레이시아는 고온다습한 열대성 기후다. 크게 건기와 우기로 나뉘는데, 우기는 11~3월, 건기는 4~9월이다. 그러나 지역이 넓다 보니 건기와 우기 시즌이 여행지마다 다르다. 우기라고 해서 걱정할 필요는 없다. 오히려 건기보다 우기가 여행하기는 더 좋은 계절일 수도 있다. 우기에는 스콜성 비가 하루 한두 차례 거세게 쏟아진다. 비가 내린 뒤에는 다시 하늘이 맑아진다. 소나기는 더위를 식혀주기 때문에 오히려 건기보다 시원하게 여행할 수 있다. 쇼핑이 목적이라면 7~8월, 11~12월의 세일 기간을 노려보자.

3. 여행기간을 결정하자

여행 패턴은 개개인의 성향과 상황에 따라 다르다. 말레이시아 전체를 여행하려면 몇 달이 걸릴 수도 있다. 휴양만을 목적으로 여행한다면 일주일이면 충분하다. 또 쿠알라룸푸르에서 2~3일 체류하며 휴양도 하는 이른바 관광+휴양형도 일주일이면 가능하다. 하지만 한 지역에 적어도 3~4일 정도 머무는 일정으로 두 지역 이상을 여행하려고 한다면 최소한 일주일 이상의 여행기간을 잡는 것이 좋다.

D-35

MISSION 2 여행예산을 짜자

1. 항공권은 얼마나 들까?

항공권 가격은 성수기와 비수기, 항공사에 따라서 달라진다. 특히 우리나라에서는 여름 휴가철, 방학 기간 연말연시를 전후로 요금이 급상승하는 추세다. 일반 항공사의 항공권 가격은 50~60만 원 내외다. 저가항공은 특가 할인을 노릴 경우 왕복 20만 원 선에서도 구입이 가능하다. 단, 저가항공은 기내수화물과 기내식 등의 비용이 추가로 발생하고 날짜 변경 등도 불가능하니 이모저모 잘 따져보자.

2. 숙박비는 얼마나 들까?

체류하는 날짜만큼 정확하게 올라가는 비용이 숙박비이다. 선택하는 숙소의 수준에 따라서 엄청난 비용 차이가 난다. 배낭여행자들이 묵는 호스텔의 도미토리는 보통 1인당 1~2만 원 정도다. 저가형 호텔은 더블룸을 기준으로 4~5만 원 선에서도 괜찮은 호텔들이 즐비하다. 중급 호텔도 10만 원 초반대로 찾을 수 있다. 허니문이나 가족여행자를 위한 특급 리조트는 위치와 시설에 따라 20~50만 원까지 다양하다. 특히, 쿠알라룸푸르는 세계적인 도시이면서도 숙박료는 저렴한 편이다. 같은 비용으로 최소 한 단계 이상 높은 호텔에 머물 수 있다.

3. 식비는 얼마나 들까?

숙박처럼 식비도 어디에서 무얼 먹느냐에 따라 예산이 달라진다. 현지인들처럼 간단하게 식사를 해결한다면 한 끼에 3천 원 안쪽이면 된다. 가벼운 길거리 간식은 그보다 더 싸다. 여행자들이 즐겨가는 중급 레스토랑이라면 5~8천 원 정도, 뷰가 좋은 고급 레스토랑은 1인 2만 원 이상의 예산을 잡는 것이 좋다.

4. 교통비는 얼마나 들까?

쿠알라룸푸르에서 가장 저렴한 교통비는 당연히 LRT(전철), 모노레일, 버스다. 이용료는 이동거리에 따라 달라지지만 1링깃부터 시작해 주머니가 가벼운 여행자에게는 아주 고마운 일이다. 문제는 그 외의 도시다. 쿠알라룸푸르를 제외한 도시에서는 대부분 택시를 이용한다. 택시요금은 미터기로 계산하면 도시 내에서 좀 멀리 간다 하더라도 7~15링깃이면 충분하다. 하지만 여행자에게는 미터 요금 대신 구간에 따라 정해진 요금을 받는 경우가 종종 있다. 구간 요금은 보통 6천~1만 5천 원 정도다. 말레이시아의 물가를 생각하면 아주 비싼 요금이다. 세금이 없는 랑카위에서는 렌트를, 길이 단순한 페낭에서는 버스를 이용해보는 것도 좋다.

5. 입장료는 얼마나 들까?

말레이시아는 관광지가 많다. 하지만 입장요금을 내는 곳은 많지 않다. 쿠알라룸푸르에 있는 전망대들을 제외하고, 보통 한 지역당 입장료를 내는 곳은 2~3곳 정도에 불과하다. 그나마도 몇 천원 안팎의 가벼운 수준이다.

6. 투어비는 얼마나 들까?

말레이시아는 페낭을 제외하고 어느 지역을 가도 인기 투어 상품이 많은 편이다. 반딧불이투어와 호핑투어 등은 가장 대표적인 투어다. 투어 비용은 말레이시아의 물가에 비해 약간 비싼 편이다. 한 투어당 보통 5~10만 원 정도는 예상해야 한다. 하지만 본전 이상을 뽑을 수 있을 만큼 알차다. 자유여행이라 하더라도 한두 개의 투어는 참가해보자.

MISSION 3 항공권을 확보하자

1. 어떻게 살까?

말레이시아를 저렴하게 여행하려면 저가항공사인 에어아시아 사이트를 주시하자. 시시때때로 뜨는 에어아시아 홈페이지의 프로모션으로 말레이시아 여행을 좀 더 저렴하게 할 수 있다. 프로모션 가격을 이용하면 인천~쿠알라룸푸르를 편도 10만 원 대로 이용할 수 있다. 국내선은 4~5만 원 선이다. 가끔 대박 프로모션의 기회도 주어진다. 인천~쿠알라룸푸르 왕복 항공료가 20만 원도 안 되는 가격에 나오기도 한다. 대한항공, 아시아나항공 등을 이용할 때는 여러 여행사에서 내놓은 항공권 가격을 같이 비교해볼 수 있는 사이트를 이용하는 것이 좋다. 대기자 명단에 들어간다면 2~3개의 항공사에 이름을 올려놓고 확약을 기다리는 것이 좋다. 단, 예약하는 여행사가 다르더라도 동일 항공사의 같은 편명을 이중으로 예약하면 사전 경고 없이 예약 모두가 취소되므로 주의하자.

2. 어떤 표를 살까?

가장 단순하고 편리한 노선은 직항편이다. 현재 한국에서 말레이시아로 가는 직항편은 쿠알라룸푸르와 코타키나발루에만 있다. 쿠알라룸푸르는 대한항공, 말레이시아항공, 에어아시아, 코타키나발루는 아시아나항공, 이스타항공, 진에어에서 운항하고 있다. 코타키나발루 외 다른 지역은 쿠알라룸푸르에서 에어아시아, 파이어플라이, 말린도에어 등을 이용해서 갈 수 있다. 쿠아라룸푸르에서 대부분의 여행지와 도시를 오가는 항공편은 수시로 운행되며, 요금도 저렴한 편이라 크게 불편함은 없다.

3. 주의할 점은?

티켓의 조건을 확인하자

항공권의 유효기간을 확인하고 날짜 변경이나 귀국일자 변경에 대한 조건도 미리 확인하자. 저렴하게 나온 항공권일수록 출발. 귀국일 변경이 불가능하거나 많은 수수료를 요구하는 경우가 많다.

공항세 TAX를 확인하자

항공사와 경유지에 따라서 공항세의 차이가 많이 난다. 액면가는 저렴하지만 공항세까지 합하고 나면 오히려 비싸지는 경우도 많다.

경유지에서의 체류 시간을 확인하자

항공사에 따라서는 당일 연결이 어려운 경우도 있다. 이때 경유지에서 들어야 할 숙박비와 공항 이동 비용 등을 항공권 가격과 비교해보도록 하자. 배보다 배꼽이 더 큰 경우가 생길 수도 있다.

발권일을 지키자

아무리 예약을 해두었어도 발권하지 않았으면 내 표가 아니다. 특히 좌석이 넉넉하지 않은 성수기에는 발권을 미루다가 좌석 예약이 취소될 수도 있으니 주의할 것. 유류 할증료 또한 발권일에 따라서 결정된다.

좌석 확약을 받았는지 확인하자

좌석 확약이 안 된 상태로 출국하면 돌아오는 항공편을 구하기가 어려울 수 있다. 항공권의 'Statue'란에 OK라고 적혀 있는지 확인하고 미심쩍으면 해당 항공사에 직접 전화해 좌석 확약 여부를 확인하자.

할인 항공권 취급 업체
- 온라인 투어 www.onlinetour.co.kr
- 인터파크 www.air.interpark.com
- 웹투어 www.webtour.com

D-25

MISSION 4 여권을 확인하자

1. 어디에서 만들까?

여권은 외교 통상부에서 주관하는 업무다. 하지만 서울에서는 외교 통상부를 포함한 대부분의 구청에서, 광역시를 비롯한 지방에서는 도청이나 시청에 설치되어 있는 여권과에서 편리하게 발급받을 수 있다. 인터넷 포털 사이트에서 '여권 발급 기관'을 검색하면 서울 및 각 지방 여권과에 대해 자세한 안내를 받을 수 있으니 가까운 곳을 선택해 방문하자.

2. 어떻게 만들까?

전자여권은 타인이나 여행사의 발급 대행이 불가능하기 때문에 본인이 신분증을 지참하고 직접 신청해야 한다. 단, 18세 미만의 신청은 대행이 가능하다. 여권은 접수 후 발급까지 3~7일이 소요된다.

여권 발급 신청 준비물
- 여권 발급 신청서
- 여권용 사진 2매
- 주민등록등본 1통
- 신분증(주민등록증이나 운전면허증)
- 발급수수료

3. 여권을 잃어버렸거나
기간이 만료됐다면?

재발급 절차는 여권발급 때와 비슷하지만 재발급 사유를 적는 신청서가 더 추가되며, 분실했을 경우 분실 신고서를 구비해야 한다. 여권 기간 연장은 2008년 6월 28일 이전에 발급된 여권 중 유효기간 연장이 가능한 것에 한해서 할 수 있다. 연장 신청은 여권 유효 기간 만료일 전후 1년 이내에 할 수 있으며, 신규 발급 신청에 필요한 서류 일체와 구 여권을 지참해야 한다.

4. 군대 안 다녀온 사람은?

25세 이상의 군 미필자는 여전히 허가를 받아야 한다. 병무청 홈페이지에서 신청서를 작성하며, 신청 2일 후 홈페이지에서 국외여행허가서와 국외여행 허가 증명서를 출력할 수 있다. 원하는 경우 복수여권 발급도 가능해 매번 여권을 새로 만들어야 하는 번거로움은 없어졌다. 국외여행허가서는 여권 발급 신청 시 제출하고, 국외여행 허가증명서는 출국할 때 공항에 있는 병역신고센터에 제출한 후 출국신고를 마치면 된다.

5. 어린 아이들은?

만 18세 미만의 미성년자는 부모의 동의하에 여권을 만들 수 있다. 여권을 신청할 때는 일반인 제출 서류에 가족관계증명서를 지참해 부모나 친권자, 후견인 등이 신청할 수 있다. 만 12세 이상은 본인이 직접 신청할 수도 있는데, 이럴 경우 부모나 친권자의 여권발급 동의서와 인감증명서, 학생증을 지참해야 한다. 본인이나 친권자 등 법정대리인이 신청할 수 없을 때에는 2촌 이내의 친족에게 대리 신청을 위임할 수 있으며, 이 경우 대리인은 자신의 신분증을 지참해야 한다.

MISSION 5 숙소를 예약하자

1. 말레이시아에는 어떤 숙소가 있나?

말레이시아는 아직 많이 알려지지 않은 호텔이 가득하다. 가족단위 여행자를 위한 편의시설이 가득한 레지던스, 허니무너를 위한 럭셔리한 리조트, 배낭여행자를 위한 게스트하우스까지 다양하다. 각 지역마다 독특한 말레이시아만의 숙소들이 있으니 취향과 예산에 맞추어 골라보도록 하자. 대부분의 숙소는 20일 전후로 예약하면 문제될 것이 없다. 하지만 신혼여행이나 성수기에는 원하는 호텔의 방이 없을 수도 있다. 이때는 최소한 한두 달 전에 미리 예약을 하자.

2. 어떻게 예약할까?

인터넷 호텔 예약 사이트를 적극 활용하는 게 가장 좋다. 말레이시아 여행자들이 가장 많이 이용하기도 하고, 가장 저렴하게 숙소를 구할 수 있는 방법이기도 하다. 아고다(www.agoda.co.kr), 부킹닷컴(www.booking.com), 호텔스닷컴(www.hotels.com)과 같은 유명 예약 사이트를 이용하면 된다. 이 사이트들은 가격 경쟁력이 뛰어나며 예약이나 취소도 빠르고 정확해 마음 놓고 예약할 수 있다. 또 할인 프로모션도 자주 진행해 생각보다 저렴하게 호텔을 예약할 수 있다. 단, 저렴한 숙소를 원한다면 그만큼 손품을 많이 팔아야 한다. 특급 리조트는 말레이시아 전문 여행사를 활용하는 게 좋다. 호텔 홈페이지에 표시된 가격은 공식 가격일 뿐, 여행사에게 판매하는 가격은 따로 있다. 여기에 시즌에 따른 프로모션이나 추가 옵션 등 다양한 혜택이 제공될 때도 많다. 한국인들이 운영하는 말레이시아 여행사는 인터넷에서 쉽게 찾아볼 수 있다.

D-15

MISSION 6 여행정보를 수집하자

1. 책을 펴자

말레이시아라는 주제로 가장 집약된 정보를 담은 것이 가이드북. 마음에 안 드는 부분도 있겠지만 최소한 정식 출간을 할 정도면 여러 경로를 통해 1차 검증은 된 정보가 많다. 단, 출간 시일에 따라 철 지난 정보도 있으니 시기를 감안하고 볼 것. 책에 표기된 물가보다는 여유 있게 예산을 잡는 게 현명하다. 가이드북을 통해 말레이시아라는 지역에 대한 기본 줄기를 잡았다면, 관심이 더 증폭되는 부분은 관련 서적으로 찾아보자. 말레이시아를 흔히 필리핀이나 태국 같은 동남아시아와 비슷하다고 생각하는 경우도 많은데, 말레이시아에 호기심을 가지다 보면 다른 종교와 문화, 음식 등 색다른 면모를 발견할 수 있다.

2. 인터넷을 켜자

다수의 사람들이 실시간으로 쏟아내는 정보들이 인터넷 안에 있다. 본인들이 직접 체험한 느낌을 전해들을 수가 있어서 생생한 정보를 찾아낼 수 있다. 단, 개인 블로그의 특성상 지극히 주관적인 경험이나 선입견에 기반을 둔 경우가 많다는 건 알아둘 것. 어느 한 개인에게 좋거나 싫다고 해서 나에게도 똑같이 좋거나 싫은 건 아니다. 여행정보를 얻을 수 있는 인터넷 카페에도 가입해보자. 여행사에서 운영하는 홈페이지나 카페에도 좋은 정보가 많다. 말레이시아 관광청 홈페이지에도 여행 정보가 가득하다.

3. 사람을 만나자

그곳을 미리 체험한 이들의 조언도 무시할 수 없다. 책이나 인터넷으로 상상하는 것과는 또 다른 차원의 말레이시아를 알 수 있다. 비슷한 환경에서 맺어지는 친분관계가 많은지라 취향이나 관점도 비슷할 때가 많다. 방금 전에 다녀온 사람일수록 생생한 정보가 많은 것은 당연한 일. 소소하게 놓치기 쉬운 준비사항들을 즐겁게 대화하면서 발견해보자.

MISSION 7 여행자보험을 가입하자

1. 여행자보험은 왜 들까?

외국인이 낯선 곳에서 여행을 하면서 어떤 일을 겪게 될지는 누구도 예상할 수 없는 일. 외부 활동이 많아지는 만큼 당연히 다치거나 아파서 병원에 가게 될 확률도 높아진다. 의도하지 않게 귀중품을 도난당하는 일도 생긴다. 이런 경우를 대비해 가입하는 것이 바로 여행자보험이다. 외국에서 보험 없이 병원을 가게 된다면 사소한 진료라도 깜짝 놀랄 만큼 병원비가 많이 나올 수도 있다.

2. 보상 내역을 꼼꼼하게 따져보자

패키지 여행상품을 신청하면 보통 포함되는 것이 '1억 원 여행자 보험'이다. 얼핏 대단해 보이나 사망할 경우 1억 원을 보상한다는 뜻일 뿐, 도난이나 상해 보상금이 1억 원이라는 뜻은 아니다. 사실 여행자가 겪게 되는 일은 도난이나 상해가 대부분이다. 이 부분에 보장이 얼마나 잘 되어 있는가를 꼼꼼히 확인해보자. 보험비가 올라가는 핵심요소는 바로 도난보상금액. 이 부분의 상한선이 올라가면 내야 할 보험료도 많아진다.

3. 보험 가입은 미리 하자

여행자보험은 인터넷이나 여행사를 통해 신청할 수도 있고 출발 직전 공항에서 가입할 수도 있다. 당연히 공항에서 드는 보험이 가장 비싸다. 미리 여유 있게 가입해서 한 푼이라도 아끼자. 항공사 마일리지 적립 등 보험에 들면 혜택을 주는 상품도 많다. 보험사의 정책에 따라서 보험 혜택이 불가능한 항목들(고위험 액티비티 등)도 있으니 미리 확인하자.

4. 증빙 서류는 똑똑하게 챙기자

보험증서와 비상연락처는 여행 가방 안에 잘 챙겨두자. 도난을 당하거나 사고로 다쳤을 경우 경찰서나 병원에서 받은 증명서와 영수증 등은 잘 보관해두어야 한다. 도난을 당했다면 가장 먼저 경찰서에서 가서 도난 증명서부터 받을 것! 서류가 미비하면 제대로 보상을 받기가 힘들다.

5. 보상금 신청은 제대로 하자

귀국 후에는 보험회사로 연락해 제반 서류들을 보내고 보상금 신청 절차를 밟는다. 병원 치료를 받은 경우 병원 진단서와 병원비 및 약품 구입비 영수증 등을 꼼꼼하게 첨부한다. 도난을 당했을 경우 '분실 Lost'이 아니라 '도난 Stolen'으로 기재된 도난증명서를 제출해야 한다. 주의! 도난 물품의 가격을 증명할 수 있는 쇼핑 영수증도 첨부할 수 있다면 좋다.

D-5

MISSION 8 알뜰하게 환전하자

현금 Cash

신분증을 확인하거나 수수료 붙는 일 없이 지갑에서 바로 꺼내 쓸 수 있다. 환전은 공항에서 하는 것이 편리하지만 한 푼이라도 아끼려면 미리 해놓는다. 미처 환전을 못했다 하더라도 걱정하지 말자. 쿠알라룸푸르나 코타키나발루에는 한국 돈을 현지 화폐로 바꿀 수 있는 환전소가 많다. 한국에서 바꾸는 것보다 환율이 좋은 경우도 종종 있다. 단, 링깃을 한국으로 가져왔을 때 환전이 안 되는 경우가 많으니 주의하도록 하자.

신용카드 Credit Card

현금에 비해서 안전하고 부피도 작다. 상점에서 물건을 사는 것뿐만 아니라 ATM에서 현금서비스를 받을 수도 있다. 환율 하락 시기에는 내가 쓴 금액보다 적은 금액이 청구되기도 한다. 단점은 해외에서는 신용카드 복제의 위험에 노출되기 쉽다. 환율 상승시기에는 내가 쓴 금액보다 더 많은 금액이 원화로 청구되기도 한다. 여행 시에는 해외에서 사용할 수 있는 카드(VISA, MASTER, AMEX 등)로 준비하자. 현지에서 도난·분실한 경우에는 바로 해당 카드사에 신고해야 불상사를 막을 수 있다.

현금카드 Debit Card

내 통장에 있는 현금을 현지 화폐로 바로 인출할 수 있다. 현지 은행 ATM에서 그때그때 필요한 만큼만 출금, 미리 환전할 필요도 없다. 도무지 알 수 없는 환율 상황일 때는 높은 환율에 통째로 환전하는 위험을 줄일 수 있다. 단점은 인출 ATM에 따라서 약간의 수수료가 붙는다. 출금 시점의 환율이 적용되기 때문에 여행 도중 환율이 올라가면 미리 바꾸어 놓지 않은 것을 후회할 수도 있다. 해외에서 사용할 수 있는 Union Pay나 Plus, Cirrus 등의 마크가 찍힌 국제현금카드를 준비해야 한다. 마그네틱선이 손상되거나 비밀번호 입력 오류로 정지될 수도 있으니 2장 이상의 카드를 분산 보관하자.

MISSION 9 완벽하게 짐 꾸리자

꼭 가져가야 하는 준비물

여권 없으면 출국부터 불가능. 사진 부분의 복사본을 2~3장 따로 보관하고, 여권용 사진도 몇 장 챙긴다.

항공권 전자티켓이라도 예약확인서를 이미 출력해두자. 공항으로 떠나기 전 여권과 함께 반드시 다시 확인.

여행경비 현금, 여행자수표, 신용카드, 현금카드 등 빠짐없이 준비.

각종 증명서 국제운전면허증, 국제학생증, 여행자보험 등.

의류&신발 더운 나라라 하더라도 긴팔 가디건은 하나씩 챙길 필요가 있다. 종일 에어컨을 가동하는 실내에서 필요한 경우가 많다.

가방 쇼핑에 계획에 맞춰 가방을 준비한다. 가볍게 들고 다닐 수 있는 작은 가방도 별도로 준비.

우산 우기라면 3단으로 접는 가벼운 우산 준비.

전대 도미토리를 주로 이용할 배낭여행자라면 필요하다. 여권과 현금을 보관하기에 숙소 사물함이 100% 안전하지는 않다.

세면도구 호텔에서 묵으면 샴푸, 비누 등 기본적으로 제공한다. 칫솔과 치약만 챙겨도 된다.

화장품 꼭 필요한 만큼만 작은 용기에 담아서 가져갈 것.

비상약품 모기약, 감기약, 소화제, 진통제, 지사제, 반창고, 연고, 파스 등 기본적인 약 준비.

생리용품 평소 자신이 사용하던 것을 발견하기가 쉽지 않다.

카메라 충전기를 빠뜨리기 쉬우니 다시 한 번 확인. 메모리 카드도 넉넉하게 준비하자.

가이드북 정보가 없으면 여행이 힘들어진다.

휴대전화 로밍을 꼭 해간다. 자칫 데이터 사용료 폭탄을 맞을 수 있으니 미리 조치를 취하고 가자.

가져가면 편리한 준비물

모자 햇빛을 막는데 유용하다.

선글라스 강한 햇빛에서 눈을 보호하기 위해서 필요하다.

자외선 차단제 햇빛이 강렬하기 때문에 날씨가 선선해도 피부가 쉽게 그을린다. 귀찮다고 건너뛰면 나중에 후회한다.

수영복 휴양지에서는 속옷 대신 수영복을 입는 경우가 더 많다.

전자계산기 휴대전화의 기능을 이용하면 된다.

반짇고리 단추가 떨어지거나 가방이 망가졌을 때 유용하다.

소형자물쇠 소매치기 방지를 위해 가방의 지퍼 부분을 잠가 두면 든든하다.

지퍼백 젖은 빨래거리나 남은 음식 보관 등 용도는 무궁무진하다.

손톱깎이&면봉 없으면 꽤나 아쉽다.

물티슈 작은 것으로 준비하면 급할 때 쓸 일이 생긴다.

D-day

MISSION 10 말레이시아로 입국하자

인천 국제공항에서 출국하기

1. 항공사 카운터 확인

출발 3시간 전까지 공항에 도착해 출국장인 3층으로 간다. 운항정보안내 모니터를 보면 해당 항공사 체크인 카운터를 확인할 수 있다.

2. 탑승 수속

자신이 타는 항공사의 카운터로 가서 여권과 전자 항공권을 제출하고 보딩 패스Bording Pass를 받는다. 카운터는 이코노미 클래스와 비즈니스 클래스, 퍼스트 클래스 등으로 구분되어 있다. 원하는 좌석이 있다면 이때 요구할 것.

3. 짐 부치기

일반적인 이코노미 클래스의 항공수하물은 보통 20kg까지 허용(저가항공은 별도 비용). 칼, 송곳, 면도기, 발화물질, 100ml가 넘는 액체, 젤 등 기내에 들고 탈 수 없는 물건들은 미리 구분해서 항공수하물 안에 넣자.

4. 보안 검색

여권과 보딩 패스가 있는 사람만 출국장 안으로 들어갈 수 있다. 보석이나 고가의 물건을 휴대하고 있다면 세관에 미리 신고할 것. 들고 있던 짐은 엑스레이를, 여행자는 문형 탐지기를 통과해야 한다.

5. 출국 수속

출국 심사대에서 여권과 보딩 패스를 보여주면 심사 후 통과한다. 출국 검사를 받을 때는 모자와 선글라스 등을 벗어야 한다.

6. 탑승

탑승구에는 아무리 늦어도 출발 30분 전에는 도착해야 한다. 외국 항공사의 경우 모노레일을 타고 별도의 청사로 이동해야 하니 주의할 것! 모노레일은 5분 간격으로 운행되며, 별도의 청사에도 면세점이 있다.

말레이시아 공항으로 입국하기

1. 공항 도착

공항에 비행기가 무사히 도착하면 짐을 챙겨서 내린다. 잊고 내리는 물건이 없는지 다시 한 번 확인하자.

2. 입국 심사

입국심사대에 여권과 비자, 미리 작성한 출입국카드를 제시한다. 심사원이 도착비자를 여권에 붙이고 그 위에 입국도장을 찍어준다. 이때 돌려 받는 출국신고서Departure Card는 출국할 때 필요하니 잘 보관해두자.

3. 수하물 찾기

해당 항공편이 표시된 레일로 이동해 짐을 찾는다. 수하물이 분실됐다면 배기지 클레임 태그Baggage Claim Tag를 가지고 분실 신고를 한다. 근처의 ATM에서 필요한 현금도 미리 뽑아두면 좋다.

4. 세관

신고할 것이 없으면 녹색 사인Goods not to declare 쪽으로 나간다. 한국인 여행객들은 세관원들이 주요 타깃이므로 면세 금액을 초과하지 않도록 주의하자. 가급적 면세점 쇼핑봉투를 든 채로 나가지 말자.

이건 알아두자!
말레이시아에 대한 기본상식

NO.1

말레이시아는 한반도의 1.5배 크기로 쿠알라룸푸르, 랑카위, 페낭이 자리한 말레이반도와 코타키나발루와 쿠칭이 있는 보르네오섬 북부로 나뉘어져 있다.

NO.2

시차 한국보다 1시간 느리다

언어 말레이어와 영어가 공용어이다.

인구 약 3,000만 명(말레이계 60%, 중국계 25%, 인도계 7%, 기타 8%)

종교 이슬람교가 국교이지만 불교, 힌두교 기독교 등 다양하게 분포되어 있다.

전압 220V, 50Hz로 한국과 동일하지만 구멍이 3개인 플러그를 사용한다.

통화 말레이시아 링깃Ringgit(RM)을 사용하며 동전은 센Sen이라고 한다.
1링깃=100센. 지폐 단위는 100링깃, 50링깃, 10링깃, 5링깃, 2링깃, 1링깃이 있으며, 동전은 50센, 20센, 10센, 5센, 1센이 있다.
1링깃=290.22원(2019년 8월 기준)

기후 고온다습한 열대우림기후로 연평균 기온은 32℃, 연평균 강우량 2,410mm다. 보통 3~10월까지는 건기, 11~2월까지는 우기에 속하지만 지역마다 차이가 있다.

물가 술과 담배를 제외한 체감 물가는 낮은 편. 현지인들의 로컬식당을 이용하면 한 끼에 약 2,000원 정도다.

전화 로밍을 하거나 스마트폰의 경우 현지 유심을 사서 금액 충전 후 끼우면 바로 사용이 가능하다. 말레이시아에서 한국으로 전화를 걸 때는 국가번호 82를 누르고 0을 제외한 지역번호 및 전화번호를 누른다. 말레이시아의 국가번호는 60이다. (지역번호 쿠알라룸푸르 03, 말라카 06, 페낭 04, 랑카위 04, 코타키나발루 088, 쿠칭 082)

알아두면 편리한 말레이시아
여행 도우미

말레이시아를 여행하는 동안 도움이 되었던 현지여행사들을 모아봤다. 현지여행사는 자유여행을 하더라도 최소한 한두 번은 이용하게 된다. 잘만 활용한다면 말레이시아 여행이 편리하고, 비용도 절약할 수 있다.

포유말레이시아

쿠알라룸푸르, 말라카, 랑카위, 페낭 등에서 활동하는 현지 여행사. 각종 투어부터 항공, 호텔까지 저렴하고 편리하게 예약이 가능하다. 특히, 쿠알라룸푸르에서 진행하는 투어에는 한국인 가이드가 동행한다. 또 가족여행자를 위한 럭셔리한 게스트하우스도 운영하고 있다. 네이버 카페에서 각종 투어 할인 이벤트도 자주 진행한다.

Web www.4utravel.co.kr
네이버카페 cafe.naver.com/speedplanner **카카오톡 ID** 포유말레이시아
현지전화 +60 (0)17-296-4857 **한국전화** 070-7571-2725

마리 하우스 투어 랑카위

랑카위에 단 하나뿐인 한인 게스트하우스에서 운영하는 투어회사다. 네이버 여행 파워 블로거이자 여행작가로 활동하는 직원들이 각종 투어 안내 및 예약, 차량 및 오토바이 렌트, 맛집, 교통편 안내 등 랑카위에 관한 거의 모든 정보를 제공한다. 랑카위 외에도 말레이시아 전반에 관한 여행 안내를 해준다.

네이버 카페 cafe.naver.com/marihouselangkawi
현지번호 +60 (0)11-3934-3699

마리 하우스 코타키나발루

코타 키나발루에서 근사한 게스트하우스로 알려진 마리 하우스를 운영한다. 숙박 외에 현지 투어 상품도 예약이 가능하다. 수트라 하버 리조트의 부대시설과 레스토랑을 저렴하게 이용할 수 있는 회원카드를 대여해주고 있으며, 만다라 스파도 파격적인 할인 혜택을 제공하고 있다. 꼭 마리 하우스에 머물지 않더라도 여행에 도움을 받을 만한 것들이 많다. 단, 패키지를 이용하는 여행자에게는 서비스를 제공하지 않는다.

네이버 카페 cafe.naver.com/rumahmari
한국전화 010-3355-4223, 070-4062-9592

| INDEX |

| INDEX |

" 당신의 여행 컬러는? "

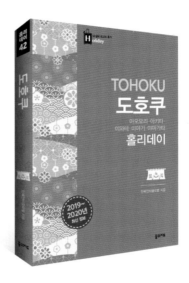

최고의 휴가는 **홀리데이 가이드북 시리즈**와 함께~